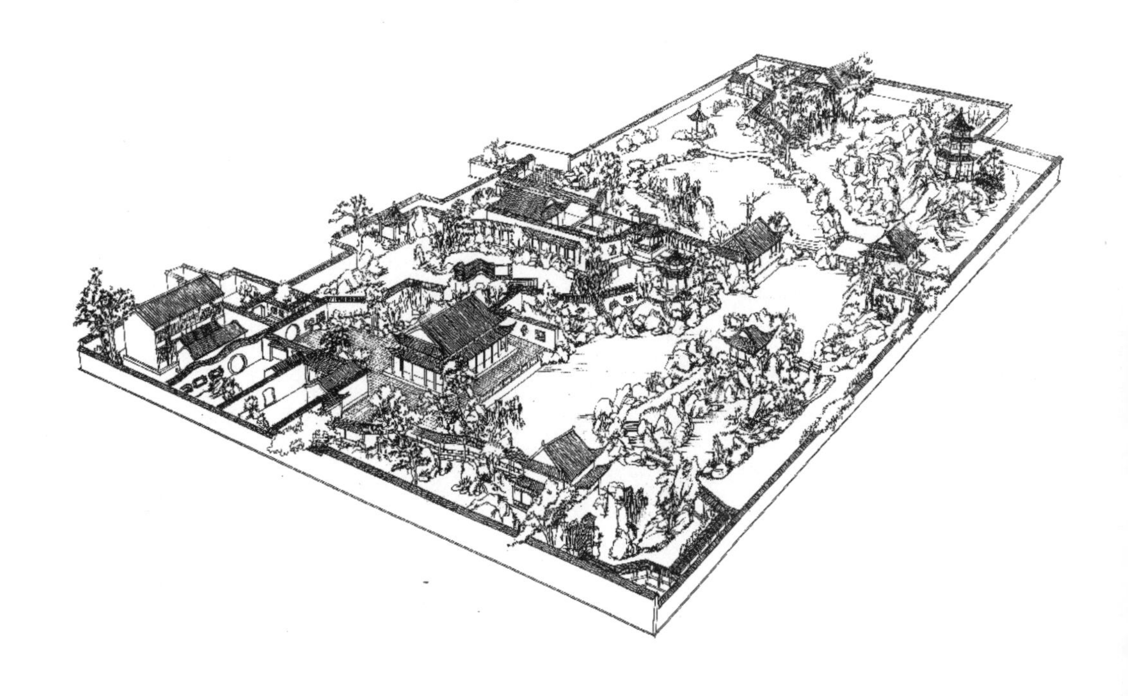

彭军　主编

高等院校环境艺术设计专业实训教材

中国古典园林设计与表现

孙锦　编著

天津大学出版社
TIANJIN UNIVERSITY PRESS

图书在版编目（CIP）数据

中国古典园林设计与表现 / 孙锦编著. —天津：天津大学出版社, 2014.7（2024.1重印）
ISBN 978-7-5618-5120-3

Ⅰ.①中… Ⅱ.①孙… Ⅲ.①古典园林-园林设计-中国 Ⅳ.①TU986.62

中国版本图书馆CIP数据核字（2014）第157761号

出版发行：天津大学出版社	开本：210㎜×285㎜
地址：天津市卫津路92号天津大学内（邮编：300072）	印张：9
电话：发行部 022-27403647	字数：244千字
网址：publish.tju.edu.cn	版次：2014年7月第1版
印刷：北京盛通印刷股份有限公司	印次：2024年1月第4次
经销：全国各地新华书店	定价：56.00元

如有印装质量问题，请与本社发行部门联系调换

前言

中国古典园林设计与表现是天津美术学院设计艺术学院环境艺术设计系教学体系中颇具特色的必修课程。学习掌握中国传统的造园手法，借鉴“师法自然、再造自然”的传统造园理念，运用现代的生态技术手段，做到古为今用，对践行美丽中国的园林理想具有较强的理论及现实意义。

在历史的演变中，自古以来中国园林便与传统的“诗、书、画”等艺术融为一体，有别于法国的勒诺特尔式园林、意大利的台地式园林和伊斯兰园林，在世界造园艺术史上独树一帜。本教材重点围绕中国园林的美学特征“诗情画意美”来讲授中国古典园林造园的立意，无论是托物言志、直抒胸怀，还是借景抒情、讴歌自然，都是对自然美、建筑美、意境美的情感寄托与表达。其次，从“画境”空间的塑造分析造园手法，采用以画入景、以景入画的方法展现“咫尺山林”美如画、步移景异的动态空间美。再者，书中详细列举分析了名家造园的文化背景，旨在培养提高学生文学和美学的艺术修养。

中国古典园林的学习难点在于对传统造园布局和空间的理解。针对这一问题，本书首先从中国画的“六法”与“六要”观其对园林创作的借鉴性，并以中国画对造园理论的影响为出发点分析两者之间的依存关系，通过“巧于因借，精在体宜”的设计原则，总结出中国园林移天缩地、以简寓繁、再现自然及以小见大的造园法则。二是通过构园要素分析园林布局特征，包括画境中的地景、水景、建筑、绿植。三是通过对画境中空间美的阐述，形象地解读较为抽象的画境和时空概念，并通过文人造园所特有的精神空间和现实具有的虚空间指出“命题在空不在实”的造园观念。最后，通过大量园林的范例照片和设计案例分析，加深对园林空间特色的理解。

本书以学生最为关注的兴趣点“画境空间”为始，让学生了解为什么建园、怎样建园，最后落实到如何表现设计图纸，目的是阐述中国古典园林设计与表现是一个自然而然的学习过程。书中讲述了园林鸟瞰图的绘制技法和中国古建筑单体的快速画法，有利于学生对立体空间图面化的表达，这也是艺术院校学生特有的技能：能想、能画、擅表现，并有各具特色、不同风格的优秀作品作为范图展示，使学生能够更好地理解中国园林“从画中来、再到画中去”的设计教学过程。

本教材突出教学的实训性，其特色是在详尽地阐述了基础知识的基础上选编了大量的学生设计手绘习作，通过实例、范图直观地讲述园林设计的方法与技巧。本教材既可作为高等院校建筑、规划、园林设计、景观设计、环境艺术等相关专业的教材以及学生的参考用书，还可作为社会相关领域的专业设计人员和业余爱好者的参考读物。

《高等院校环境艺术设计专业实训教材》系列是本院环境艺术设计系专业教师的教学研究与课程实践的阶段性总结，亦是本院近年来在专业教学改革、教材建设方面的阶段性工作成果。鉴于水平的局限，在教材的深度和创新方面还有很多不成熟之处，衷心希望同行专家、教师和广大读者批评，以便我们能进一步促进专业教学的革新与进步。

天津美术学院设计艺术学院副院长
环境艺术设计系主任 教授 彭军
2014年6月

目录

第一章 中国古典园林发展史浅析

中国古典园林同中国传统诗词、国画、书法、雕刻、戏曲等艺术有着异曲同工之妙，都是表现美、传达美的重要载体，其在发展的历程中深受儒、道、佛三家哲学思想的影响，延承了中国所特有的美学特质与美学规律，在世界园林设计史上独树一帜。同样，它也是学好环境艺术学必修的基础课程。

风景园林学是融自然、科学、艺术于一体的综合学科，学好与做好风景园林设计，首先要有懂得美、珍惜美的美学修养与鉴赏力。在此基础上，如果设计者有一定的徒手绘制表达创意思维的能力，便可直抒胸臆，让自己的构思跃然纸上。作为园林的爱好者与学习者，若具有这样的基本素质，再通过对中国古典园林史论、造园立意、造园手法的学习，并与名园考察相结合，便可更快捷地领悟中国古典园林造园理论与技术的精深。

一、中国园林的基础知识与基本类型

（一）中国古典园林的基础知识

中国古典园林大都是文人、画家与匠人合作的结晶。园林概念的首次出现是在明代，计成在其造园巨著《园冶》一书中所述："大凡造园，不分市村城郊，地段以僻静为胜……景物可因借随机……"。意为在一定的地段范围内，或对天然山水进行利用改造，或人力兴造山水地貌，结合景栽与植栽，并安插布置相适宜的建筑，从而构成一个可游、可居、可赏的环境。

（二）中国古典园林的基本类型

1.皇家园林

中国古典园林历史悠久，在造园风格上有南北之分。北方以皇家园林为代表，像北京故宫后部的御花园，布局呈左右对称布局形态，只有个别景致如最北端西面楼阁与东面瀑布的水景处理有所不同，自然意趣中蕴含着秩序与均衡美（图1-1）。还有故宫东侧的乾隆花园四院合一，仿照江南风格，小巧典雅。同时围绕皇城的北海、中南海、什刹海作为城市中心的大花园，与西郊的三山五园相呼应（图1-2）。最为经典的是波光浩渺的颐和园，昔日为帝王享乐的苍山翠柏与亭台楼阁，现已成为闻名世界的游览胜地。此园堪称世界上造景最丰富、建筑最集中、保存最完整的皇家园林。

图1-1 故宫御花园

图1-2 故宫乾隆花园

还有以承德避暑山庄为代表的离宫型皇家园林，是出于治国安邦、团结各民族的目的而建的，有较强的政治含义和民族特色。当年金戈铁马、飘渺炊烟、逐鹿天下、牧马南山的木兰围场，现已成为园囿围合、青草漫地、列千寻之耸翠的悠然自得之地。再有能听到周围外八庙的经筒梵音，更使人有涤荡风尘的感受。山庄内严谨的内庭轴线布局与开敞的湖光山色形成对比，建筑木构的雄浑与自然风致的相融，都让人感受到北方皇家园林空间的宏大与无限延伸（图1-3）。

图1-3 承德避暑山庄

2.私家园林

明清时期的私家园林多集中在江南地区，以苏州、杭州、扬州为中心，还包括上海、无锡、常熟、南京等城市。因为当时风调雨顺，富甲一方的商人便开始兴建宅院与园林，加上一些书画名家和文人参与造园活动，他们在园中有的簪缨文雅，有的退隐抒怀，形成了江南园林独有的“咫尺山林”风格。

在《江南园林志》一书中，童寯先生曾说：“江南园林，创自宋者，今欲寻其所在，十无一二。独明构经清代迄今，易主重修之余，存者尚多，苏州拙政园，其最著也”[1]。其中所讲的拙政园占地72亩，园主王献臣请了当时最著名的画家文征明来造园，追求超凡脱俗的意境，如园中“梧竹幽居”“小沧浪”“与谁同坐轩”等景点的设置，无一不表达了“茫然若遗，逍遥以嬉”的初衷（图1-4）。全园以“沧浪池”为中心构成开阔疏朗的布局，建筑形态朴素，空间层次秩序井然。正像刘敦桢先生所说：“园内建筑稀疏，而茂树曲池相接，水木明瑟旷远，近乎天然风景”[2]。再如小巧精致的网师园，禅意弥漫并意趣纵横的狮子林，还有江南园林中最为富丽堂皇、享乐与重画意空间表现的上海豫园等，无不令人叹为观止（图1-5、图1-6）。

图1-4a 拙政园总平面动线图

图1-4b 拙政园

图1-5 网师园

图1-6 上海豫园

除了皇家园林和私家园林外，园林类型还有寺庙园林、风景名胜式园林。寺庙园林一般多坐落于名山大川之间，将诗情画意融入园中，追求天然林泉风景之美。东晋时慧远率众僧避乱江南，在庐山建了东林寺，融佛寺、庙观于有限的空间中，有意识地再现了自然山水美景。风景名胜式园林具有历史古迹与优美风景的资源，并将它们集中成一幅连绵的画卷。到南宋时期，中国的政治、经济中心南移，定临安（杭州）为行都，西湖周围分布着皇帝的御花园与王公大臣们的几十座私园，形成了著名的“西湖十景”。同在江南鱼米之乡的扬州是南北大运河交通的重要枢纽，从隋唐开始便发挥着对外文化交流与贸易港埠的作用。扬州瘦西湖是清乾隆皇帝南巡必经的水路，富商竞相在两岸构筑园林，有“两岸花柳全依水，一路楼台直到山”的怡人景色，仿若中国长轴画卷，随时空流转，美景连绵不绝（图1-7）。

图1-7 扬州瘦西湖

二、中国园林发展史图表、代表作品及论著

（一）中国园林发展的五个时期

中国园林的实践与艺术的发展变革往往由帝王开始，出于满足封建君主物质和精神生活的需要，同时受到“儒、道、释”哲学思想的影响。周文王营灵囿，秦始皇建阿房宫，清帝几代建颐和园，所走的都是再现自然、憧憬仙山琼阁、寄情山水的路子，达到人伦情与山水情的和谐统一。

最早的造园活动从周文王筑灵台、挖灵沼、建灵囿开始，自此便有了最古老朴素的园林“囿”的形式。以高台为主体从天然地域中选址，挖池筑台，狩猎、游乐，以达到所谓的“与民偕乐”的目的，彰显“民为重，社稷次之，君为轻” 的帝王形象。以此为始端历经五个时期发展，分别是魏晋南北朝的形成期、隋唐五代的成熟期、宋代的繁盛期、元代的滞缓期和明清的兴盛期。

（二）中国园林发展史图表及代表作品

表中以时间为脉络，将中国园林发展的代表作品及其对园林艺术发展的现实意义与理论贡献做一说明。

造园阶段	年代	造园名称	造园活动	造园手法与成就
萌芽时期	周	周文王筑灵台、灵沼、灵囿	“囿”出现	以域养禽兽
		楚灵王筑章华	台举国营之，称为“天下第一台”	以台为主，园林化宫苑
		吴夫差筑姑苏台	登高览湖光田园风致，景冠江南，“响屐廊”环绕四周	建馆、挖天池，开河、造龙舟、围猎物，供吴王享乐
形成期	秦	秦始皇建上林苑（在渭河南岸）	以阿房宫为中心，建了许多离宫别馆，作长池引渭水，筑土为蓬莱山。杜牧曾写道“六王毕，四海一；蜀山兀，阿房出。覆压三百余里，隔离天日……二川溶溶，流入宫墙……”可知当时规模宏大的皇家园林	人工堆山，引入园林
	汉	汉武帝修复、扩建上林苑	苑中有苑，有观、殿、堂、楼、阁、亭、廊、台、榭等	建筑类型的雏形已具备，以气象取胜
		汉武帝在长安西郊筑建章宫（图1-8）	规模宏大，有“千门万户”之称，有各式楼台、河流、山岗、太液池，池中筑蓬莱、方丈、瀛洲三岛，模拟海上神仙“一池三山”	“池中置岛”是理水的基本模式
		袁广汉在北邙山（今咸阳）建私家园林	引奔流的渠水作波涛和潮水，堆沙作成河洲和岛屿，鸥鹤放飞于池塘，鸟兽散布于树林。房屋回环，重阁长廊，行走不完	自然山水，配奇树异草，造园风格为风景式园林，布局自由，随形而筑
	三国	曹操建金凤、冰井、铜雀三台（在邺城）	引水经暗道穿铜雀台流入玄武池，操练水军。台上文人直抒胸臆，掀起了中国诗歌史上创作的高潮，是文宴场所，也是战略要地	防卫意识强烈，达到我国古代高台建筑的顶峰
		曹魏芳林园（在洛阳）	文帝凿天渊池，明帝筑景阳山，池中起九华台，周围布置宫殿观阁，初步形成以水景为主的宫苑	园中山水骨架明显的皇家园林
	北魏	张伦建华林园（洛阳）	这个私家园林山池之美“诸王莫及”。园中造景阳山，可见“重岩复岭”“深溪洞壑，高林巨树”“崎岖石路”“峥嵘涧道”	叠石堆山的水平很高，私家园林已进入提炼、概括自然山水美的新阶段
	西晋	石崇建金谷园	这是园林设计程度较高、具有一定规模的庄园，有田地、畜牧、竹木、果树、水滩、鱼池，人工开凿，由园外引金谷涧水穿行于建筑物之间，可行游船。以成片树木为主调，不同绿植与不同地貌或环境相结合，在清纯自然的环境中显奢华格调	别墅型园林
	东晋	庐山东林寺	高僧慧远率僧众在庐山建寺营居，结合地形将环境作园林处理。“洞尽山美，却负香炉之峰，傍带瀑布之壑。仍石垒基，即松栽构。清泉环阶，白云满室……”	名山寺观的园林与世俗园林化别墅相似，以院落式布局
	南朝宋	乐游苑（南京）	山水相映，可鸟瞰全湖，筑观望台，苑内有正阳殿、林光殿，有龙光寺、法轮寺，也有甘露亭、瑶台“阆风亭”等游乐建筑	自然风景式园林
	南齐	栖霞寺	坐落在现在的南京市，是被称为“佛门四绝”之一的佛教圣地。“镜潭月树之奇，云阁山房之妙，崖谷清人世之心……其有怀真慕仪者，复萃于斯矣”[6]	寺庙园林的风景以清幽为最
	梁	梁武帝在建康建同泰寺（鸡鸣寺）	此建筑在当时极为宏大壮丽。寺有浮屠九层，大殿六所，积石为山，盖天仪激水，随滴而转	多在深山幽谷中建梵刹，符合佛教超尘拔俗、恬静无为的淡泊

造园阶段	年代	造园名称	造园活动	造园手法与成就
形成期	南朝	陈后主重建华林园	这是当时规模最大、最著名的园林，东晋简文帝入华林园顾谓左右曰：“会心处不必在远，翳然林水，便自有濠濮间想，觉鸟兽禽鱼，自来亲人”[6] 陈叔宝在华林园建阁，“积石为山，引水为池，植以奇树，杂以花药”[5]	欣赏趣味由庭院向追求自然美转移，从汉代盛行的畋猎苑圃到南朝的开池筑山，所表现的自然美被中国文人园林所代替
论著	北魏	郦道元《水经注》	描述了1200多条河流及流经地的锦绣山河与风土人情，其“心师造化”“迁想妙得”“以形写神”“气韵生动”等理论对园林影响深远	山水游记作为一种文学兴起，为造园活动提供了理论基础
	山水诗与散文对造园的影响	王羲之等	在浙江会稽山作兰亭诗集	体现了对自然山水美的审美与讴歌。园林规划由粗放（生产、狩猎）走向精致，在有限的空间中概括和再现自然山水美，这也是中国人最早将大自然的美运用到园林设计中
		陶渊明	《桃花源记》	
		谢灵运	《山居赋》	
成熟期	隋	隋炀帝建西苑	在洛阳兴建的别苑以大湖面为中心，“有方丈、蓬莱、瀛洲诸山，高出水面百余丈，台观宫殿，罗络上下，向背如神”。湖北有曲折的龙鳞渠，环绕并分隔了各有特色的十六个小院，成为苑中之园	别苑分成不同景区，建筑按景区形成独立组团，组团之间及水面间隔的设计手法已具中国大型皇家园林布局的雏形[7]
	唐	芙蓉园	在西安曲江原秦、隋皇家禁苑的基础上开凿水利工程，有曲江流饮、杏园关宴、雁塔题名、乐洲登高，不仅是皇族，更是市民盛游的公共园林	中国园林和城市文化相融合
		华清宫（图1-9）	地势幽邃，结构精美。位于骊山北麓，以山脚下涌出温泉作为建园的有利条件	布局以温泉之水为池，环山排列宫室
		王维建“辋川别业”	诗画家王维在陕西蓝田终南山下建园，沿着山麓布置山地园林，有湖有泉，有幽草有翠影，远山近水，分景区而设，并对园中景点各有吟诗：“架圆月桥于横川上，放鹤于南坨，饲鹿于山溪，浮舫于湖沼”	是一座山庄别墅式园林，别墅式布景与自然山水美并行发展
		白居易在庐山建草堂	在庐山北香炉峰下与东林寺毗邻的山中筑五架三间草堂。白居易赞庐山“匡庐奇秀，甲天下山”，称草堂一带“其境胜绝，又甲庐山”	自然风景式园林
		李德裕建平泉山庄	在洛阳龙门山大兴土木，规模宏大，建筑豪华，园中台、亭、榭有一百多所，将大批泰山石、灵璧石、太湖石、巫山石、罗浮石等配以珍木奇花，精心构筑山水	“广采天下珍木怪石为园池之玩”，造园技巧已达很高的水准
		佛教四大名山	四川峨嵋山、山西五台山、浙江普陀山、安徽九华山	
		佛门四绝	台州（天台）园清寺（今浙江），齐州（长清）青岩寺（今山东），润州（镇江）栖霞寺（今南京），荆州（江陵）玉泉寺（今湖北）	佛寺兴建的地点已转向自然风景区
		著名道观	泰山玉皇庙、碧霞祠，衡山南岳庙，华山真武宫，嵩山中岳庙，恒山北岳庙，青城山上清宫、真武宫，武当山紫霄宫、玉虚宫，杭州玉皇山福兴观，太原晋祠	道观选址多在地理环境优美或险要的地方，仿若人间仙境，有时往往多教合一，并处一地
首次进入高潮	宋	宋徽宗建艮岳（图1-10）	“园内真花异木，珍禽异兽，莫不毕集；飞楼杰观，雄伟瑰丽”[6]。在园内建“艮岳寿山”，载来太湖石、灵璧石，搜尽天下名花奇石	“掇山理水”成为我国园林发展的一个高度
		西湖十景	沿西湖周边借湖景做园林，有平湖秋月、苏堤春晓、断桥残雪、雷峰夕照、南屏晚钟、曲院风荷、花港观鱼、柳浪闻莺、三潭印月、双峰插云等	由于南宋政治中心南迁至临安（杭州），自然条件优越，经济高涨，促进了园林空前发展

造园阶段	年代	造园名称	造园活动	造园手法与成就
首次进入高潮	宋	金明池	原是五代后周演习水军之地，后为北宋著名的皇家园林，供皇帝春游，观看水戏，龙舟竞渡，每年对市民开放一月有余。宋代张择端所绘与元代王振鹏所作的《金明池争标图》一个是描绘水军演练的场景，另一个是描绘龙舟竞技的场景	园林里的建筑全为水上建筑，是中国公共化程度最高的皇家园林。每年三至四月开园，市民可在皇家御苑中畅游嬉戏。圣驾亲临时，君巨欢聚，与民同乐
	论著	《木经》	这是一本营造木构房屋的书，把房屋分为上、中、下三部分，按照比例来安排构件，注重各部分之间的协调	中国古代建筑学专著，推动了建筑技术及构件标准化水平的提高
		李诫《营造法式》	为管理宫室、坛庙、官署、府弟等建筑工程而颁布的一套规范，涉及建筑设计、结构、施工等	确立了以“材”为模数制，对唐宋的技术经验做了总结，规范了建筑装饰与结构统一及严密有序的施工管理，便于生产，杜绝浪费
造园活动再次进入高潮	元	元世祖在大都修万岁山	从忽必烈在北京建都起，都域建设就开始了。扩建从辽开始营建的“瑶屿行宫”（北海），从“艮岳”运来太湖石，形成今日的宫苑格局。同时扩建琼华岛，重建广寒殿	殿宇恢宏，极致奢华。建园构思巧妙。从山后用水车提湖水造山上活水景，以万岁山为中心，两岸做宫殿，奠定了皇家园林的造园基础
	清	建西苑（三海）	在元太液池（中海、北海）之外又开凿南海，紧靠宫殿，纵贯南北。自朱棣为燕王始建府西苑内，填平园坻（今团城）与东岸之间水面，岛屿变成了突出于西岸的半岛[8]。在琼华岛重建广寒殿，北岸增建若干建筑物，包括西端的太素殿及后改名的五龙亭等一组临水建筑群，使原有的天然野趣中增添了人工兴造之美	是当时大内御苑中最大一处，园林在晨昏烟霞弥漫时仿若仙山琼阁。设水殿船坞，可泊龙舟凤舸。建先蚕坛祀奉蚕神并在此养蚕，也可饲养水禽，设宫廷戏班演出娱乐。也对自然环境进行改造，养野兽、跑马、射箭，田野风光自耕御田。将这些元素自觉地融入园林设计中
		三山五园（离宫型皇家园林）康、乾两帝南巡后，在北京西北郊将江南造园艺术引进皇家园林（图1-11）	1. 香山静宜园：典型的北方山岳风景名胜。 2. 玉泉山静明园：摹拟苏州的灵岩山。 3. 畅春园：康熙主持兴建，由山水画家叶洮参与规划，江南叠山名家张然主持叠山。 4. 圆明园：万园之园，驰誉西欧。 5. 清漪园（颐和园）：总体规划以杭州西湖为范本，始建于乾隆年间，是一座以万寿山、昆明湖为主体的大型天然山水园	始于康熙，盛于乾隆。因为他们对汉文化有较高的素养，既喜欢江南的精致，又不忘马背上的豪情。尤其是乾隆几下江南，所到之处凡他喜爱的园林均命画师摹绘下来，回到北方又亲自参与设计造园活动。在内务府样式房掌案雷氏家族所绘“画样”经皇帝钦准后，使估算、拨银施工、监理、记录等程序得以实施，在设计、施工上分工合作，管理严密，为清代园林艺术的呈现奠定了基础
		承德避暑山庄	在康熙建园26景的基础上，乾隆时期又扩建了10景，是一座离宫型御苑。总体布局为前宫后苑，共分三大景区：具有江南情调的湖区、宛若塞外景观的平原区和象征北方的名山，边界处由城墙环绕，形成长城般的围合姿态，与园林外象征其他民族的外八庙共同构成了避暑山庄的风貌	1. 大型的天然山水园林，建筑数量多、规模大，开创了园林化的风景名胜区。 2. 主体建筑多为大式，平面布局和空间组合体现了几何规律，色彩丰富。 3. 将江南园林的造园手法引用到北方园林中
		扬州园林甲天下	小盘谷	叠山巨匠戈裕良筑假山
			片石山房	被誉为石涛叠山的人间孤本
			瘦西湖	园林集群，采用画卷式空间手法，将两岸的二十四景依次呈现
			寄啸山庄	以双层楼廊加双面复廊而著称，以不同的水平面划分与组织园林空间

造园阶段	年代	造园名称	造园活动	造园手法与成就
造园活动再次进入高潮	清	扬州园林甲天下	个园	春山、夏山、秋山、冬山四季之景同在一园，采用分峰用石的手法，以假山为特色，呈现四季特征
		苏州古典园林	沧浪亭（宋苏舜钦始建）	以山上的石亭“清风明月本无价，近水远山皆有情”为主题，因园中无水，故借园外之水到园内
			网师园	该园小巧雅致，布局紧凑，中心水池不足一亩，方正明澈。西侧“殿春簃”内园的原形被复制到美国纽约大都会艺术博物馆，称为“明轩”
			狮子林	原为寺庙园林，内有大规模的假山群，洞壑崎岖，奇峰怪石，涧道盘纡，飞瀑深潭，水池萦绕，禅意实足，是中国古典园林叠山艺术中少有的经典实例
			拙政园	由明代画家文征明参与造园，以开阔疏朗的布局为胜，追求淡泊自然
			留园	以山池花木为主的自然山水空间，有庭园、庭院、天井等空间处理，其空间艺术为江南园林之冠
		上海古典园林	秋霞圃（始建于明）	南北池壁的假山堆叠与亭轩曲桥相呼应，为明代佳构
			豫园	奇秀甲于东南，始建于明，是园艺名家、叠山高手张南阳的作品
			古猗园、醉白池、曲水园	整体风格由俭入奢，追求瑰奇，由竹刻家、画家来建园
		岭南私家园林	广东番禺的余荫山房、顺德的清晖园、东莞的可园、佛山的梁园	皆以水庭的方式引入园林，组织空间
论著	明	计成《园冶》	是我国私家园林创作经验的巨著，阐明了建园的思想：“造园要巧于因借，精在体宜”“虽由人作，宛自天开”	
		文震亨《长物志》	记载居主庭园环境布置的典籍，有“石令人古，水令人远，园林水石最不可无，要须回环峭拔，安插得宜，一峰则大华千寻，一勺则江湖万里”等理论	
		陈淏子《花境》、林有麟《景园石谱》、李渔《闲情偶寄》对造园均做了专门的阐述		

以上的图表意在向初学者按历史阶段呈现园林艺术发展历程，对不同时期的园林代表作、造园活动、造园手法和成就做较浅显的对应说明。学好传统主题课程的关键是对其艺术发展史的认真研读，以达到格物穷理的目的。

现在古典园林设计被忽视是因为留存至今的作品为数不多，无法身临其境直观感受。通过对历史文献和实物分析，对中国园林的设计思路进行总结，再现自然，寄情山水，这和诗词、绘画抒情写意的创作相似，旨在帮助大家以提纲挈领的方式展开分析与比较。

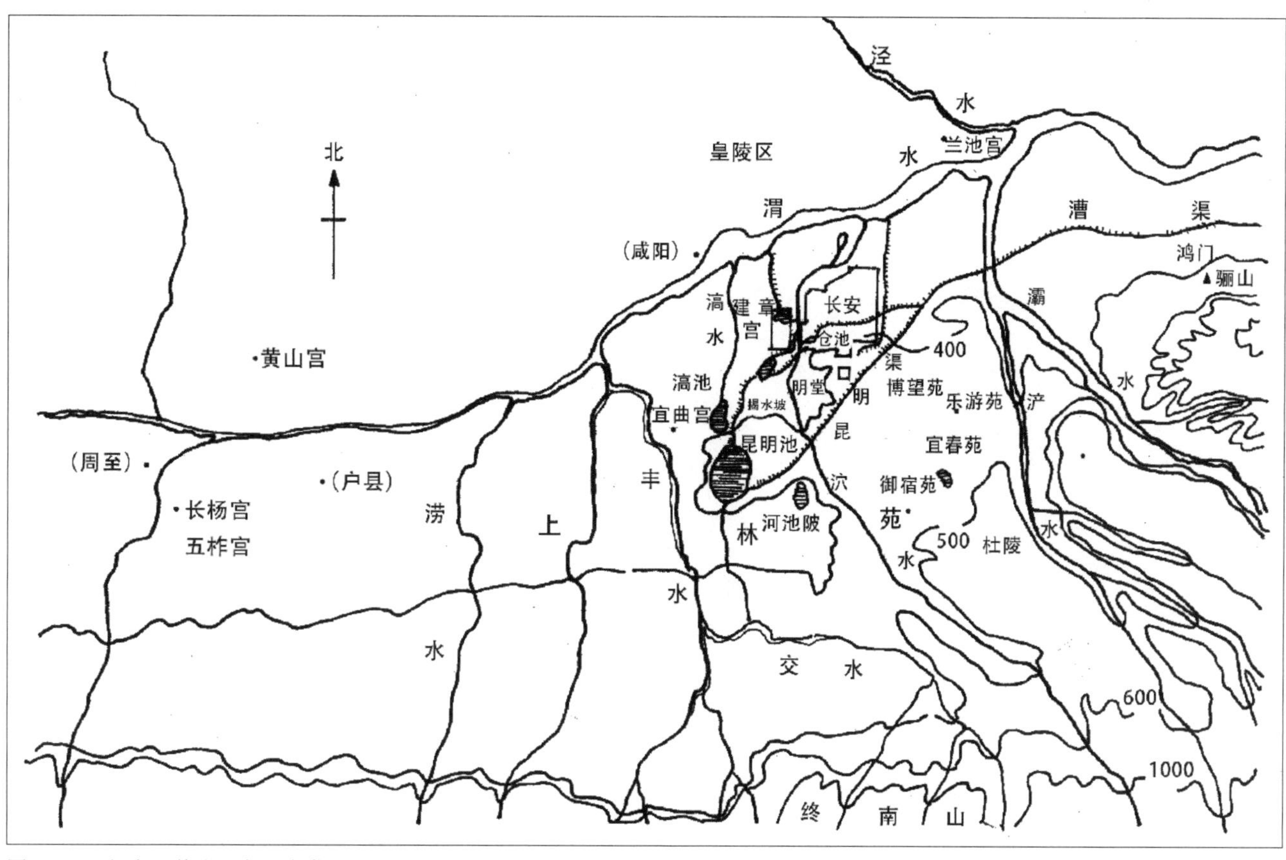

图1-8 西汉长安及其附近主要宫苑分布图

图1-9 唐长安近郊平面图

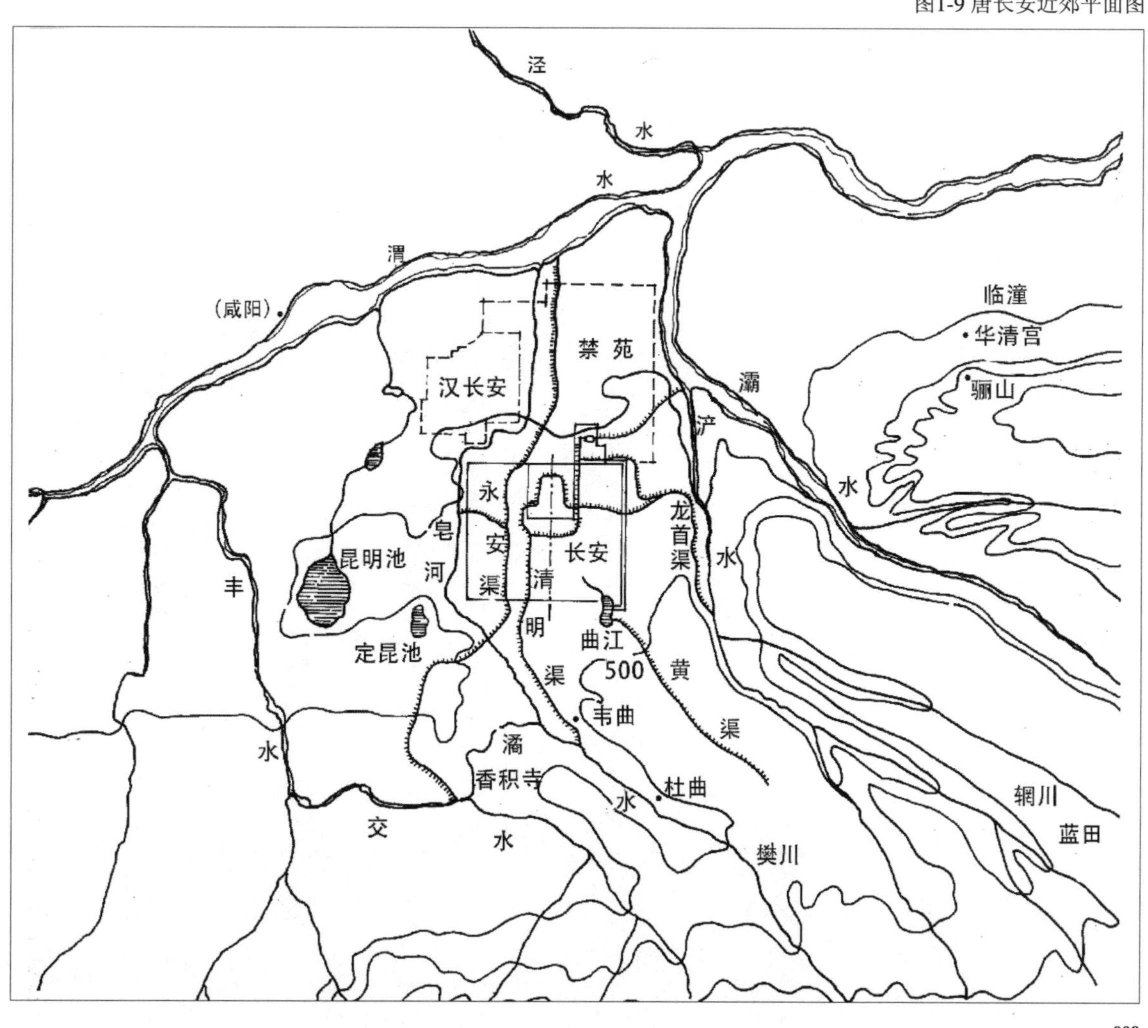

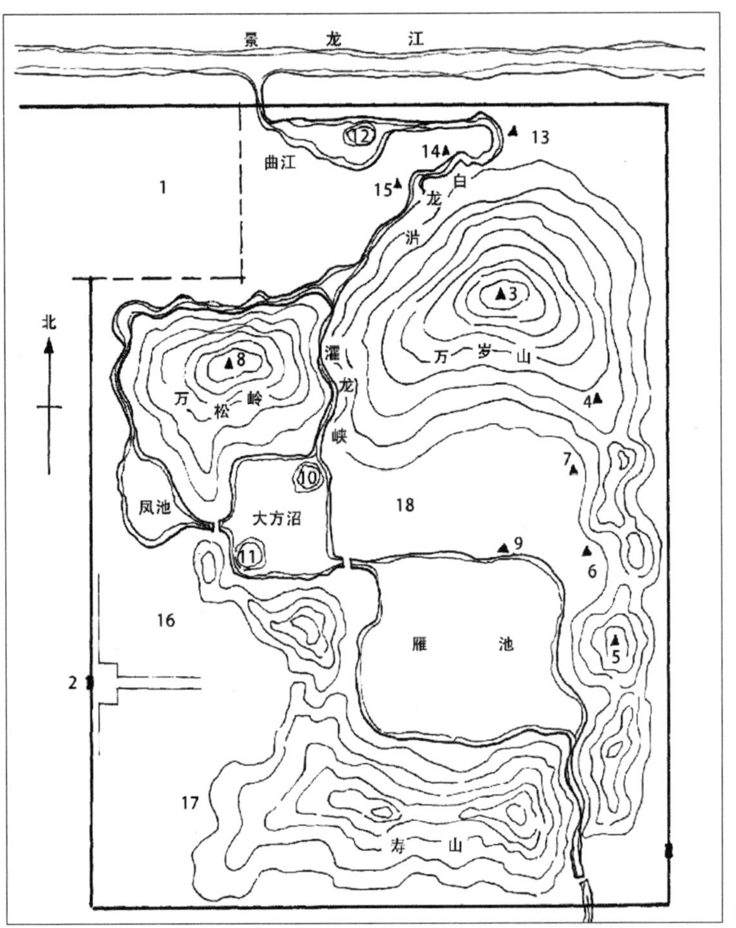

1上清宝箓宫
2华阳门
3介亭
4萧森亭
5极目亭
6书馆
7萼绿华堂
8巢云亭
9绛霄楼
10芦渚
11梅渚
12蓬壶
13消闲馆
14漱玉轩
15高阳酒肆
16西庄
17药寮
18射圃

图1-10 艮岳平面设想图

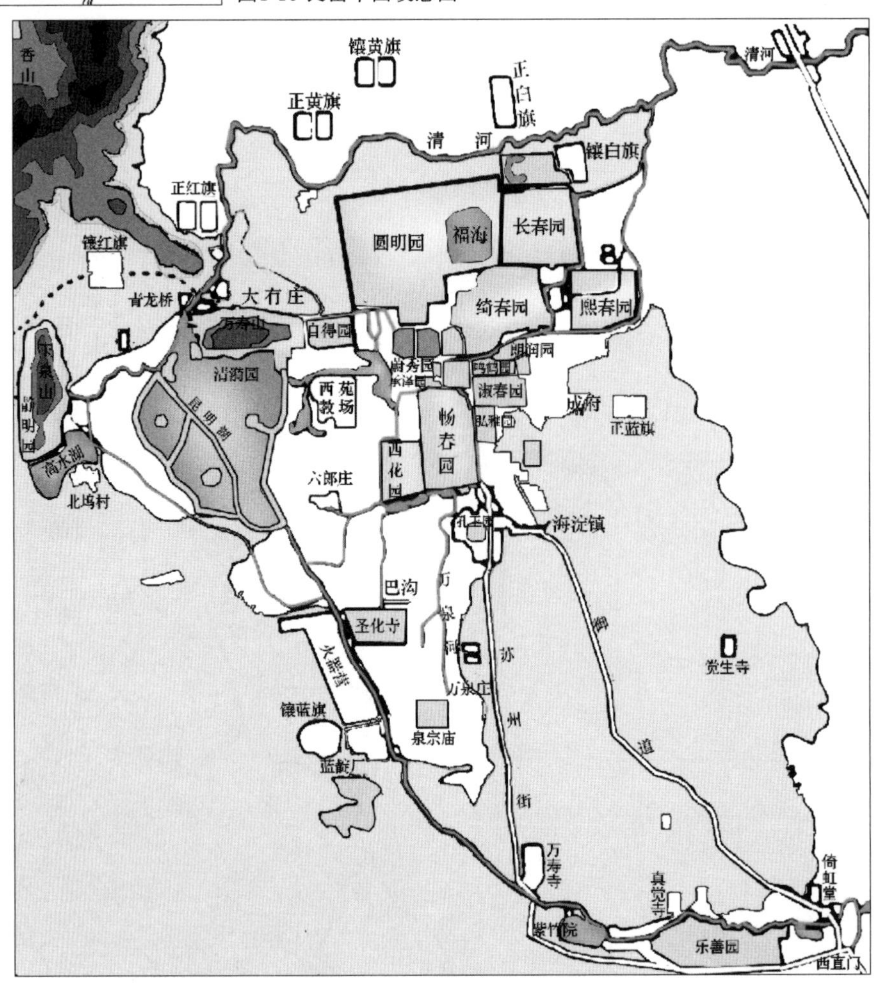

图1-11 北京三山五园分布图

第二章 中国园林造园的美学特征与立意

诗人、画家和工匠是中国古典园林的建造者，因此，中国初始的园林除了基本的可游、可望、可居等功能外，还体现了文人造园那种诗情画意的特点。例如，北方地区的皇家园林从宏观上讲是以“真山真水”作为造园的范本，而具体到每个景区或景点的设置，又与书卷气息浓厚的江南私家园林一样，有其渊源和出处，即园林中包含着众多典故与诗词。在造园过程中，彼情此景的交融丰富了传统园林空间的意境塑造，同时，这些独具特色的“园境”也道出了造园人的“心境”。

北宋画家郭熙在《林泉高致》的《画意》一节中就有“诗是无形画，画是有形诗”的佳句，那么对于中国古典园林而言即是“画中游”了。自古以来，中国古典园林艺术就以中国的诗词、文学、绘画、书法、戏曲等艺术形式作为创作与表现的基础，同时又受到“儒、道、释”三教哲学思想的影响，最终成为兼收并蓄的“文人园”或“书画园”。

古典园林的立意是全园的设计主旨，它凝结了园主人与造园者们的智慧结晶，并将文人情怀浓缩于于园林的一草一木、一石一景之中。这些园林无论选址在城区还是近郊，其设计立意和造园蓝本都源于对自然、风景、名胜的模拟。造园师通过层次纷呈的景致、物境之外的联想及画家对真山真水的临摹，高度概括了自然美的常态与形式美的规律，实现了古典园林对自然环境的二度营建。

一、中国园林的美学特征与造园要素

中国古典园林作为“诗情画意美”的代表，其最基本的特征就是“师法自然”，对自然山水的追求，即天然之趣、田园之乐、崇尚自然、妙造自然。正如周维权先生所言，古典园林中的“自然美、建筑美、诗画美、意境美”是园林设计的四大美学范畴[9]，在世界造园艺术中独树一帜，同样也是中华民族的艺术瑰宝。其中，寄托和抒情作为古典园林情感表达的两种方式，是造园过程中对园林景观进行触景生情、情景交融、因景生情等艺术化处理的重要方式，同时表达了园主人的两种心理倾向：一是对当时社会的看法，二是个人的意趣喜好。

一方面，托物言志，直抒胸臆。如沧浪亭柱上镌刻着“清风明月本无价，近水远山皆有情”的对联，使这座石亭在高爽静僻的古木苍天中越发显得幽远于城外之山、园边之水。此时的古典园林不仅成为吟咏享乐之所，而且成为仕途落魄之士与失意文人的精神栖息地。

另一方面，借景抒情，讴歌自然。古典园林将对外界美好的感受物化为自我的境界，由意象到感知，唤起人们对真实美好生活的共鸣。中国古典园林是一门融诗词、书画于一体的综合艺术，园中处处皆景，景景入画，如网师园水池北岸的“看松读画轩”窗前的竹石蕉叶框景图、池庭花池里古柏苍松的中景图等，都成为艺术院校师生写生的极佳之地（图2-1、图2-2）。

图2-1 网师园

古典园林的造园者以寻求自然的真趣美为原则，依托园林中的草木、山石等各物质要素实现寄情于景，即将人的主观意念作为造园立意的主导，对园林景观的艺术气氛加以营造。在客观层面上，中国园林的营造包括四要素，即山、水、植物、建筑，这些物质要素在造园过程中缺一不可。古典园林的造园手法主要通过“山、水、植物”三个要素将自然美的规律和形态与园林建筑相结合。其中，园林建筑的木结构具有源于自然的固有美，使其与园林中山水环境相协调、融合，可以实现造园要素的整体美，从而达到古典园林的自然美。如果说自然美、建筑美构成了中国古典园林美的骨架，那么诗画就是园林美的血脉，意境就是园林美的气质与神采。

图2-2 网师园看松读画轩前景

二、中国园林设计的立意

中国绘画讲究“意在笔先”，即通过艺术作品表达画家的情意与主题，寄情山水、化景物为情思，其目的是用笔下的艺术形象来表达画家的主观思想。造园设计从对真山真水进行模拟，到二度自然营造的写意与抒情，是中国古典园林造园艺术中最重要的创作手法。中国古典园林在营造过程中凝练了最精辟的造园理论，即：“虽由人作，宛自天开”“刹宇隐环窗，仿佛片图小李，岩峦堆劈石，参差半壁大痴”[10]。由画意入园，由园景入画，这种用心灵感受的美景通过造园要素反映了主体的追求与思想。

（一）诗、书、画结合园林要素在造园立意上的体现

按艺术门类来分析，中国的诗词、书画艺术同园林艺术都讲究抒情表意，其中古典园林相比诗词、书画更为综合，表达语汇更为丰富。它用三维空间艺术与时序相伴，再现超越自然的人工美景，旨在表达园主人或造园者主观的情思、意趣，通过构图要素的形、量、质来与气象万千的行云流水协调相衬。同时，古典园林是中国木建筑结构美、工艺美的完美结合，相比其他艺术门类，其意境内涵的表达更直观，更具参与性和互动性，更为大众所共享。中国园林历经岁月，新意趣、新境界层出不穷，不断将感官艺术中的触觉、视觉、听觉、味觉融于一体，在头脑中交织成一幅幅立体画卷。先是寄情山水的触景生情，再到寄情于景的借景抒情，又到景外之景。

园林的湖光山色、岩岫变换、飞瀑引涧、郁树掩映、花间隐榭、廊桥飞渡、亭台楼阁虽尽人力兴造，无不浑然天成。从诗画中寻求造园的文化渊源和造景基准，再将园景入诗入画。如此不仅有画意幽美之境，更有通过诗词与绘画无法达到的艺术体验性特点。因此，只有在园林空间中才能完全感受到主观的情与客观的景的统一，才能全方位领略诗、书、画、园的综合艺术魅力。

（二）园林立意与对和谐社会的向往

谈及园林，人们往往会抱有“世外桃源”的隐逸向往。中国古典园林设计立意独到，别有匠心，是古往今来文人对探寻自由生活、渴望寄情山水的一种向往，亦是对质朴自然、恬淡无拘生活的渴望。“忘路之远近，忽逢桃花林”，陶渊明笔下的“桃花源”通过完整的造园元素，以水域为主体，洲岛为岸形，探奇心理为主线，达到了造园的主旨立意。同样，水路作为设计中的动线，山随水转忽明忽暗，水也有聚有散，“林尽水源，便得一山，仿佛若有光”，起到了空间引导的作用。桃花源中的空间先抑后扬，从入口处的“初极狭，才通人”到主景区的“复行数十步，豁然开朗”，最终达到田园美景尽收眼底的目的，使人感受到一个真、善、美的和谐环境。

清代雍正与乾隆年间是造园活动最为繁盛的时期，作为“万园之园”的圆明园几乎每天都处在营造状态之中。从康熙帝在北京西郊玉泉山修建行宫“澄心园”（后称“静明园”）为始端，其与后来的畅春园、静宜园成鼎足并建之势，拉开了京城西部“三山五园”兴造的序幕。

胤禛在他所获赐之地始建圆明园，又让其子弘历在圆明园中的“桃花坞”读书，也就是后来的乾隆皇帝。乾隆是位

多才多情的风雅之君，对园林艺术有很高的鉴赏力，这也促使他在圆明园营建中投入更大的财力、人力、物力完成“四十景”的建造。“桃花坞”后称“武陵春色”，其立意源于《桃花源记》中那种世人向往的理想精神世界。从平民到帝王，寄托了太多文人对心中“平等、至真、至爱、祥和”的向往和自给自足、与世无争、自然而然、真诚友爱的意识形态的追求。它有别于海上神仙的“蓬莱仙境”，也不同于普度众生、清静致远的“西天梵境”，或许略同于藏传佛教净土“香格里拉”的神奇与美丽。总之其是远离尘世喧嚣，如田园诗一般自然和谐、安居乐业的理想之所。

无论是以西方人的审美观来看雪域风情自然景观的美，还是以中国文人的视角来看武陵春色“崇尚自然、再造自然、山水环抱、乾坤聚秀”[11]，这些自然景观都是物境与意境、情境的至真表现，无一不为我们提供了造园立意的启迪。

（三）从中国古典名园看园林立意

中国园林从北到南，不同地域有着不同的类型，建园成因与立意的不同也造就了它们各自的风貌。正如陈从周先生提出的“园以景胜，景以园异”。过去的清漪园是乾隆为母亲庆寿而建，本意散志澄怀又可引水接济漕运，一举多得。曾有题诗“山称万寿水清漪，便以名园颇觉宜”，即是对清漪园的赞誉，可叹的是其后历经两次焚毁洗劫。

慈禧主政期间取“颐养冲和”之意将清漪园改名为“颐和园”，浩渺的山山水水、亭台楼阁、巍峨的庙宇殿堂终于在她七十岁大寿时恢弘奢侈到了极点。全园立意可通过主体建筑直表：仁寿殿在乾隆清漪园时期因“延寿报恩”的主题被称“勤政殿”，后取“智者乐，仁者寿”中“仁政者长寿”之意确立了其在园中政治中心区的地位；还有乐寿堂、德和楼、谐趣园、宫苑“农舍”、养云轩等景区，无不以调养精神、消闲静摄、颐养天年为造园主旨，突出了营园之意。

1. 小隐隐于野，以世外桃源为主题立意

在江南私家园林之中，有不少是园主人在官场失意、被罢免或退隐，而将意趣托于自构宅园来安度余生，其中较为经典的园林当属沧浪亭（图2-3）。“沧浪之水清兮，可以濯吾缨；沧浪之水浊兮，可以濯吾足”。这段取自《楚辞·渔夫》[12]的佳话是屈原借渔夫之口道出的两种处世哲学：如果世道清廉，可以出来为官；如果世道浑浊，可以与世沉浮，即根据外因决定进退的、超脱世俗的人生态度。

图2-3 沧浪亭

园主苏舜钦遭贬后造就了这一处名园，其“沧浪”又被借用到拙政园的“小沧浪”水庭、网师园的“濯缨水阁”水榭和怡园的“小沧浪”亭子，同样表达了君子不仅要刚直进取，更要有豁达之心，隐逸于城市山水园林中的胸怀。拙政园园主以“灌园鬻蔬，以供朝夕之膳，是亦拙者之为政也”[13]，来比喻自己在政治上的“笨拙”，而此建园林逍遥闲居。

再看网师园，本是渔翁表达“渔隐”之意，立意是渔夫钓叟之园，园内处处含有隐逸气息。退思园更是将人生进退直白地表达于园林命名之中，其主题为“进思尽忠，退思补过”，将园林立意寄托于舒展旷远的山水景致之中。

2.托物言志，以植物隐喻主人的率真本性

古时扬州盐商众多，各家争相建园，且各有特色。例如个园主人黄应泰不仅是为攀附风雅，更是追求竹的“本固”“虚心”“体直”，比拟君子的品德。因三片竹叶像“个”字，“个”字是国画里画竹的基本笔法，竹字一半又是“个”字，正如清袁枚所言的“月映竹成千个字”。好一“个”字命名，让个园立意颇具意蕴。园内栽种各类青竹约两万竿，与“春、夏、秋、冬”的假山景同置一园，使人能在一次游历中尽赏极具特色的四季山景。

春景：月亮门两侧设花坛竹石景，用松皮石笋比喻“雨后春笋”寓意春回大地、生机盎然。

夏景：用太湖石构筑假山，下洞上台，面临一泓清水，但见映日荷花，湖山的倒影状如夏日行云（图2-4）。

秋景：因个园原来是清代著名画家石涛旧居，故推测叠石秋山是出自于石涛之手。黄石假山整体气势磅礴，结构丰富，山间交通仿若真山般崎岖盘旋，不仅有攀登之乐趣，更有奋斗向上才可通达的感悟。下山设三个洞口，形成“大不通小通，明不通暗通，直不通弯通”之势，寓意如求便捷，欲速则不达，人生往往要历经艰辛才能峰回路转，柳暗花明（图2-5）。

冬景：如果说秋景是色彩的视觉感受，那么冬意则来自冷冷瑟瑟的风声了。“透风漏月”小厅之南，石色如雪，产自安徽宣城，即使在无雪的冬季置身于温暖的厅堂也会感觉到积雪未消之意。在石山后部界墙上有24个直径约一尺排列整齐的圆洞，代表着一年中24个节气的岁月更迭，同时又有“风音洞”的效果（图2-6）。因带洞的界墙后与园主住宅后墙形成了高耸的窄巷，风从此经过会流速加快。这排圆洞就像笛箫上的音孔，会发出冬日所特有的呼啸声，如遇雪花纷飞的时节，更是朔雪盈空（图2-7）。暗香浮动的腊梅、干枝酸美的榆树在冬山一侧又配几丛天竺，待冬日叶与果转为红色，便点缀于白色基调的凄美之中。此番造景意境已足，但更让人称绝的是宣石山东侧的界墙也是春景的入口处，彼此相邻，透过漏窗可望翠竹与茶花，感受春来的信息，使造园的立意颇具开创性，最精彩地展示了墙与空窗的艺术。

图2-4 个园夏山

图2-5 个园里的黄石假山

图2-6 个园的听风漏雨墙

个园因园主人爱竹，以“竹”为主线给全园立意，巧妙地用不同的石料暗喻时令周而复始，生生不息。以石笋、太湖石、黄石、宣石的特质美来彰显各个景区的立意，其“分峰用石”的创作手法也堪称造园孤本。

图2-7 个园平面图

图2-8 耦园廊亭

3.寄托美好心愿

寄情思于景物，无论大到整个园林的构思，还是小到部分景点的设置，造园者都匠心独具，抒情达意，这其中不乏爱情与亲情的寄托。如耦园就是园主沈秉成因病偕爱妻退隐，重修扩建了原来的“涉园”，其立意来自于女主人做的一幅对联：“耦园住佳偶，城曲筑诗城”，横批：“枕波双隐”（图2-8），意为夫妻双双隐居于城市山水园中。从园林平面布局来看此园林分中、东、西三路，以中路的住宅部分为轴线，有东、西两个花园，“耦”通“偶”即为它的第一层含义。第二层含义是指“佳偶连理”，园中各景点在典雅的基调中追求男耕女织、和谐、浪漫的诗意生活，像“双照楼”“听橹楼”“吾爱亭”“城曲草堂”“山水间”等景致配合全园主题，无不见证了园主人琴瑟和谐、情深意浓的爱情隐逸之意（图2-9、图2-10）。园主人历经仕途的挫折、生活的坎坷，但还是怀有中国文人的精神追求，著有《蚕桑辑要》《鲽砚庐金石款识》等专著，成为了中国园林文化的延续。

爱情与亲情是人们对美好生活的永恒追求，上海豫园即是一处典籍式的亲情园。此园是为愉悦双亲而建，“愉”通“豫”，在古代汉语“豫”又有“安泰”“和悦”之意，寓意祥和。园主潘允端最初是为其父母安度晚年而营建这一处园林，后因离乡做官建园不再有人主持，直至其告病归沪才全力营造，该园被赞誉为“东南名园之冠”。虽经明清两代岁月的更迭，饱经兵灾战火与行业公所的瓜分，但其仍因构造精美及高昂的起翘出冲极具江南园林特色。景区中主要厅堂所占面积比例偏大，建筑组群较密集，由各类花墙为界，以主体建筑物为核心分成六个景区。园林入口的主厅“三穗堂”是清乾隆二十五年在原明时“乐寿堂”的旧址上重建的，其典故出于《后汉书・蔡茂传》中“梁上三穗”的故事，以读书人渴望通过科举入仕的祥兆作为全园立意与景致展开的始端。

图2-9 耦园山水间

图2-10 耦园山水间的框景效果

万花楼是黄石假山区与点春堂景区之间的过渡，建在“花神阁”遗址上，此地曾有一段与花农有关的凄美爱情故事。西侧有复廊引连，东有曲槛龙脊，楼体轻盈，前置玉兰和古银杏各一株，古木森森，花香四溢。楼前卵石铺地，文石栏杆围边。南面有流水从西边的花墙流入，沿着南界墙前的峰石、翠竹、兰草缓缓向东流去（图2-11）。

向东仅一墙之隔的点春堂景区以开敞空间为主，建筑相对密集，以赏春景为胜，融戏曲艺术于园林艺术中，有景有曲、有声有色。“点春”取自苏轼的词句“望长安路，依稀柳色，翠点春妍”，其立意一语双关，既勾勒出了春日和暖的景象，又与正南面的“凤舞鸾吟”（打唱台）形成呼应。戏台依山临水，木构精美，四面开敞，还有与四季对应的四副对联，如北联写道“遥望楼台斜倚夕阳添暮境；闲谈风月同浮大白趁良辰”，呈现一幅“人生把酒需尽欢”的场景（图2-12、图2-13）。

无论是直抒心怀的豪情——热情奔放，还是隐逸之情——高处不胜寒的仓凉美，亦或农桑之趣、种花捕鱼之乐、与神鹿同游之快活，造园中用山水比知音、比夫妻情爱，将丰富的情意寄托于山水、植物、建筑营造之中。各种心境又无不借助于巧夺天工、宛如自然的园林之景抒发出情感，这就是化景物为情思，化实景为虚境，用虚境来表达园林立意。

一个好的园林立意会使园林的美增色，使园子有了故事，有了文学气息。借助园名、景题、匾额、对联、石刻、铭记来点题，使园意比较含蓄自然，让人心往神驰，这就是中国古典园林区别于其他园林体系所特有的文化底蕴。从表象来看，同一地域各个古典园林尽管造园要素与造园手法相近，风格差异不大，但每个园林在构思时立意不同，命题与建园思想亦不相同，各异的立意表达画境与意境空间，使中国古典园林的美历经岁月依然异彩纷呈。

图2-11 上海豫园万花楼前景区

图2-12 上海豫园点春堂景区打唱台前景

图2-13 上海豫园点春堂景区打唱台四角处对联

第三章 中国园林的“画境”塑造与造园手法

中国园林在追求“师法自然”的过程中，力求使人工山水园达到“虽由人作，宛自天开”的意境。通过将人力兴造的山水、植物或纯自然之景与亭台楼阁等各种合宜的建筑相结合，运用三维或四维流动空间设计，转换视角并改变高低来达到步移景异的效果，使游客在有限的空间中跟随游园的动线去体验与观赏一幅幅连续的画卷。

这里所讲的山水画本意是通过二维思考与绘制的方式呈现自然界的山水，是对自然景致的写意，是一种静态的美。计成在《园冶》中讲道“合乔木参差山腰，盘根嵌石，宛若画意”[14]是指造园中要“以画入景”，带给人一种“咫尺山林美如画”的视觉感受。画家将自身的艺术修养与追求直接反映到造园活动中，尤其是对绘画的研习、创作与表现过程中，为其造园奠定了重要的审美趋向，更关键的是中国画理与园林兴造论的相通性与渗透性，使两门艺术得以共同发展。另外，《园冶》这部中国古代造园专著的作者计成年少时善绘画，最推崇关仝、荆浩的笔意，喜欢游历、搜罗奇山异水，曾主持建造三处著名园林。也正是由于他有绘画的天赋作为根基，勤探索、多实践，才有可能是他最早将建园理论系统化。

一、中国园林与名家建园

中国古典园林四大名园是拙政园、颐和园、避暑山庄及留园，另外较为著名的园林还有被誉为“万园之园”的圆明园。下面就以这几大名园的营建为例，来看看这些名园落成的成因。

(一) 帝王建北方园林

历代帝王大多在江山稳固时便投身到城郭庭园的营建中，这其中在中国古典园林造园史上可圈可点的帝王设计师有“艮岳”的设计者宋徽宗。尽管是位亡国之君，但他在艺术方面的才情与天赋使他在绘画、书法、园林艺术创作方面有很高的造诣，并凝聚到了艮岳的造园中。他把对自然美的认识也就是诗情画意主观表现在限定的空间内，在叠山理水方面也较前代有重大转折，不再只是“一池三山”的模式。在筑山方面，已从经营的角度出发设计假山系的主峰，有位置大小合宜的侧岭，有延绵的余脉，是一套天然山貌的缩影。苑中置石也是用尽心思，用“花石纲”的船队运来从民间搜罗的奇花异石置于园中。这些峰石也由徽宗观其各自的姿态亲自命名，有的甚至被封了爵位。

在理水方面已经形成了一套完整的水系，江水引自西南，由东南流出。河道与水域自北向南贯通全园，有支流有溪涧，水网曲折，分流两池后又汇入最为平阔的第三池，并积水成潭，动静结合，形态丰富。池水形态有规整、有自由，把对自然水体的提炼融入园林规划之中，形成了山水环抱之势。在葱翠的山林、繁茂的植栽中，还放养着很多珍禽奇兽，确是非同一般的皇家园林。宋徽宗还亲自撰写了《艮岳记》，用华美之辞介绍园貌，可谓采自然之灵秀、移天缩地，较前代造园更具参与性和游赏性。

再看一个在建筑与园林工程领域颇为著名的建筑世家——雷姓家族，该家族有八代人为皇族的宫殿、庙宇、园囿以及陵寝的建造主持工作。正是因为这几代人精心的设计、画样、烫样并把持清王朝样式房的“掌案头目”（首席建筑师），而得到一个尊称——“样式雷”。

当然这些英才们还不足以实现这些宏伟的蓝图，还有更关键的人物，就是园林的主创设计师清帝王。正是因为他们对汉文化的学习，具有较高的文学与绘画艺术修养，使得他们对园林艺术从喜爱、享受到研究，并乐此不疲地大兴土木。如圆明园的兴建从康熙开始，而经几代帝王的建设，在雍正的总体设计下，由风水师勘测，以华夏版图为缩影，以中国的山形水体为蓝图，由皇家画院“如意馆”的画师们按中国工笔画的表现手法来画图纸，由当时建筑世家的第二代传人雷金玉为总工程师来具体实施。工程按模型完成施工，并由雍正亲自命名园中二十八景，形成了圆明园的基本格局。这里也是雍正帝在位时居住最久的地方，郎世宁所绘《雍正十二月令圆明园行乐图》按四季节令风俗展现其在园中生活的场景，可以很直观地欣赏到当年宏伟的园林艺术（图3-1）。这里面虽有画者的主观创作，但也较真实地再现了圆明园亭台楼阁与山水绿植的佳构原貌。

图3-1《雍正十二月令圆明园行乐图》局部

到了乾隆时期，他更是将多次南巡的记忆直接带入园中，如把海宁的隅园、苏州的狮子林、杭州西湖十景等名园与景点直接仿建于圆明园中。这段时期园中的西洋景致开始兴建，仍是由他本人把持总设计工作，由意大利传教士郎世宁担当建筑部分的设计工作，蒋友仁来设计水景，引入欧洲的建筑与造园艺术。以远瀛观和大水法为主景的中西合璧的园林设计思路，将圆明园的造园活动带入巅峰时期。后历由于嘉庆、道光时期，其扩建、修缮活动也未曾停歇。正是历经几代皇帝不惜财力、物力，擅用各类专业人士，分工明确地组织与经营，才建成了这个最为辉煌的园林盛境。

颐和园也是由乾隆主创的，由他主持的经典园林作品还有避暑山庄和紫禁城里的乾隆花园，其中后者最具代表性。这几处园林共同的特征是在京城与热河实现了乾隆帝对苏杭造园思想与手法的模仿，将其南巡的收获兼容并蓄于北方园林中，并由雷氏第三代掌案雷声锶营造清漪园（颐和园），第四代传人雷家玺和其两个兄弟雷家玮、雷家瑞共同投身于避暑山庄的营造。此时建园活动在京城可谓如火如荼，以修筑京城西郊蓄水库、堤坝和治理水路为名。无论是乾隆时期的清漪园还是光绪时期的颐和园，均以给母贺寿为主线，以海军操练为建园银两支出的理由。前者效仿汉武帝征讨古昆明国时所见滇池，定上林苑的湖泊为昆明池，并在此训练水军以备战。可见乾隆帝于公于私、于理于情对造园的部署顺理成章。再有北京西郊具有难得的山水地貌，极佳的天然创园条件给颐和园提供了不少自然环境的成因。

乾隆帝在颐和园的整体构思上以西湖的山水布局为蓝本（图3-2、图3-3），园中北部的万寿山与西湖北面的孤山相似，西北部园外玉泉山的借景又似孤山之外的群山。一代帝王的创意在一片未开发的处女地上完全施展开来，向东侧扩水挖池填东南山形，使山体巍峨、水体疏朗，形成山嵌水抱之势。湖中置大小岛屿，在布局上最为形似的是对杭州西湖苏堤进行模仿而建的西堤与六桥，颇有西湖“六桥烟柳”长堤卧波的轻盈与妩媚。

图3-2 颐和园以西湖的山水布局为蓝本地形改造对比图

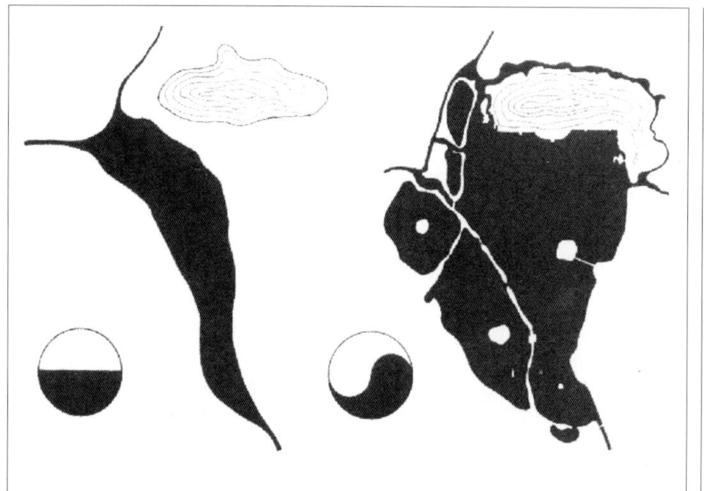

图3-3 清漪园与杭州西湖之比较

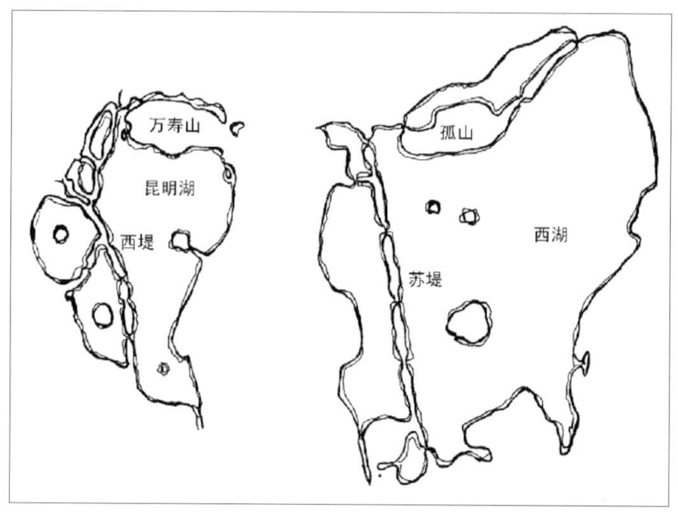

图3-4 颐和园西堤两湖之景

图3-5 颐和园西堤与东堤间昆明湖之景

图3-6 颐和园西北借玉泉山之景

图3-7 万寿山前昆明湖远景

颐和园与西湖在景区的坐落方位与走势上都非常相似，西堤连接全园南部与西北部的水上交通并分隔湖面（图3-4、图3-5）。乾隆有诗曰：“背山面水地，明湖仿浙西，烟波三竺寺，花柳六桥堤。”可见他在造园定位上追求的是北园南调，这跟他六下江南、留恋钱塘风韵有关。

乾隆帝十分会因借，颐和园北借玉泉山之景，向南借水田之景，历经几代的开发，形成上千公顷宛如江南水乡的景致，使园林与农桑之景、园外之景连成一片（图3-6、图3-7）。颐和园利用天然山水并进行改造，以万寿山上大报恩延寿寺（光绪重建的佛香阁）建筑群为全园的焦点，随着台地的升高，殿、院、廊、阁逐层抬高，建筑与山势相融合（图3-8、图3-9），体现了具有北方皇家气质的大山大水。均衡对称的建筑组群集中且多散落于山的阳面，面临涟漪潋滟的昆明湖，正如乾隆诗中描绘的那样：“碧光镜中拖曲堰，绿云丛里出高楼”[15]，好一幅构图佳妙的北国山水图画。

图3-8 万寿山与昆明湖全景

圆明园除了对西湖景区神似地模仿，还有仿无锡寄畅园而建的园中园“谐趣园”以及在后湖所建的“苏州街”。这是因当时有“杭州以湖山胜，苏州以市肆胜，扬州以园林胜”的美誉，而在两岸建各式店铺，成为皇家所谓的水街集市。它是在幽静的后山另辟的一处供帝王皇族们体验市井氛围的趣味空间，也是仿前代皇家园林中热闹的市集与店铺。正像水网密集的江南水乡布局一样，“前街后河”的格局虽然是摆设，但在皇帝的游船经过时有太监、宫女们扮演商客吆喝，御苑中自然多了几分自娱自乐的情趣。

康乾时期历经87年建造了史上迄今最大的古典皇家园林——承德避暑山庄。其整体构思与规划出自康熙，由“样式雷”担任总设计，从第二代传人雷金玉始建到第四代雷家玺扩建，可谓为园林建筑工程呕心沥血。两帝各建并钦定36景，山庄的山水形貌与分布如中国地理环境：北部扩为平原景象，广植树木，绿草如茵，群鹿奔跑，一派自然明朗的塞北风光；东南部的湖泊区洲岛错落，宛如江南水乡；西北面占全园大部分面积的山峦形成全园的天然屏障，建筑随山就势散落其间，城墙蜿蜒起伏，不仅增强了全园的防御能力，更显皇家疆土之永固，体现了“山中有园，园中有山”的特色。

图3-9 佛香阁近景

（二）画家、诗人、艺术家建文人园

再看私家园林，尽管没有帝王们纵情四海之布局、恢宏旷达之创意、倾尽人力物力之建设，但大多也是历经几代人或几经易主的经营。有些园主自己就是画家、诗人，或请这方面的才俊投身于造园活动中。

拙政园园主明御史王献臣才华出众，为官时执法刚正，1509年弃官返乡后特邀吴门四杰之一的大书画家文征明共同参与规划与设计。后在1533年依照园中31景绘图作诗，作有《王氏拙政园记》和《拙政园三十一景图》，每幅都是在23厘米见方的绢本上描绘园内一个景点，并有题诗，有书、有画、有园林。拙政园不仅是文征明晚年的代表作，更是研究中国古典园林造园艺术弥足珍贵的史料。再看他的后代们，其曾孙文震亨撰写了《长物志》，另一曾孙文震孟曾购得“醉颖堂”而修建“药圃”，也就是现在苏州名园“艺圃”的前身。这是一个家族在造园实践与理论方面的贡献（图3-10、图3-11）。

留园明时的主人徐泰时罢官返乡建东园，由叠山名家、画家周秉忠（时臣）叠奇石，其后刘恕增地扩建为寒碧山庄。因其喜书法名画，园内壁间多有历代书法石刻，是闻名于世的《留园法帖》[16]。该园当时人称“刘园”，园主好友画家王学浩绘有《寒碧庄十二峰图》。咸丰时期因庚申之战周围名园尽毁，唯有刘园幸存下来。后园主盛康取其音改其字易名为“留园”，这是中国古典园林史上书画文人造园的典例。

有“假山王国”之誉的狮子林，经元代天如禅师利用北宋花石纲遗留下来的精品太湖石建造了禅宗寺庙，以此为基础后改为私家园林。当时建造假山以“取势在曲不在直，命意在空不在实”山水环绕、虚实结合的造园手法，把园中五百座峰石依不同姿态命名为不同狮名，并在山中隐伏了五百罗汉身（图3-12～图3-15）。著名画家、诗人倪云林（倪瓒）受邀指点造园，并作了《狮子林图》，使此园名声大振，成为讲经说教、参禅得道之地，吸引了众多诗人画家来此赋诗作画，将禅悦与园乐、佛与园、思想之国与自然之界有机融合在这个“城市山林”之中。

怡园在清末由顾文彬父子主持营造，并邀任阜长、程庭鹭、顾沄等几位画家参与设计。园中山水亭石均先以稿本绘画形式与园主商定。因为园主人善书画、精鉴赏与收藏，其在怡园建成后广邀文人雅士组织诗会、画会、曲会和琴会，使园林艺术与其他古典文化艺术融会贯通，相互滋养。海派画家顾沄也是前文所讲耦园的设计者，可见他不仅绘画造诣颇高，而且能将山水创意运用到园林工程设计上。

各艺术门类的相通性在园林创作方面的发挥还有不少实例，上海古猗园以清新优雅为胜，由竹刻名家朱三松设计，他擅长书画、叠石，园名取自《诗经》“绿竹猗猗”的美盛景象。同在上海的醉白池园林在明末至清康熙年间历经两位松江画家的营造，董其昌所建“四面厅”与“疑航”也是为了聚集文人雅士在此泼墨畅吟。后来曾任工部主事、管理水利工程的画家顾大申效法古人隐逸的生活，建堂于池上，成为追求一醉沉欢、觞咏快活之所。

再有无锡寄畅园具有得天独厚的山水因借条件，四百多年秦氏一族子孙们不断经营，园林历经多次分合，其间请当时造园名家张链与其侄张鉽进行全面布置，掇山理水，引泉注池，使园景更盛，成为古朴自然造园艺术的典范。这与园林设计者喜欢绘画、以山水画意造园叠山颇得真趣密不可分。

图3-10 艺圃之一

图3-11 艺圃之二

图3-12～图3-15 狮子林西侧太湖石假山景

（三）画坛巨匠与名园

值得一提的还有画坛巨匠石涛，“搜尽奇峰打草稿”是他在自己所画黄山长轴画卷上的题名，也是这位艺术大家成长的经典语录。因其作品个性鲜明，超凡不俗，使他必然成为明清时期最有创造性的杰出画家。

他少年时对传统书画技法进行了扎实的学习，并对同代画家的技艺兼收并蓄，从小因身世避祸削发为僧，云游各地，受到自然景象长久的熏陶。青年到中年十年期间，对黄山的游历使得他从师法自然中寻求画理，并丰富了创作的源泉。老年定居扬州，不仅开创了扬州画风，更重要的是施展了其在园林艺术设计方面的才华。他在叠石方面也堪称大师，其建造的万园（已毁）与片石山房的假山被誉为人间孤本，因片石峥嵘、腹藏石室而得名。传说个园的秋山仿黄山而塑，原来是寿芝园的旧址，其假山也为石涛所叠，这种推测代表了人们对大师艺术作品的肯定与希望（图3-16）。

图3-16 石涛代表作《搜尽奇峰打草稿》

二、中国园林“画境”的布局特点

（一）中国画与中国园林的“画境”

无论是达官显贵还是文人雅士，他们都通过绘画与园林的诗情画意来寄物言志、抒情达意。一个是通过笔墨，一个是通过造园要素，其目的都是满足精神与物质的需要。绘画直接通过视觉传达，而中国园林则能充分调动人的感官视觉、听觉、嗅觉、触觉来感受，且更加注重人的体验与情趣的升华，通过开门见山、渐入佳境、峰回路转、曲径通幽、柳暗花明、迂回兜转、豁然开朗或几进几落、庭院深深等空间手法来丰富游人对园林空间的感受，使游园者与园林主人达到物境与心境的共鸣，直至实现与造园者的心灵相通。

（二）中国山水画早期理论对造园的影响

纵观绘画与造园艺术的实践活动，山水画作为独立的画种兴盛于魏晋时期。文人雅士寄情山水，常将自然风景缩写于私家园林中。南朝宋宗炳写的《画山水序》是最早的山水画论著，主张山水画必须像真山真水，“以形写形，以色貌色也”。“竖划三寸，当千仞之高；横墨数尺，体百里之迴”是纵观远景于绢素之上或移天缩地咫尺之间的画理，也是造园的处理手法。其对于绘画目的的表达很直接，即使那些无法游历真山真水的人们也可在室内闲居理气，体会“拂觞鸣琴，披图幽对”的意趣。

南朝梁元帝萧绎在《山水松石路》中也提出要讲形似写真，又要寄情传神。其文主要讲山水整体与细部的关系和有关风格，“设奇巧之体势，写山水之纵横”、“格高而思逸”及透视学“路广石隔，天遥鸟征”的观点和对自然特征“秋毛冬骨，夏阴春英”的美学概括论。以上虽是山水画论，亦能指导并适用于造园理论。

（三）中国园林与山水画的依存关系

有关中国园林造园理论的著作，相比中国画的画论晚到明代时才出现。明代之前也有一些园记和文人笔记，记述了建园过程流传后人。不难想象在长期的造园实践活动中，理论的滞后并没影响到中国园林工程的几度辉煌。绘画和园林虽然是两门艺术，但它们同出一源，即对自然的再现，这也是中国各门类艺术所共同追求的“崇尚自然，妙造自然”的规律。两者都是将自然山水美打造为一个整体，物我融会其中，集中再现美的景色、美的感受，达到天人合一的佳境。可见中国园林与中国山水画之间的依存关系，主要表现在对美的原则、布局的方法、造景的规律等方面的相通性与借鉴性。

三、中国山水画论在造园艺术理论方面的借鉴

明代计成编写的《园冶》是中国第一本园林艺术理论的专著，是最早、最系统造园著作，也是世界造园学上最早的园林理论著作。书中常有绘画技法的论述及描述画面般的语言应用于园林艺术的文字讲述中，可见园论画理是融在一起的，其中“巧于因借，精在体宜”是造园的基本原则。

其一，“境仿瀛壶，天然图画”为造园的目的；

其二，“多方胜境，咫尺山林”是建园的意境；

其三，“障锦山屏，列千寻之耸翠，虽由人作，宛自天开……栏杆信画，因境而成……”的造园手法。

与其同样重要的一本画论著作是南齐著名画家谢赫的《古画品录》，此书是中国绘画史上第一本系统论述绘画品评与中国画论的著作。他首创了绘画“六法”（气韵生动、骨法用笔、应物象形、随类赋彩、经营位置、传移模写），是品评绘画作品的重要美学原则。后来唐末五代时的山水画家荆浩因避战乱，隐居于太行山洪谷，在《笔法记》中更具现实意义地提出“六要”（气、韵、思、景、笔、墨）之说。面对雄伟壮丽的山势，大量的松石写生手稿成为他创作的资本，其全景山水式《匡庐图》意境深远辽阔（图3-17）。

图3-17 荆浩《匡庐图》

下面结合朱小平先生在《园林设计》一书中所讲的中国园林“三境”的营造[17]，来看看“六法”与“六要”在园林创作中的借鉴性。

（一）气韵生动

这是指绘画作品的生命力及艺术的感染力，也是一种包罗万象的审美概念，在六法中居于首位，后来成为统领中国绘画的首要纲领。荆浩将“气”和“韵”分开，“气者，心随笔运，取象不惑”，实际也就是画家思想先立，笔随心运、下笔有神的效果，这也是中国古典园林设计中的“立意”。“韵者，隐迹立形，备仪不俗。”要求笔迹为塑造形象服务，韵是隐约的，是各门类艺术通过不同的载体传达给主体人精神领域的“神气”“灵性”。山水画如此，园林设计的主旨亦是“意境”的塑造。朱先生在书中讲的“三境”包含“生境”“画境”及“意境”，“意境”的营造是中国园林建园的重点，他所阐述的“意境”不仅仅是“诗情画意”，并对其进行了更为人文化的解释：即在“以景寓情，感物吟志”中通过“立意”表达造园者对美的情感、美的抱负、美的品格及美的社会的憧憬。正是因主体“意”的不同，才有了各自的“境”的相异。在园中就像绘画一样，不尽相同的情与景的交融方可抒发意趣迥异的意境，同时又能表现出建园者的主观世界。正如唐代山水画家张璪主张的“外师造化，中得心源”的创作方法，同样适用于中国古典园林的创作。

（二）骨法用笔

这是指绘画中的造型技巧，在园林设计中指造园的四大要素，即山、水、建筑、植物。要分别了解其固有特征、品类、类型的不同而各自形成的质量、体积、虚实和疏密，这是中国古典园林画境创造的基础，也是造园要素的形态美。

（三）应物象形

这是指画面中的形与客观存在物的相似性。在园林中更加注重对自然的模仿，因地制宜，处理好建筑与仿自然山水环境之间的关系，“山水为主，建筑为从”，这是园林画境营造中“化大为小，融于自然”的处理手法。绘画与园林创作都是以真山真水为范本，要怎样在咫尺画幅中或有限的地域中完成对名山大川的艺术处理，就必然要对画境做写意概括处理，做到“一峰则太华千寻，一勺则江湖万里”的自然缩影。计成在《园冶》掇山篇中就提出了“峭壁山者，靠壁理也。藉以粉墙为纸，以石为绘也”的造园法则。如网师园琴室的小院，伴着琴音面对破墙而入的高山余脉，坐享小院四季幽雅的应物象形。庭内有石榴的古桩盆景与古枣树相衬，喻意多子多孙的繁荣景象。在三面开敞的琴室内抚琴，与对面的贴壁假山形成“高山流水觅知音”的空间意境（图3-18 ~ 图3-20）。

图3-18 网师园琴室

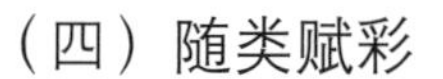
（四）随类赋彩

在绘画中指画面色彩浑然天成、搭配自然。这与园林设计的颜色表现相一致，以自然色为基调，配以灰瓦、褐木和粉墙的江南色彩。略有不同的是皇家园林中的琉璃碧瓦、丹漆楹柱散落其间，不失与大自然色彩的和谐美。画面中的美是静态凝固的常态美，园林中的色彩随四季、日出日落变换，同样的景色因时令不同亦会悄然变化，这是大自然赋予园林空间色彩魅力。

气象万千给了大自然天然的色彩，画家画冬天的真实雪景，造园者则取其意象。如拙政园的兰雪堂取悠然冷香之意；雪香云蔚亭喻洁白幽香的花景；御花园的绛雪轩寓意轩前的古海棠花落时色白如雪。天气阴晴变化反映在园林中更是有声有色：“水光潋滟晴方好，山色空蒙雨亦奇”，细细的雨幕给园中带来了缥缈、清澈之意，不仅可以观赏蒙蒙烟雨浑然一色的景致，还可以近距离欣赏水面涟漪的波动，静听雨打芭蕉之声（图3-21～图3-24）。

图3-19 网师园琴室庭院前古盆景

图3-20 从网师园琴室看假山景

（五）经营位置

在绘画中指物体在画面中的构图与布局，整体与局部应主次清晰，虚实有序，疏密得当，层次分明。这种均衡、呼应、简繁相宜的方法既是画理，也是造园之道。在园林“画境”空间中布局尤为重要，一个适宜的、合理的布局决定着整个园林艺术的优劣，因而要体现园中有园、有主有次、有藏有露、有曲有直的布局形态。这种画面的远近感、虚实感在园林中更多地表现为连续、流动的空间，敞与闭、开与合、旷与奥、明朗与幽深或对比或呼应，增加了游人的游玩意趣。

图3-21 拙政园兰雪堂雨景图

（六）传移模写

在绘画中是指向传统学习，多临摹、多总结，使画理、画技得以传承。园林设计也是一脉相承的，从最朴素的形态发展到有意识地改造自然，利用天然成因，在不断的造园实践中日趋完善。从明清以来造园首先要做草图，画好景物便于修改。园林落成后园主自己写园记，或请画家依园景绘图并题咏景诗，大型的皇家园林更是要留存烫样与图纸以备案。

四、“画境”园林的造园手法

“画理”对中国园林“画境”的产生起到了自然天成的作用。英国的散文家、批评家约瑟夫·艾狄生曾讲过“中国园林是自然和艺术和谐的完美样板，它们利用自然要素生成美丽的景色，创造出具有自然全部魅力的园林来。”如画境般的中国园林设计手法区别于世界上其他的造园艺术，在世界造园史上独树一帜。

“轩楹高爽，窗户虚邻，纳千倾之汪洋，收四时之烂漫。萧寺可以卜邻，梵音到耳，远峰偏宜借景，秀色堪飧。紫气青霞，鹤声送来枕上。移竹当窗，分梨为院；溶溶月色，瑟瑟风声；静扰一榻琴书，动涵半轮秋水，清气觉来几席，凡尘顿远襟怀”。这是出自《园冶》的一段话，描写了一处完美的园林环境，通过框景可观门前汪洋、四季风景，旁有寺庙可听诵经之声，有远峰借景，紫气又俱仙道之意，又可听到鹤声、风声。使人通过视觉、听觉、嗅觉、触觉等感官进一步体验到画境空间，使园林变成立体的画，实现“画中寓诗情，园林参画意”的目的。

图3-22 拙政园三十六鸳鸯馆雨景

图3-23 拙政园波形长廊前雨景

图3-24 拙政园倒影楼前雨景

（一）移天缩地——用写意方式再造山水美

中国园林自古以来就有“盆景式造园”的说法，意思是说中国园林将自然中的景物提炼加工，取其形似并缩小尺度移到园林之中，其目的是由追求形似，再到形神兼备。早在汉武帝建上林苑时，就有“作长池、引渭水……筑土为蓬莱山”之说，在池中筑蓬莱、方丈、瀛洲三岛，模拟海上神仙的境界。这“一池三山”的作法就是模仿来自东海的三座仙山。前文所讲圆明园对杭州西湖十景和苏州狮子林的直接移植，颐和园依西湖形态而改造山水布局，直接模仿苏堤建西堤，就是所谓的“谁道江南风景佳，移天缩地在君怀”的范例。

（二）以少胜多——小中见大的造园法则

前文提到的画理同样适用于造园法则，在造园过程中经常用此法来叠山理水。因为大到巍峨的群山或是汹涌的江河均要凝缩至一座假山、一方池水之中。如仿卢沟桥而建的颐和园十七孔桥及坐落在网师园彩霞池东南角的石拱桥，下设小溪，似水之源，桥身小巧而精致，与四百多平方米的水池形成小中见大的意境（图3-25）。

图3-25 网师园的“小中见大”

五、“画境”园林的布局特点

在由二维散点透视转换成三维全景鸟瞰的造园过程中，园林布局是转换的关键，也是一个优秀园林的造园基础。“画境”园林的布局方式在立面上讲究“诗情画意”的渲染，在选定园址的基础上，同样需要根据园林的属性、类型、规模、功能要求及固有的地形地貌进行整体构思。因为园林性质与选址的不同会直接影响园林的平面布局，中国古典园林的主要特点是追求自然山水的风景式园林及自由不对称的平面布局。

（一）布局在构图要素上的特征

1.“画境”中的地景

自有造园以来，便要求选址“因地制宜”，即对已有地形进行利用、开发和改造。一般造园西北地势高起，东南趋于平缓，仿若中国疆土地貌，多以土石山为主山，以石塑山为次山；效仿自然的山峰、山巅、崖岗、岭坞、洞穴等不同形态。如环秀山庄以假山为中心，三面环水，由叠山大师戈裕良所造，占地不过半亩，咫尺之间千岩万壑，从东南向西北环山而行，步移景异。尽管现在禁止攀登，游客无法向古人一样游历其中，体味那六十多米长的山径，但也能在环游和俯瞰中欣赏到幽谷、石崖、绝壁、曲蹬、飞梁、石洞、石室等，构造精致，自然逼真，巧然成画（图3-26 ~ 图3-29）。

图[illegible]环秀山庄正立面

图3-27～图3-29 环秀山庄西侧与假山顶

2. “画境”中的水景

一般园中有主次水面之分，靠长堤、小桥、钓矶分隔水面，连接两岸区域。有的湖中置岛，动静结合，靠瀑布、水坝、深潭追求水景的垂直变化和层次落差，并注重对湖水驳岸的维护与倒影效果。从园外引水时往往从园中部偏西北侧汇入，流经北部的溪涧或水渠，经起伏转折后汇入中心湖区。对于只有一席池水的小水域，采用空间大小对比来扩大水域感，或做藏源掩尾、架桥设榭的处理，延伸空间意境。水景美在于它的形态自由与动静结合的灵性，水流因势回绕，轻流暗渡，使庭院空间因水变得自如，波光倒影将景致交织一起，使天、地、山、水自然天成。如南京瞻园静妙堂西侧的溪涧连接着堂前堂后一大一小两块水池。堂前叠山飞瀑，屋后苇草漫生，平阔宁静，由一条蜿蜒的溪涧相连，中间架设石桥飞梁，空间意境如诗如画（图3-30 ~ 图3-33）。

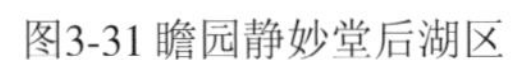

图3-30 瞻园连接前山后湖的溪涧

图3-31 瞻园静妙堂后湖区

图 3-32 瞻园静妙堂西侧溪涧入口

图3-33 瞻园静妙堂前的湖山区

3. “画境”中的建筑

古建筑在园林中明显不是主角，但它与自然景色的配合除能满足可游、可居的功能需要之外，还是古典园林风景画面中不可少的要素。建筑和山水、植物的相融性一方面表现在环境中安插是否合宜，其形式、功能与体量都要随地形、地势和环境的变化而做综合考虑。正如乾隆所说：“室之有高下，犹山之有曲折，水之有波澜，故水无波澜而不致清，山无曲折而不致灵，室无高下而不致情。”颐和园的“画中游”景区虽不比中心景区的佛香阁面湖背山，居高临下那般宏伟，但一亭两楼分列两侧，随山就势高低错落，游廊山道相连，也算是园林空间组织极佳的范例（图3-34、图3-35）。台地山景相衬郁郁葱葱，漫步其间处处成景，远看似画近是景，入境好似画中游，也正符合建筑是从、山水为主的造园原理。

图3-34 颐和园画中游主景

图3-35 颐和园画中游楼阁与长廊平台

建筑与环境的相融性另一方面表现在建筑的丰富类型与自然环境的关系。园林中的建筑类型有亭、廊、榭、坊、楼、阁、台、塔、堂、轩、馆、斋、室、门、墙、园路与园桥等，它们大部分是木质构造的，造型各异，建筑特征以三段式木结构和舒展飘逸的大屋顶为主。尤其在屋宇式建筑的翼角部分从屋顶到四个角梁的位置，在立面看会出现“起翘”，在平面看会有“出冲”的双抛曲线，与自然形态的柔美相通共融（图3-36）。

图3-36 沧浪亭屋顶双曲线与环境结合

在园林里，建筑起到点景与看景的作用，因景致需要，有时以单体形式出现且朝向不一，根据游览的动线设置在看与被看的最佳位置。有的成组或成群构成庭园或院落，布局方式往往做占边处理，让出主要区域给庭院，以内部赏景的静观为主。有的动静结合，互相渗透，起到景区间的过渡作用，增加路径的曲折和地形的起伏，以追求周而复始、循环往复、多角度观察园林景致的效果，使“画境”像立体画卷一样展开，层出不穷。

4．“画境”中的绿植

在园林布局中，植物的栽植以遵循自然地形地貌为原则，体现群落之美，让树木显露自然之形。要结合园景的主题选择当地适宜的树种，规划布局充分考虑植物的四季观赏效果，有孤植、丛植、林植等形式。庭园内或主要景区的堂前还有池栽，带有天井的堂屋后部或两侧配合山石进行绿化。

（二）“画境”园林的布局特点

从前文造园要素在布局上的特征可看到其主要遵循的原则有：师法自然，创造意境；巧于因借，精在体宜；划分景区，园中有园；轴线布局，正变结合等。

1. 师法自然，创造意境

“风景美如画”是形容自然之景，如何把体量大的、边界广的、纯天然的成景要素转变成形态质量小的、有边域的、全人造的景，是中国古典园林布局的核心问题。寺庙与风景名胜园林一般选址在风景优美之地，甚至直接就在名山大川中，以险、俊、奇、幽僻闻名。皇家园林多是对私家园林的模仿与真山真水的改造，相对不难处理。私家园林是城市山林，一般选址在平原，相对难度较大，需在有限的空间里进行区域规划。江南私家园林的假山多是太湖石或黄石花岗岩，湖水多由天然的地泉稍加改造与疏浚，其中难以处理的当属建筑与边界。

冯钟平先生在《中国园林建筑》一书中总结有以下几点。

（1）利用空间大小对比（先抑后扬、主次分明的反衬法）；

（2）选择合宜的建筑尺度（亲近小尺度）；

图3-37 沧浪亭巧借园外之水之一

（3）增加景物的景深（层次虚渺，有藏有露）；

（4）路线曲折，周而复始（在山水长卷中扩大空间）；

（5）巧借外景（有景可借，引入园林）；

（6）意境联想，扩大空间感（微缩景观，创意深远）。

2. 巧于因借，精在体宜

“巧于因借，精在体宜”是计成在《园冶》中所表述的造园原则，强调的是可借园外之景之水。如沧浪亭园内本来无水，巧借园外之水，靠一段复廊连接两个区域（图3-37、图3-38），使园外有园、景外有景。精在体宜是指建筑的体量与设置的位置适中合宜，相辅相成。

图3-38 沧浪亭巧借园外之水之二

图3-39 园中之园——枇杷园

图3-40 园中园——听雨轩

3. 划分景区，园中有园

园林在化整为零后有益于整体规划，可为突出不同构园要素分隔区域，或依不同功能，或表达不同主题，最直接的方式就是做园中园。比如圆明园由5个景区组成，颐和园按地形分区由湖区、山区、长堤区组成。豫园由6个不同主题的景区组成（假山区、万花楼景区、点春堂景区、会景楼景区、玉玲珑景区、内园景区），内园景区是整个园林的园中园。拙政园因东西向较长，按方位分为东、西、中三个区域，很多经典景点集中在中区，空间层次变化丰富，西部以水池为中心，东部是旧园主人的菜园区，中部的枇杷园、海棠春坞、听雨轩成为园中园（图3-39、图3-40）。再如北海的镜清斋和颐和园里的谐趣园都是园中园，以静观为主（图3-41）。这种划分景区布局的方式直接有效，重要的是处理好景区间的过渡空间，有时相互因借做成半透边界；有时需要使用较矮的实墙绝对分隔；有时只需虚实对比，就用山、水、植物作为虚拟空间来分隔。

4. 轴线布局，正变结合

园林布局变的构思起点可以是横纵垂直的主轴线，也可以是带有一定角度的辅轴线。主轴线是布局里的主要空间，往往连接园林中的主体建筑，有可能是体量大的、楼层高的建筑，其周围的景区必然是主景区，是全园建设的重点。它们往往在看与被看的位置遥相呼应，至少由两至三个建筑来定正轴线。正轴可以是一条或两条，不宜过多，否则会失去重点；辅轴可以是两至三条，可正可斜，是仅次于主景的次景，其他景色散落在动线之中（图3-42、图3-43）。这样正变结合，突出山水自然主题。一般园中的宫廷区或居住区是正线，并沿此轴线向一侧延展，做一进进的院落来增加景深。

图3-41 园中之园——北海的静清斋

六、“画境”园林的空间美

中国园林艺术的形成经历了一个漫长的发展时期，中国人对园林美的追求走的是一条再现自然山水美的道路，常言说：“园林是立体的山水画”，其在空间上不是对大自然中真山真水的一味模仿，而是从自然元素中概括并凝练于造园的客观现实环境之中。

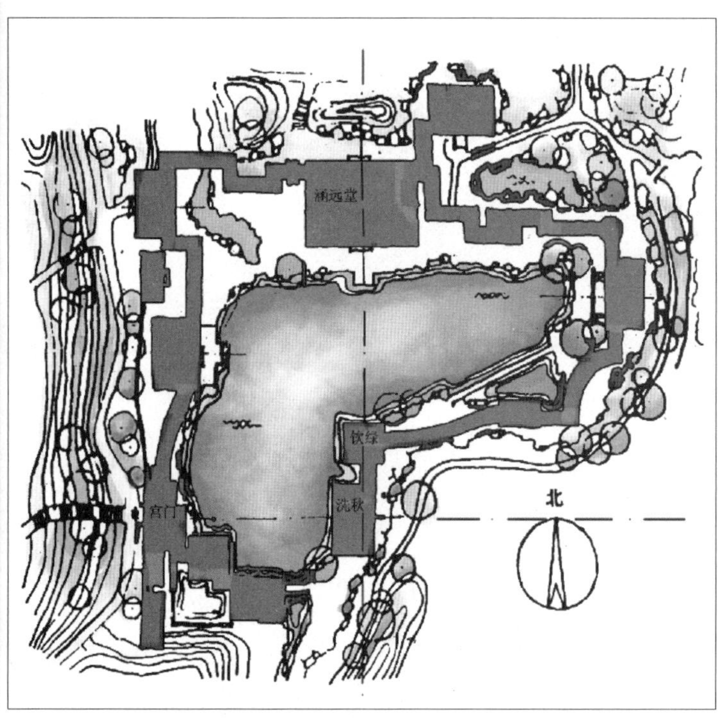

图3-42 北京颐和园谐趣园平面图

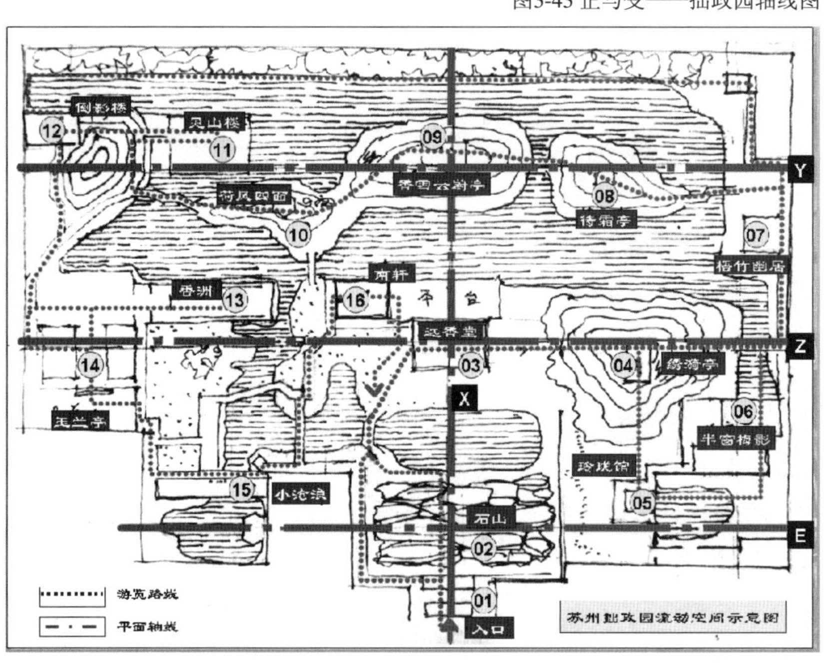

图3-43 正与变——拙政园轴线图

（一）“画境”+时空=“画境”空间

中国园林承载着对自然景物改造后的形态、质量、体积和构造，由于它们的平面布局具有差异，彼此间的距离有远有近、有疏有密、形态各异，加之对园林景观、建筑场所环境的高度设置，便有了园林空间的维度。此外，在园林三维空间的坐标基础上加上时间要素，则构成了中国古典园林的时空概念即四维空间。用科学的理论来解释中国古典园林的时空概念类似爱因斯坦在他的《广义相对论》和《狭义相对论》中提及的“四维”：一维是线，是绘画中的基本表现要素，经过线的动态变化构成的二维面即是“画境”——空间画面。造园中将二维画面辅以高度即是三维静态空间。中国园林的造园要素存在于一定的场所环境，加上时间所构成的四维空间便形成了古典园林的动态空间，直接反映在造园方面就是流动空间。这已经不再是王维所描述的“远看山有色，近听水无声，春去花还在，人来鸟不惊”画面中的二维静态美，而是人为的主体在叠山理水间，花木相衬、楼亭相映的空间氛围中，由时空构成了晨霞与落日、春夏与秋冬、月晴圆缺自然变化。人行走在室内外空间里，随地势起伏上下穿行，视角在不断发生变换，映入眼帘的是一幅幅或连续或转折的“画境”空间。

（二）"画境"空间的文人特色

自古以来，中国文人心里就有一座山，谓之"胸中有丘壑"，寓意纵览山水的磅礴气势，是大丈夫之气概。画家的"胸中有丘壑"是指泼墨绘河山的写意之情，用笔墨再现山川的形与神，画的是心灵感悟，追求的是物我相融，是"万物静观皆自得，人生宁静方致远"的精神升华，也是"外师造化，中得心源"的创作之路。诗人、画家的丘壑是心灵之空间，通过概括山川万物形神之美的营造，以简寓繁、以少胜多，追求平淡天真、悠然野逸的自然之美。画家张彦远也在评画标准"神、妙、能、逸"四个层次前加上"自然"——"自然者为上品之上"，中国古典园林在追求自然的过程中已经发展成为一门独特的艺术。

自魏晋南北朝之后，一些中国文人雅士因避战乱隐逸到名山大川中，寄情山水田园，感慨"山川之精秀，在于其含渊蓄谷，引水度流。大海之深邃，在于其海纳百川，甘居地下"。中国古代的诗人、画家不局限于通过山水游记或诗词歌赋等体裁来歌颂，亦或通过典藏书籍流传开来。同期的写意山水诗和山水画的始现推动了中国园林艺术的发展，此时私家园林也已形成并进入概括、提炼自然山水美的新阶段。到唐代，进入画家、诗人私建园林时期，诗人白居易的庐山草堂、王维的"辋川别业"，就是画家、诗人为自己建私家园林的开始，都是选址在自然风景区中，使"胸中的丘壑"彻底与自然空间融合。正是文人不像贵族官僚一样有天然的土壤可以施展满腔抱负，豁达的文人们便投入到有限的自然怀抱中，筑山理水，让这一方空间成为有石可玩、有水可游、有景可赏的世外桃源。

（三）"画境"空间的物境特征

在上文中分析了人作为主"——"胸中有丘壑"心灵之空的园林画境空间，在这部分空间里装载着文人构想与意念。在实际的建筑中，描述空间"空"的部分常引老子的《道德经》里的这段话："三十辐共一毂，当其无，有车之用。埏埴以为器，当其无，有器之用。凿户牖以为室，当其无，有室之用。故有之以为利，无之以为用。"也就是当房屋内部是"空的"空间时，才发挥了空间的固有功能，人才能进入其中居住、活动。也就是说只有建造了有空间的实体建筑，才能获得其内部有用的、能用的空间。

游走于园林中，不单是在园林的外部环境的兜转，而往往是按一定的路线以室外为重点，步移景异地穿行于内外空间之中。园林中只有设计了时空动态的空间"空"的部分，人作为主体才能够置身其中，体会到动态空间的四维美，而不只是停留于二维的静态画面之中。

院落空间是中国园林空间最为典型的表现形态，在中国从南至北、从西到东均以"聚合性内向空间"为总特征。这种院落以房屋、廊、墙、门交织起来，四面围合留出中间方整的庭院"空"的部分，置以山石景栽或以水池为中心，中间空的、虚的部分是中国古典园林设计的主角。景的面积有的大到一个主院，有的小到建筑后部或边侧由周边建筑界墙余留下来的一块小天井，均是园林设计中需要处理的空间（图3-44～图3-46）。

图3-44 井的空间处理——华步小筑与古木交柯

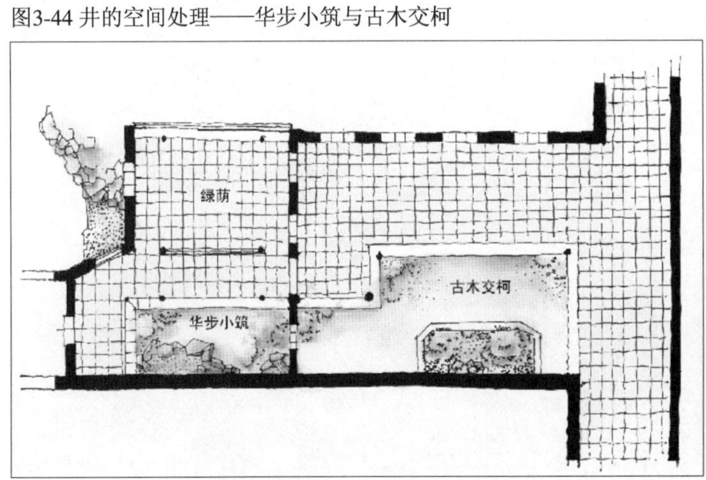

图3-45 华步小筑之一

中国古典园林“画境”空间的塑造并不主要来自造园要素个体的造型，而是将各要素综合到空间艺术氛围中去感受。正如清末诗人赵翼在《游狮子林题壁兼寄园主黄云衢诗》中所说：“取势在曲不在直，命意在空不在实”。其本意是指园中五百多座姿态各异的狮石各有其名，隐含着五百尊罗汉的身形，同时点出了中国园林“画境”空间处理上的基本原则。中国园林的空间艺术不是一沟一壑、一草一木的风景，而是将主体的人融入再造自然之中，使其感同身受园林空间虚实围透、大小明暗、序列节奏的艺术变换，在美妙的流动空间意境中流连忘返、回味无穷。

游客在动线上感受一幅幅“画境”空间，它是连续、渗透、相互因借的。如驻足停留于静态的点上，有近景建筑的窗、框、罩为边域，宛若画框，框内部的自然景致往往能构成一幅天然图画。正如清代诗人李渔所言的“尺幅窗，无心画”一样的佳构（图3-47～图3-50），同时也将园外景尽收园内。就像唐代诗人杜甫所言：“窗含西岭千秋雪，门泊东吴万里船”。身居小室可观四时变化，气象万千可引领人的思绪飘向远方。如拙政园的梧竹幽居空间在塑造上就巧妙地应用上述造园手法，此景观坐落在中园的东部，是一座方形单檐四角攒尖顶亭，背倚一条分隔中部与东园的复廊。

图3-46 华步小筑之二

图3-47 十八曼陀罗窗景

图3-48 三十六鸳鸯窗景

图3-49 拙政园的窗扇景　　图3-50 与谁同坐轩内借景

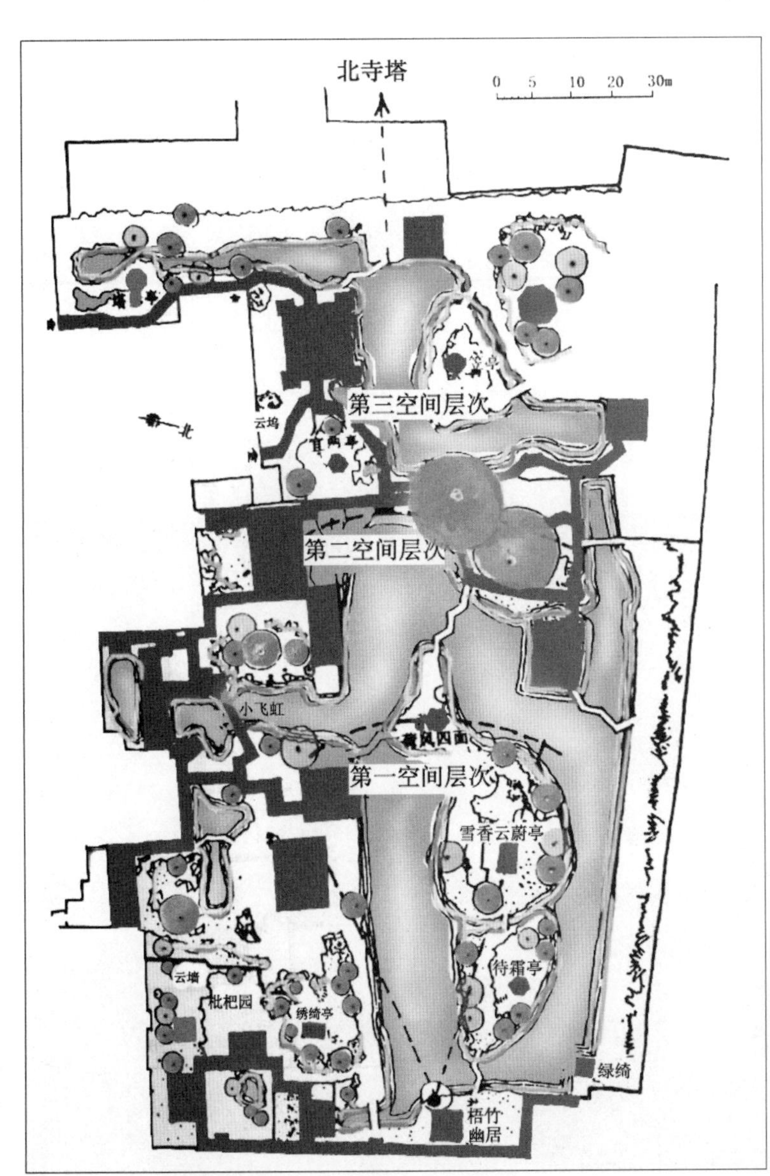

图3-51 拙政园中园与西园空间分析图

站在亭外放眼至北寺塔的借景，由近及远从园东向西望去可看见三个不同的空间层次。景致有序地层层展开，使园林空间景深加强、景域扩展。园中山青池广，半塘荷花与竹木掩映，建筑安插合宜，疏朗隽雅（图3-51、图3-52）。

梧竹幽居自身的建筑颇具特色，檐下围绕有两层结构。外层檐廊墙基低矮可坐，内部白墙留有圆洞门，站在亭内四望洞洞成景（图3-53 ~ 图3-56）。在南面通过墙洞门可隔桥相望海棠春坞，勾画出了水乡人家的空间意境。正圆洞门对的是全园的主水景区，空间层次分明。北面以植物造景为主，高梧翠竹为近景，远处的绿漪亭为园西北角向东的转折空间。这种洞连洞、洞套洞的虚空间表现手法类似于中国团扇山水画，“景象”跃然纸上，瞬间凝固于心。转身亭内悬挂着文征明所书的“梧竹幽居”匾额，点出了环境的主题。在面向水池西侧的洞墙上有楹联点景：“爽借清风明借月，动观流水静观山”，道出了清波与磊石在有情有景的动态空间中动静结合的自然观、人生观。

实的墙、虚的景，景是立意传情之所在，所以“立意在空不在实”，突出的是空灵流动的空间。通过要素之间相互对比，如山为实，水为虚；建筑实，庭院虚；廊、敞轩半实半虚，虚实结合。只有“虚”的空间方可引导视觉空间的转换，形成空间的流动性，方可渐入佳境、峰回路转。

图3-52 拙政园借园外之景

图3-53、图3-54 梧竹幽居洞内景

图3-55 梧竹幽居洞外景色

图3-56 梧竹幽居北侧植栽

七、“画境”园林空间的基本类型

中国“画境”式园林空间特色有别于自然空间，对自然空间“旷奥”的描述最早出现在《永州龙兴寺东丘记》中：“旷如也，奥如也，如斯而已”，这是唐代大家柳宗元对自然空间的感慨。其中，“旷”即空旷、广阔、开放、开敞；“奥”即深奥、封闭、压抑、幽深。在自然界中只有“会当凌绝顶，一览众山小”时，才有一览无余之旷。在古典园林中，“旷”的营造必然是在开敞登高处，如站在颐和园佛香阁的台基上极目远眺，湖光山色尽收眼底，这就需要一定高度的观景建筑或观景平台。一层层景致通过空间的围合、阻挡与曲折、显露，延伸并丰富了园林空间的序列和层次。

中国园林从自然中来并再现自然山水美的空间意境，不是“画境”图面所能表达的，需要结合园林空间的实际需求，并总结游客出入园林活动所需的空间类型。游客在园中活动需要的空间应具备可赏、可望、可行、可游、可居的功能。

（1）聚合性的内向型空间是可赏、可居的静态空间，包括井、庭、院、园四种形式（图3-57～图3-66）；

（2）开敞性的外向型空间是可望、可游的动态空间；

（3）相对灵活的内外型空间是可游、可行的动静结合空间；

图3-57 拙政园海棠春坞小天井

图3-58 拙政园石林小院小天井

图3-59 拙政园海棠春坞小天井平面图

图3-61 拙政园水亭小沧浪

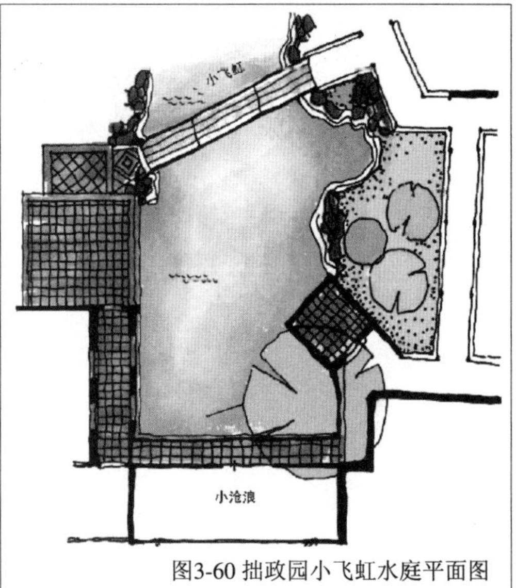

图3-60 拙政园小飞虹水庭平面图

（4）画卷式的连续型空间，是可行、可游、可看的影像空间（运用绘画中的散点透视原理，使风景与建筑按一定的观赏路线有秩序地排列起来，往往有河道相连）；

（5）集锦式的小园空间，是可赏、可游、可行、可居的多样性空间（图3-67～图3-69）。

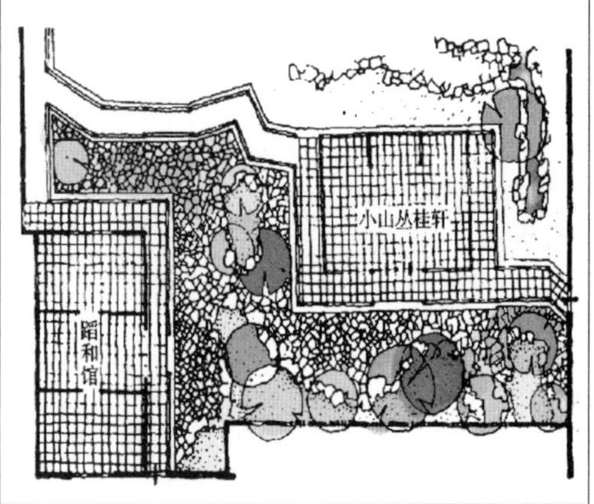

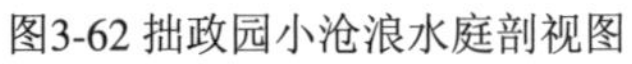

图3-62 拙政园小沧浪水庭剖视图

图3-63 小山丛桂轩小院平面图

图3-64 小山丛桂轩

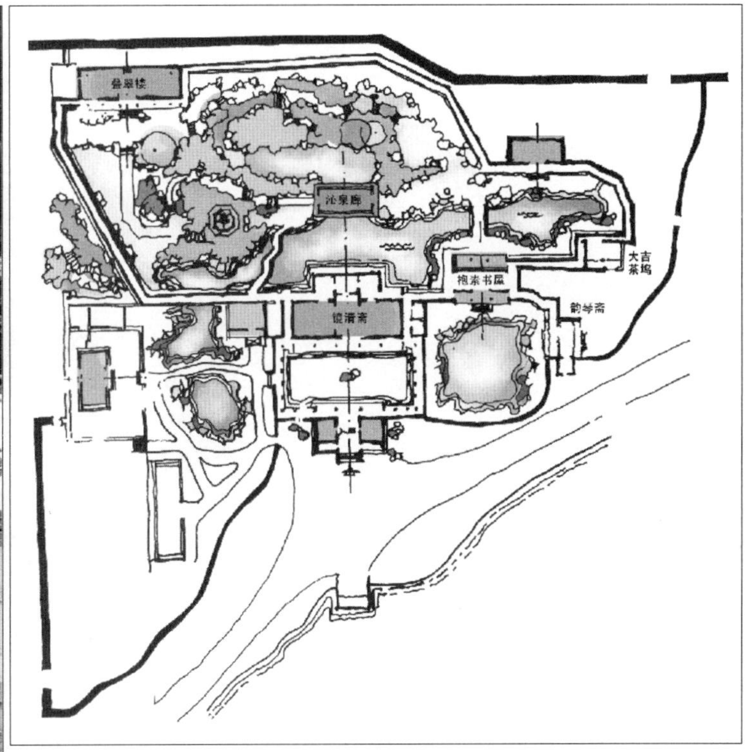

图3-65 北海静心斋平面图

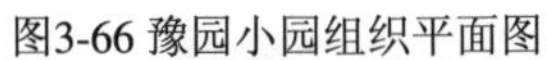

图3-66 豫园小园组织平面图

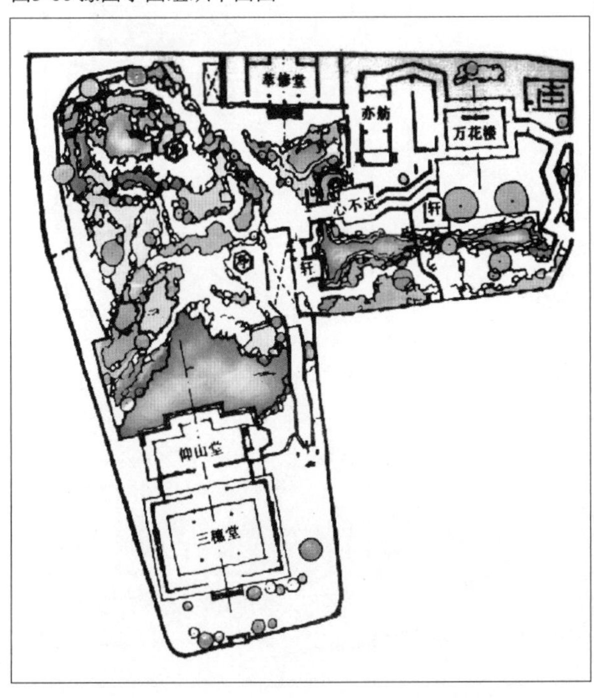

图3-67 留园石林小院平面图

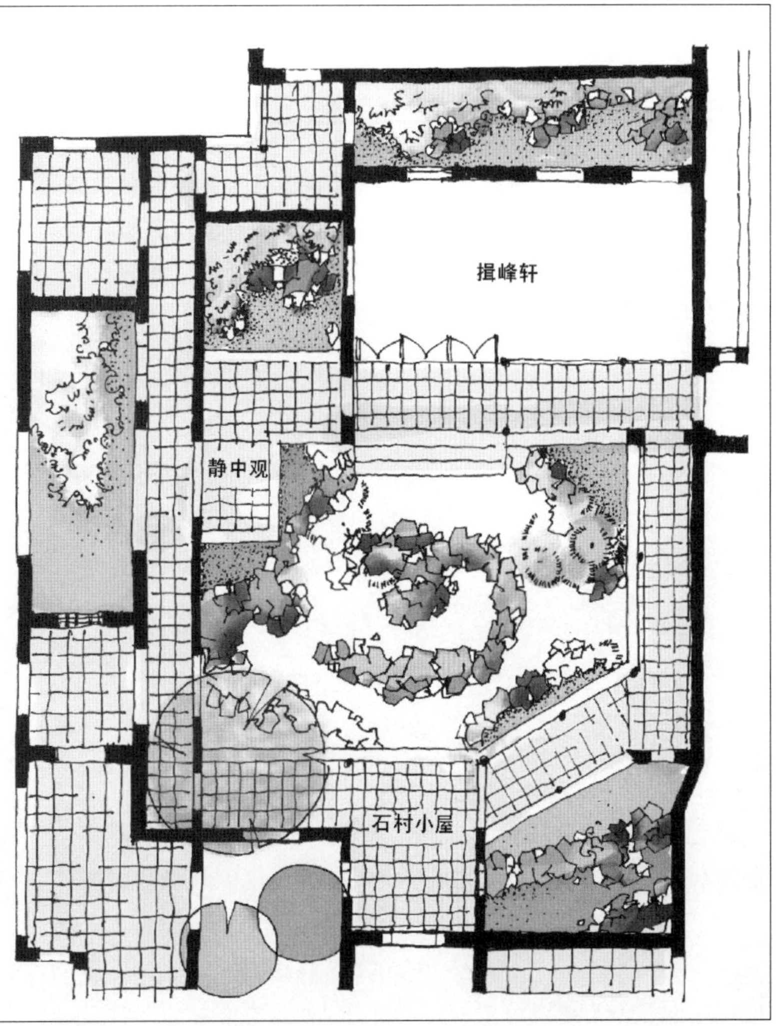

图3-68 留园石林小院剖视图

八、“画境”园林空间的造园方法

中国古典园林最突出的特点即园林的空间艺术，在长期的造园活动中形成了丰富的空间类型。空间处理的表现手法亦很巧妙，包括空间对比、空间因借、空间围透、空间序列等。譬如，拙政园中的枇杷园就是巧于空间围透、借景致于前庭后院的“三园合一”集锦式小院。枇杷园内靠廊道一侧游廊与屋宇檐廊穿插洄游，通过墙、窗与漏景的关系紧密连接，形成三个各具特色的小园，从而构成枇杷园全景（图3-70）。

图3-69 留园石林小院

图3-70 拙政园枇杷园平面图

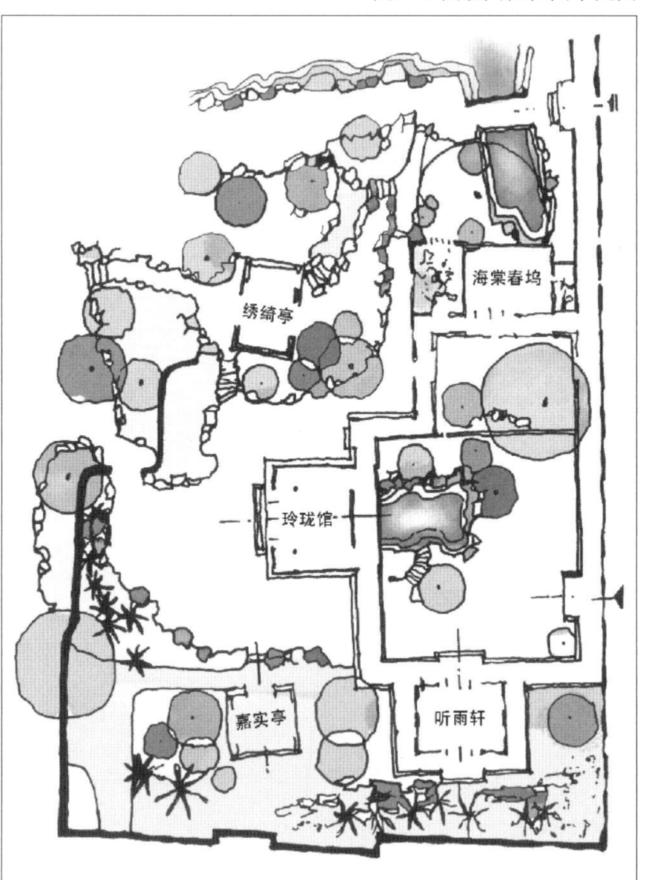

第四章 画园林与园林画

一、园林鸟瞰基准框图的绘制方法

学生园林设计习作的练习中，包含设计立意、设计选题、整体构思、局部空间意向草图及平面规划后确立总体规划方案等内容，在此之后，进入总平面图的正式设计绘制阶段。第二章已详述了造园立意内容，选题涉及学生作业表现的形式具体是哪种园林类型：是南方私家园林？是北方的皇家园林或寺庙园林？还是风景名胜式园林？学生要结合各自的造园立意决定适宜的地域环境特征与园林建筑风格。

如果是手绘园林设计，需要在勾勒平面图墨线前着手进行鸟瞰图的绘制，待鸟瞰图绘制定稿，并对园林空间的处理表达准确无误之后，方可对平面图和鸟瞰图进行墨线绘制及着色处理。随着计算机绘画表现的日益发展强大，有的同学将园林主边界线和主体建筑用CAD制图软件输出，并转到草图大师（sketch up）里对主体景观或建筑辅以高度设计。亦或将已有的古建模型、环境模型导入其中，形成一个半成品，然后打印、拷贝进行徒手描绘并增加辅景。通过电脑进行园林设计的透视与表现，设计出来的成果更像工程图纸，建筑的形态、体量比手绘设计更显真实，但是园林画境空间的层次关系、虚实关系难以体现，缺乏手绘艺术的表现力和感染力。在中国古典园林的授课中，还是建议学生用手绘的方法全程表现中国古典园林，真正实现“从画中来、入画中去”的空间塑造。

下面讲一下中国古典园林课程设计徒手绘制鸟瞰图的步骤（图4-1），建议使用A2图幅画面做基础打稿，然后去掉辅助线，只留基础框图，等比放大到所要求画幅的图面上。

图4-1 鸟瞰图透视画法

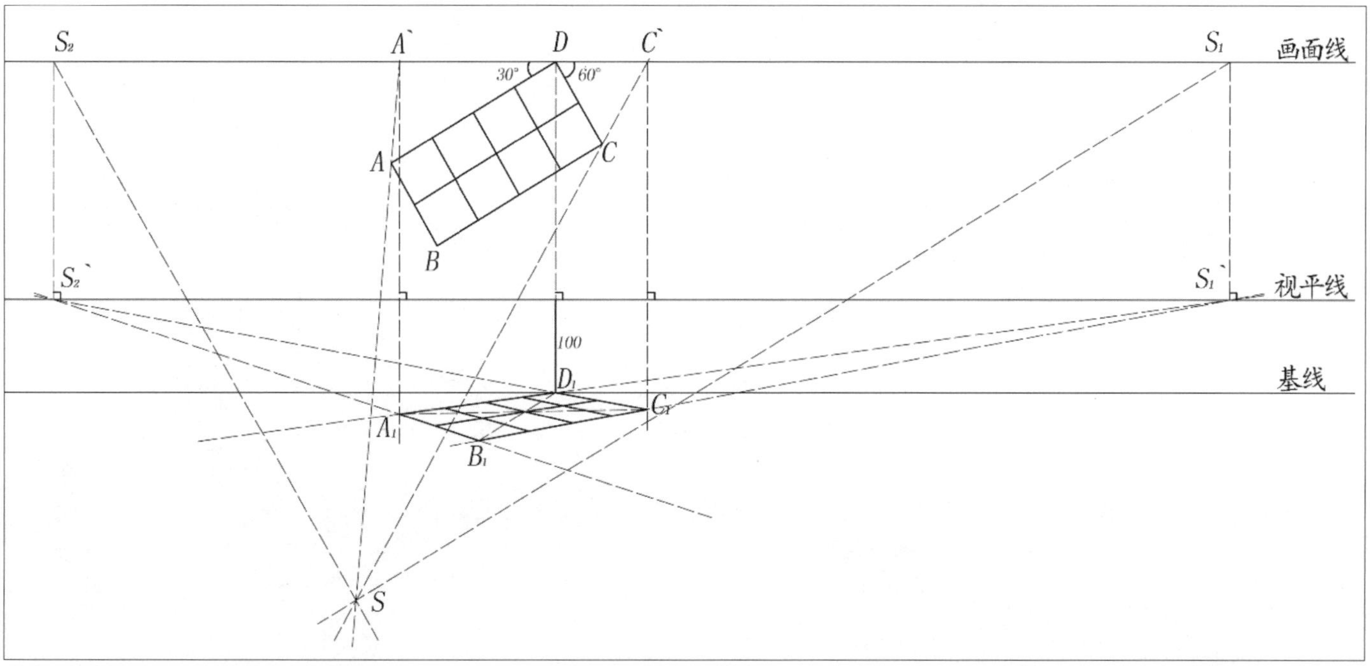

（1）定画面线S_1、S_2，这是所绘图纸平面图的基础线。

（2）选择中心偏左侧定D点，从D点沿30度角方向画园林边框的长边线，如200m长的AD，再从D点沿与画面线成60度角的方向画DC边，长度为100m，平行于AD画BC边，平行于DC画AB边，确定画面线上的园林平面框图。以50m为单元将其分隔为均等的几部分，也可以10m为单元分隔作为基本参考线。

（3）鸟瞰图基线与平行画面线之间的距离一般是园林长边AD的1.5倍～2倍，这样做图其透视感不失真。

（4）过D点向基线引垂直线，交于D_1点。

（5）由D_1向上垂直100m作视平线$S_1'S_2'$。

（6）在画面线上确定A'点，$A'D \leqslant AD$，并在画面线上确定C'点，$C'D \leqslant CD$，这一步骤确定了视域范围。

（7）连接$A'A$、$C'C$画延长线交于S点，S点可以为后面确定鸟瞰图的两个灭点提供重要的参考点。

（8）过S点平行于AB边交画面线于S_2。

（9）过S点平行于BC边交画面线于S_1。

（10）过画面线上的S_2点向视平线做垂线交于S_2'，同理从S_1点向视平线做垂线画得S_1'，这就得到了视平线上的两个灭点。

（11）将画面线上的长边与短边的边界点A'与C'点向基线外引垂线，连接$S_2'D_1$同C'向基线引的垂线交于C_1点。

（12）连接$S_1'D_1$并延长与过A'向基线引的垂线交于A_1点。

（13）连接$S_2'A_1$与$S_1'C_1$并延长交于B_1点。

基本外框绘制完成之后，在平面中绘出等比分隔的辅助线，交点与S点相连，即为人站立的位置，并延长至画面线。再垂直向基线作延长线，重复第11步的步骤来确定其在鸟瞰图中相应的落点，再分别向对应方向的灭点引线，这样一张成角透视的基准平面底线图便即将完成，下一步再把此图整体等比例放大到需要绘制的尺幅画面中。

有了绘制要素的占地区域并附以高度，用成角透视的方法起形画园林鸟瞰图。整体园林布局中长边方向的景区最好设为鸟瞰图里的主看面，有利于对整体园林空间进行充分表现（图4-2～图4-6）。

图4-2 鸟瞰图透视画法示意・陈均昊

● 鸟瞰图

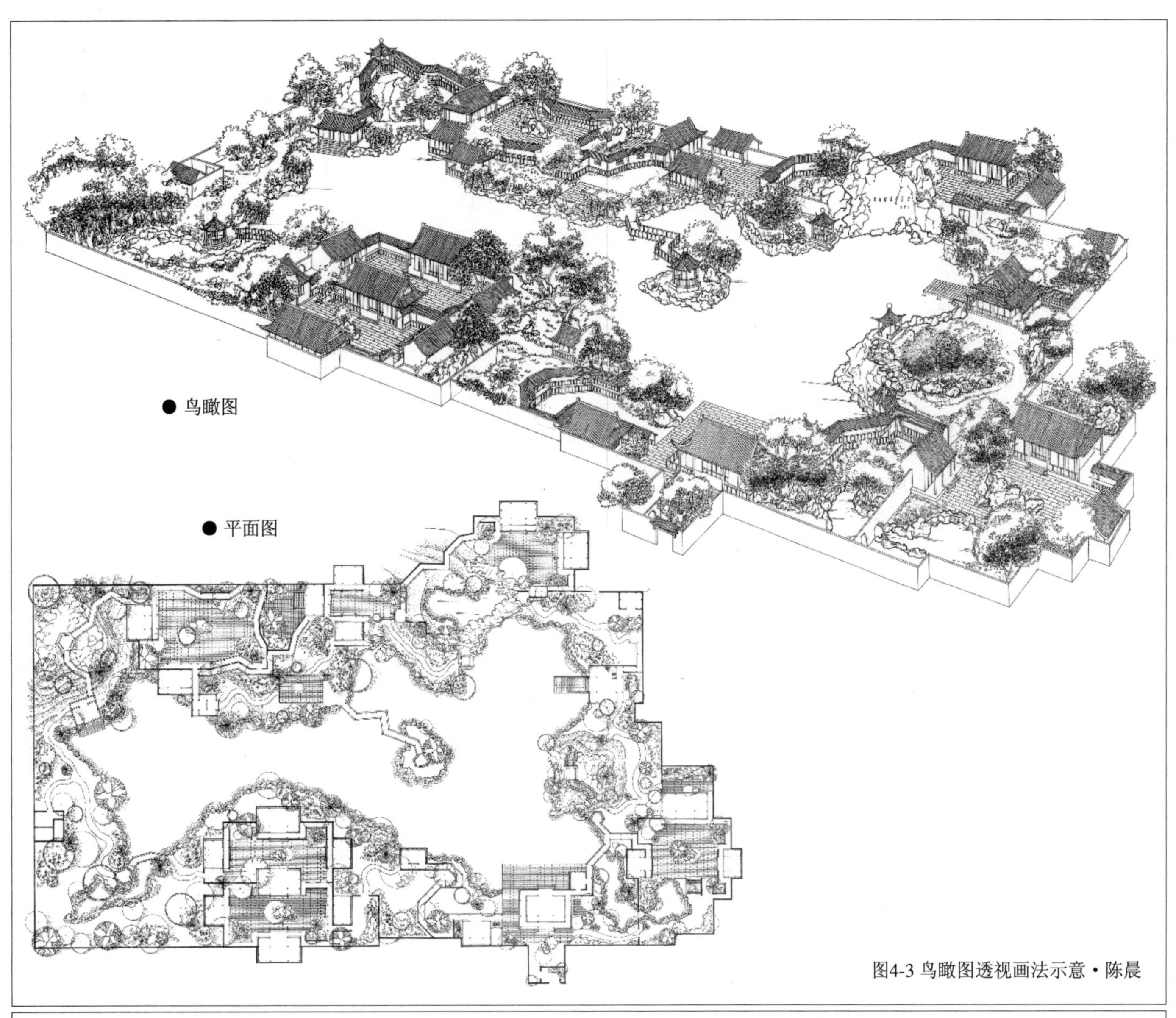

图4-3 鸟瞰图透视画法示意 · 陈晨

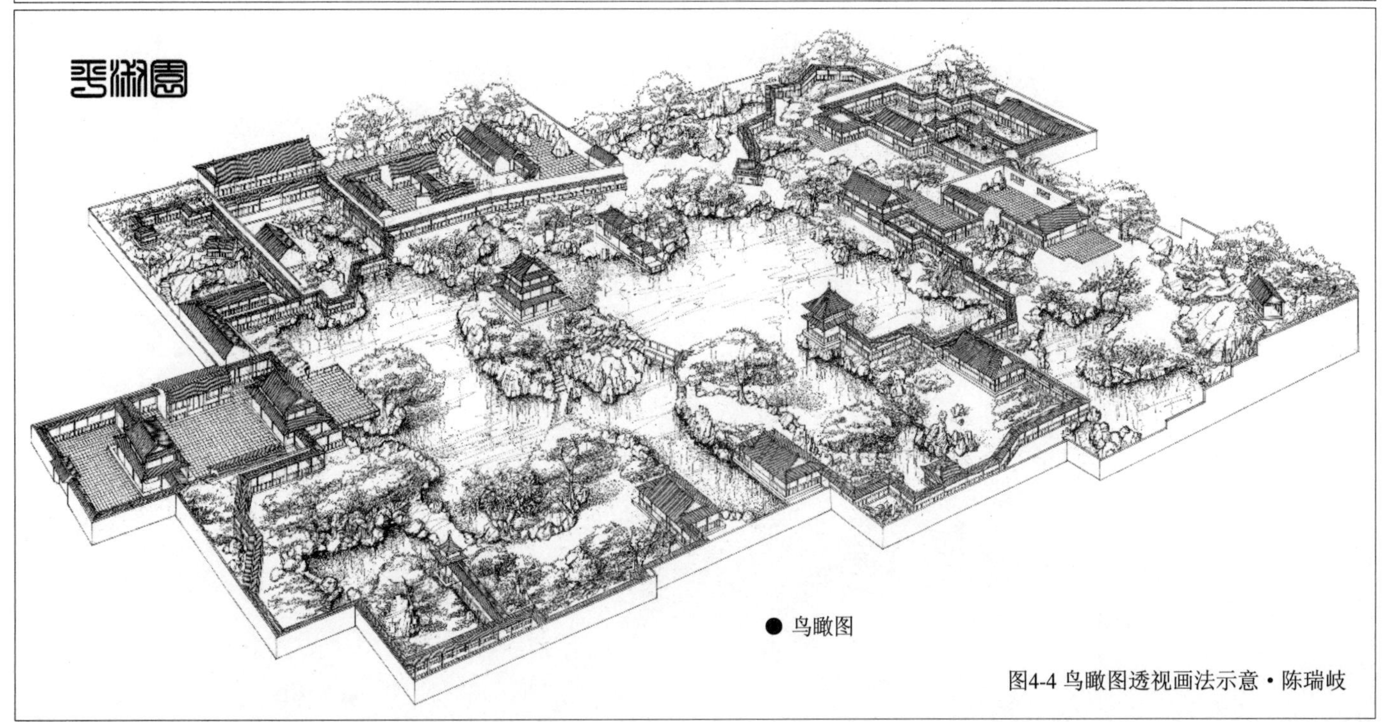

图4-4 鸟瞰图透视画法示意 · 陈瑞岐

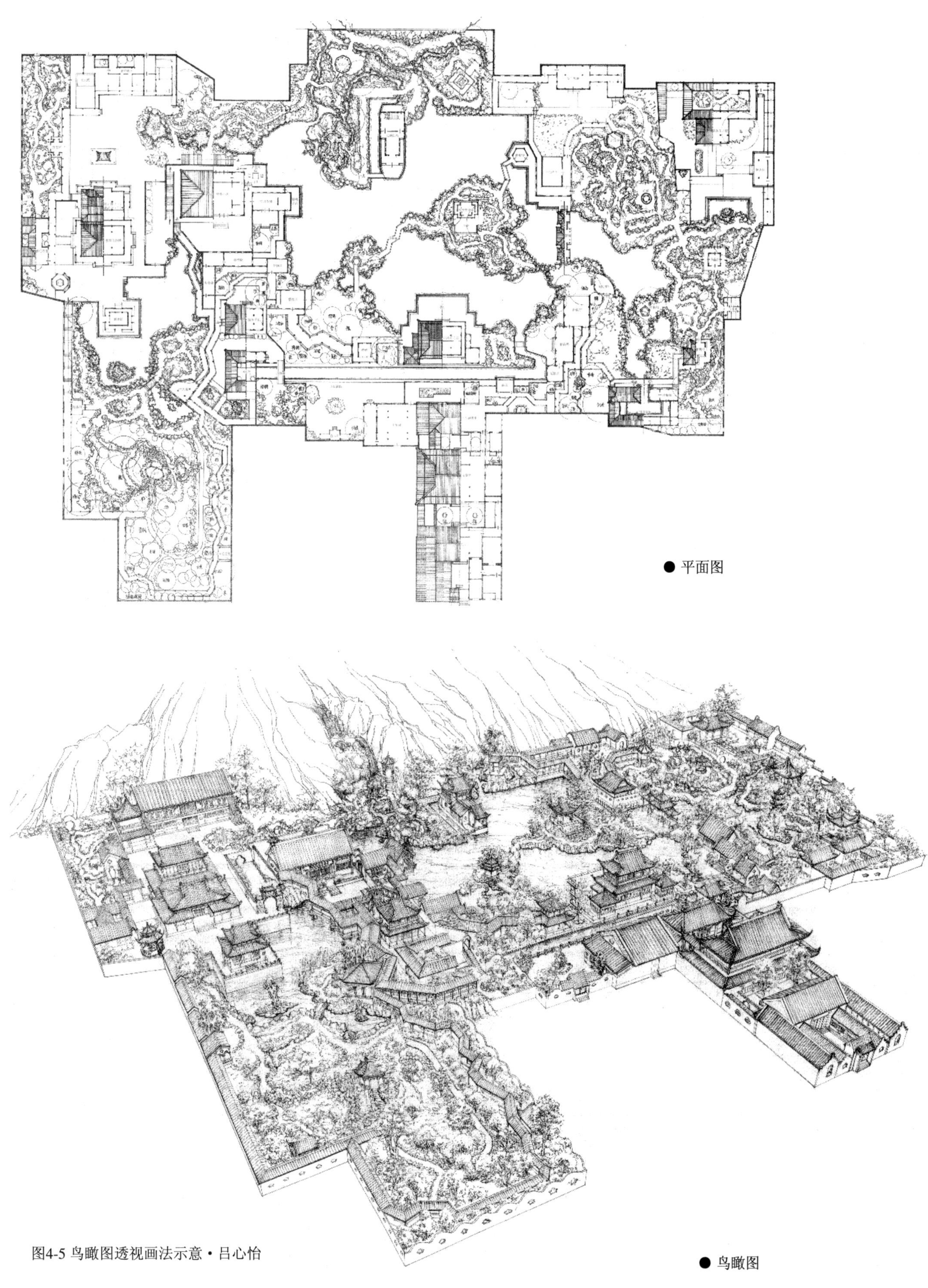

图4-5 鸟瞰图透视画法示意 • 吕心怡

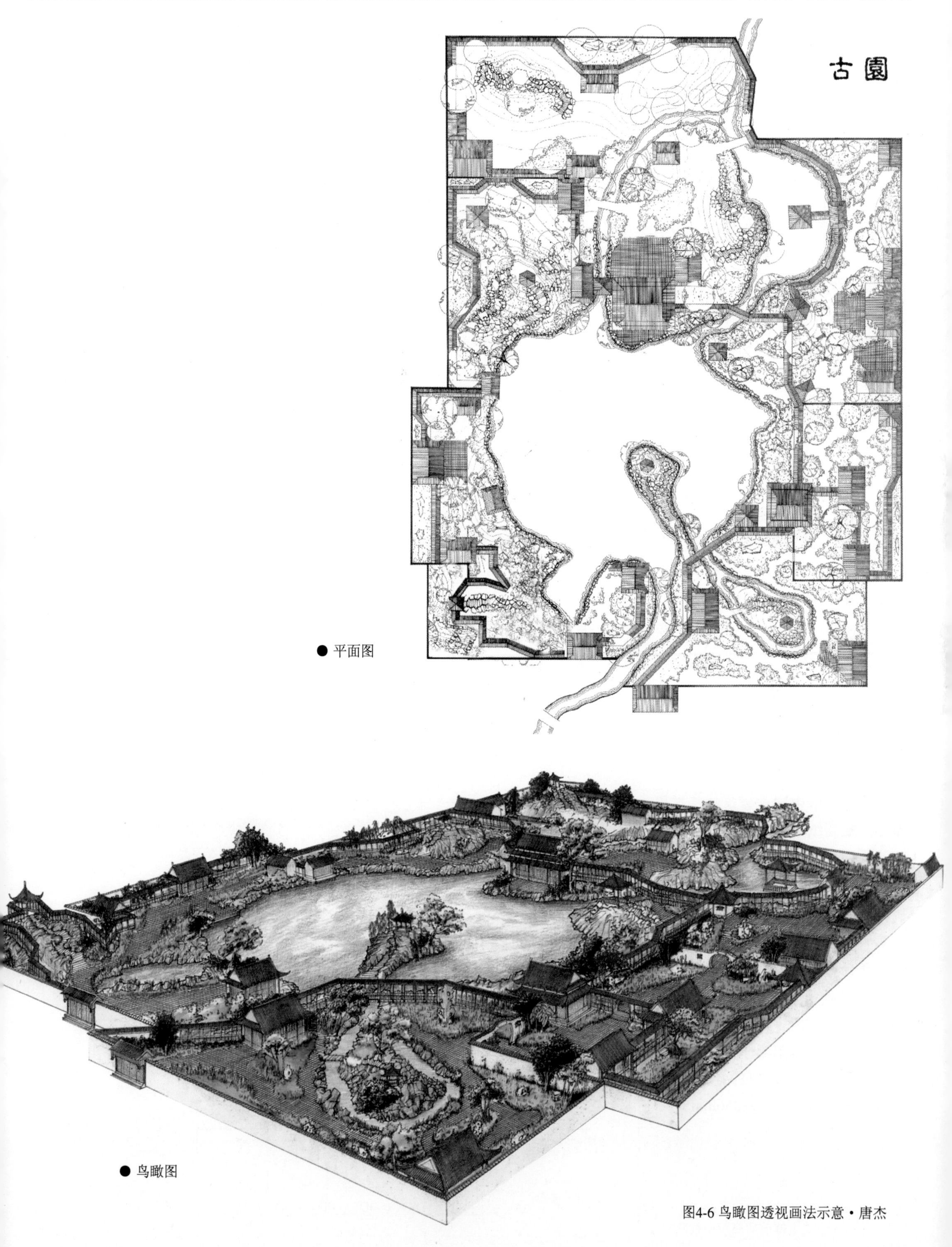

● 平面图

● 鸟瞰图

图4-6 鸟瞰图透视画法示意·唐杰

二、单体建筑的快速画法

在徒手绘制单体建筑之前，需要掌握中国古建筑的相关基础知识，本部分以一栋小式七檩歇山建筑的绘制过程为例，看它在鸟瞰图中是怎样被快速表现出来的。

首先，我们需要对单体古建筑的基本尺度有所了解，把握其基本的构造原理及构件的比例尺度关系，确保在徒手绘制中将形态表现得更为逼真。其次，还要掌握建筑的平面开间、进深尺寸和柱径之间的比例关系（图4-7）。需要说明的是，小式建筑以柱径D为参考模数。

（1）明间面宽与柱高的比是10∶8。

（2）柱高与柱径的比是11∶1。

（3）从上述两条中得出明间面宽为13.75D。

（4）次间面宽与明间面宽比为10∶8，廊间面宽是4D。

（5）通面宽＝山面廊间+次间+明间+次间+山面廊间，也就是4D+0.8 × 13.75D+13.75D+0.8 × 13.75D+4D=43.75D。按柱网系统定平面，如明间面宽1丈1尺（清代营造尺：1尺=32cm，1寸=3.2cm），就是3520mm，柱高2816mm，柱径D为256mm，通面宽11200mm。进深见七檩前后出廊6 × 4D=24D是6144mm。平面柱网尺寸应该是11200mm × 6144mm，这里不含台明部分。

（6）一般建筑高度常用的举架为五、七、九（图4-8），每一举为4D，那么七檩小式从檐柱下底算起的高度计算为：（0.5×4D+0.7×4D+0.9×4D）=8.4D。总房高还要加上柱高11D和一块檐垫板的高度0.8D，也就是（8.4D+11D+0.8D）=20.2D，高度是5171.2mm，下部高约3m，上部檐的垂直距离在2150mm左右。

除要了解中国古建筑的基本尺度外，在图纸绘制过程中还要略知一些不明显的小尺寸，比如上檐平台3/10柱高，也就是从檐檩中向外挑出77mm，下出也就是檐柱向外到台明边2/3上檐平出51mm。此外，在画带透视的单体建筑时需要特别注意歇山建筑收山法则[20]：由山面檐檩向内一檩径为山花板外皮位置，一檩径相当于一个柱径，也就是在四角定位的柱网向山面内侧各收一个檩径，就是256mm。

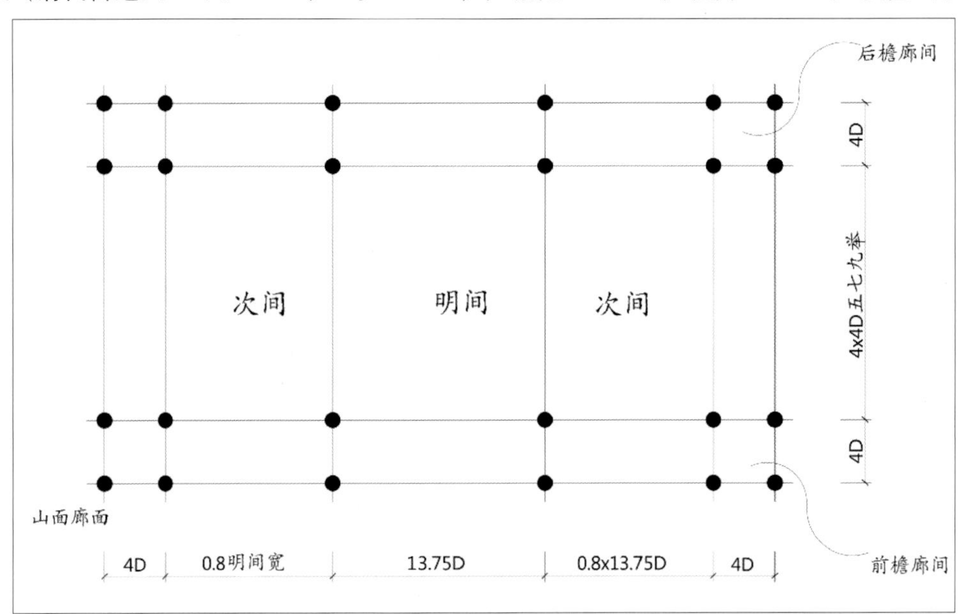

图4-7 小式七檩前后山面廊歇山柱网平面

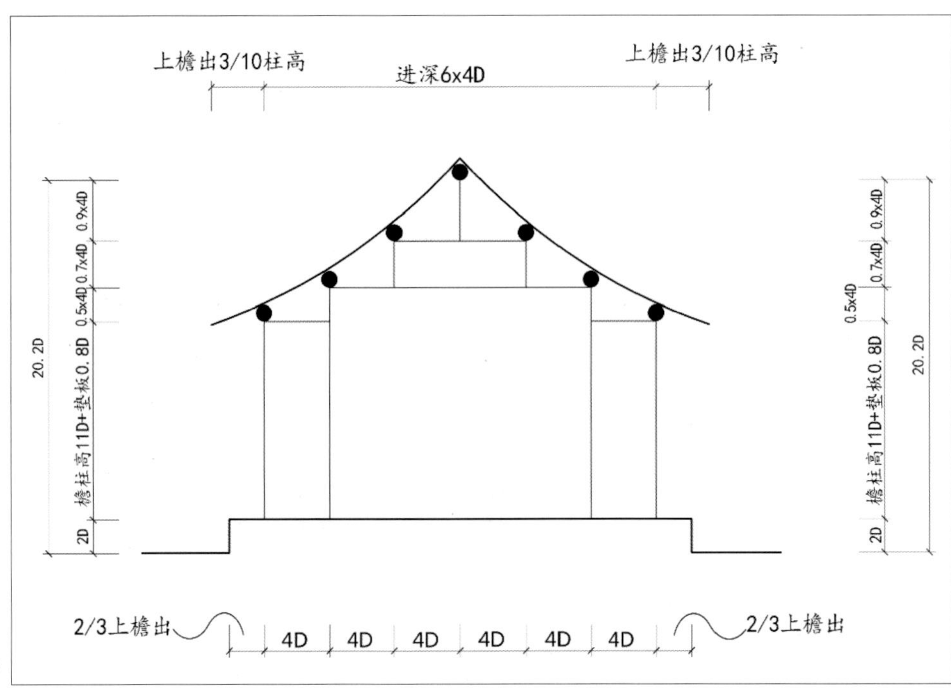

图4-8 小式七檩前后廊歇山柱网立面

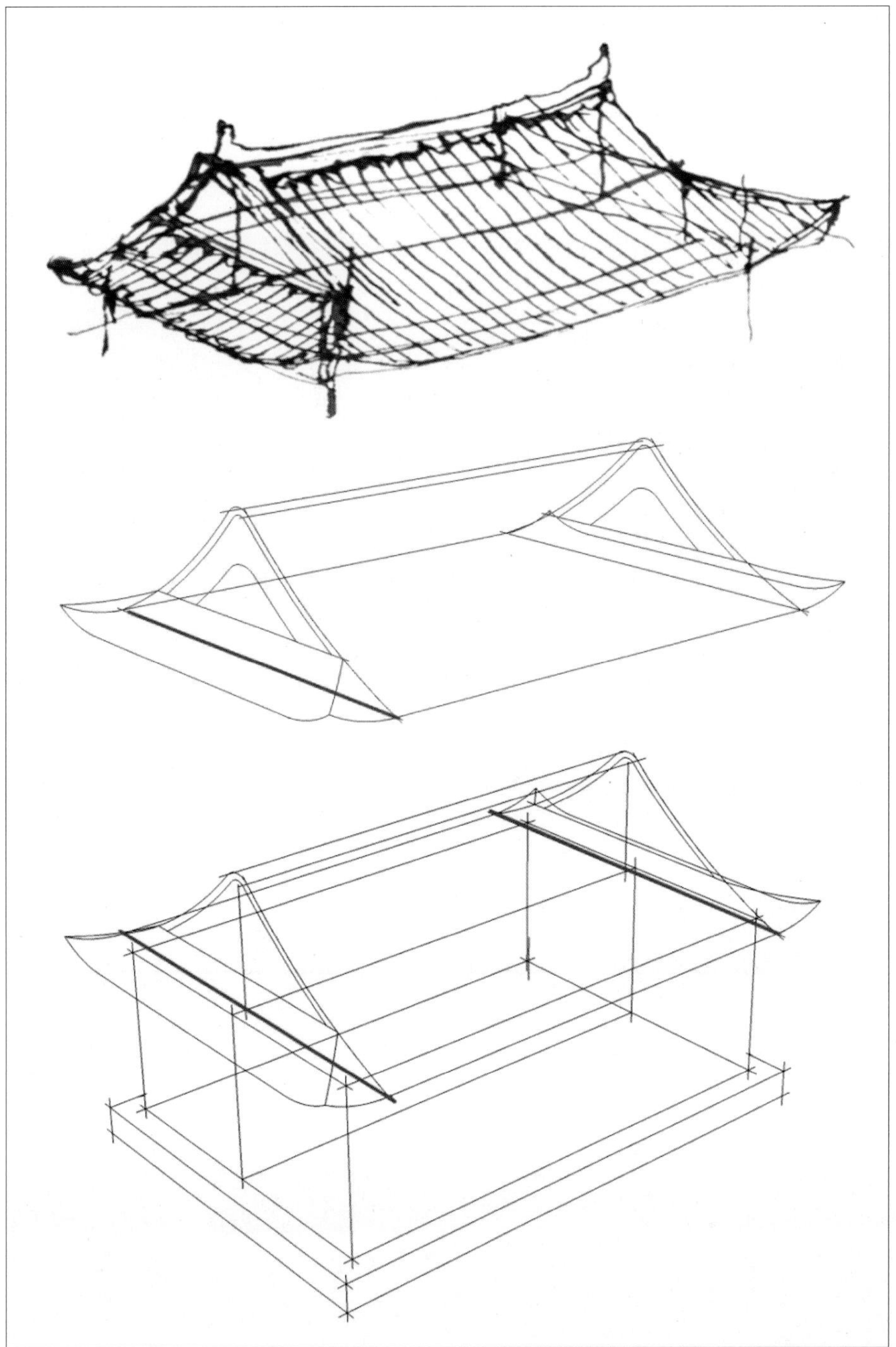

从左侧的图4-9中可以看到两条红色虚线，定位这两条线上的透视中点，并向上起顶高度，用辅助线连接两侧山面的博缝板的三角形，由于山面的檐椽还要插入踩步金梁，檐面的檐椽要搭在金檩上，交四圈由角梁托出，两侧的垂脊与角梁自然形成线条柔和的起翘，翼角部分会有双抛物线出现。从立面看是屋宇四角的老角梁与仔角梁托出了起翘部分，形成了屋宇两角的抛物线；从俯视看四角的平面形态有出冲的抛线，这两条曲线构成了中国古建特有的翼角美（图4-10、图4-11）。同时，绘制过程中需要注重檐下的厚度、阴影效果与建筑门窗的设置。

图4-9 单体歇山小式七檩建筑柱网透视图

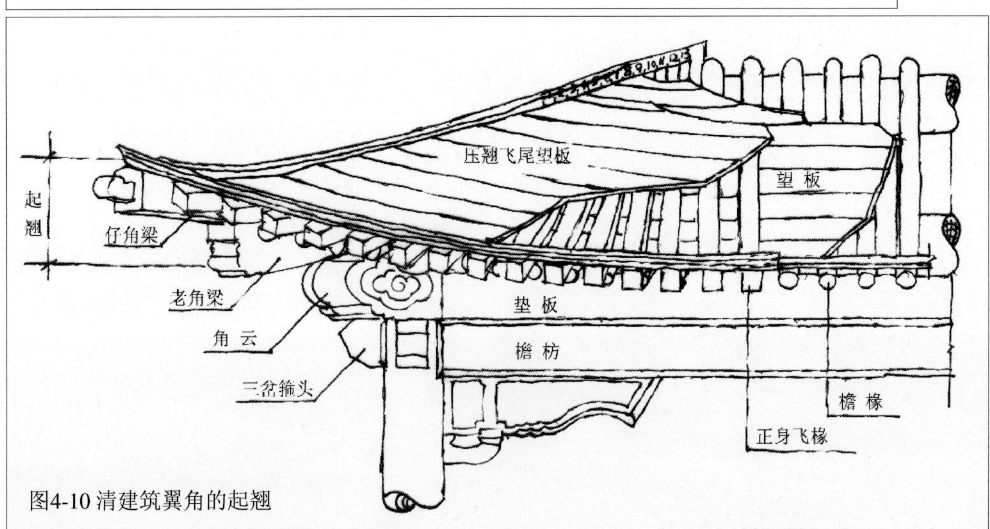

图4-10 清建筑翼角的起翘

图4-11 建筑翼角出冲后椽排列示意图

山石水景在鸟瞰图中亦须讲究方法，设计中需要多提炼几种树形、石形的绘制方法，可从中国传统山水画中找到一些绘画技法，应用于山石水景鸟瞰图的设计表现图中（图4-12～图4-14）。也可运用现代造园工程图画法中标准形似的画法，包括地面铺装。整个画面要处理好虚实关系、藏露关系，用笔勾画要分粗细，下笔要有轻有重，着色宜概括。园林设计需要突出主景，主体建筑需重点刻画，不宜使用过多颜色，切忌面面俱到。此外还要尊重物象的本体，追求画面的整体效果，表达立意突出山水美与融于自然的和谐美，从画中来，入画中去，抒发每一位创作者的情思。

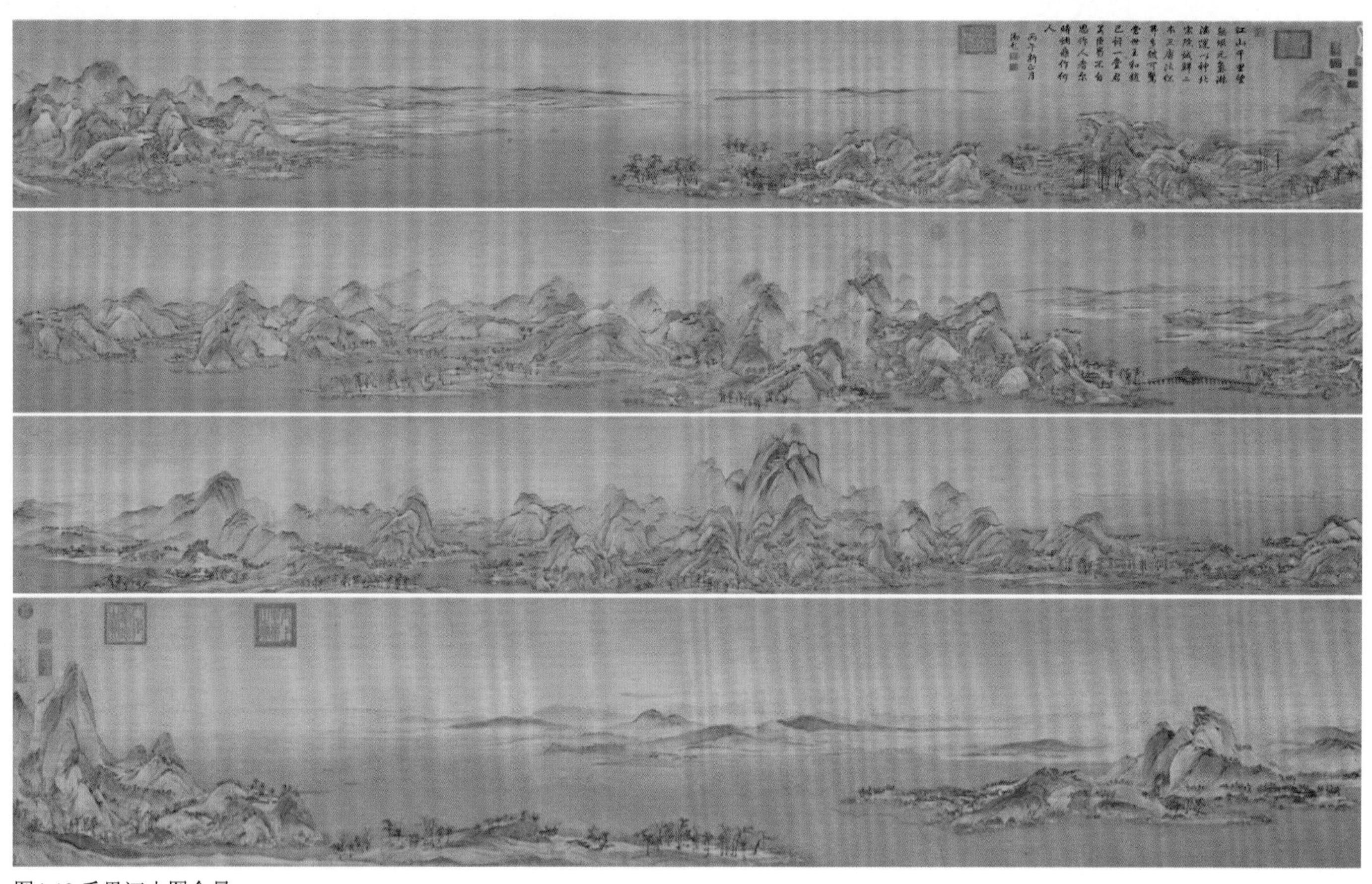

图4-12 千里江山图全景

图4-13 富春山居图全景

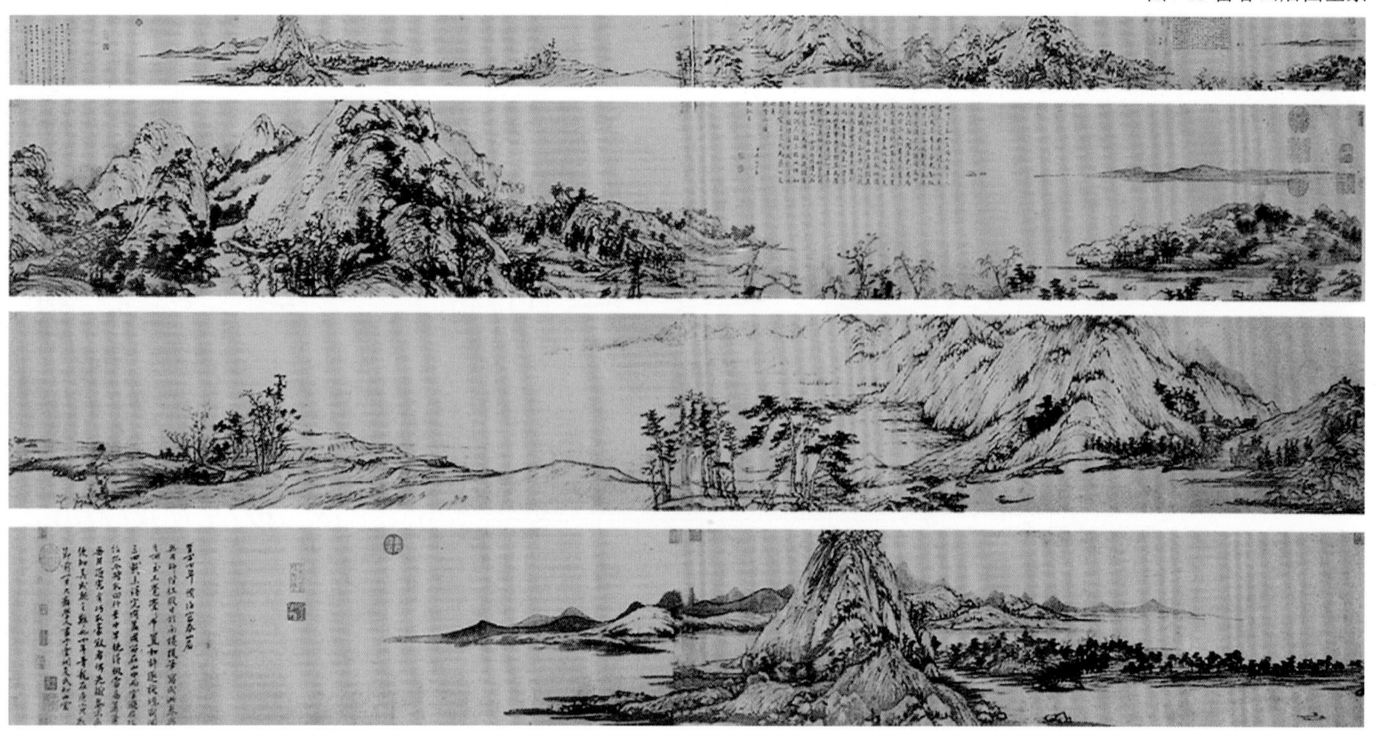

图4-14 清明上河图局部

在第三章中以中国园林“画境”艺术为主脉，强调了诗、书、画、园林艺术的共通性，是诗人、画家、文人、工匠共同造园。尤其到了明清时期，造园家不再只是画家出身，也未记录他们是否擅画。随着园林设计施工工艺技术水平的飞跃发展，进一步推动了园林艺术的整体发展。对造园名家的建园理论和观点进行分析，包括对园林立意、布局、空间、组织、动线、造园手法等，应该是中国古典园林设计与表现课程教学的重点（图4-15 ~ 图4-17）。

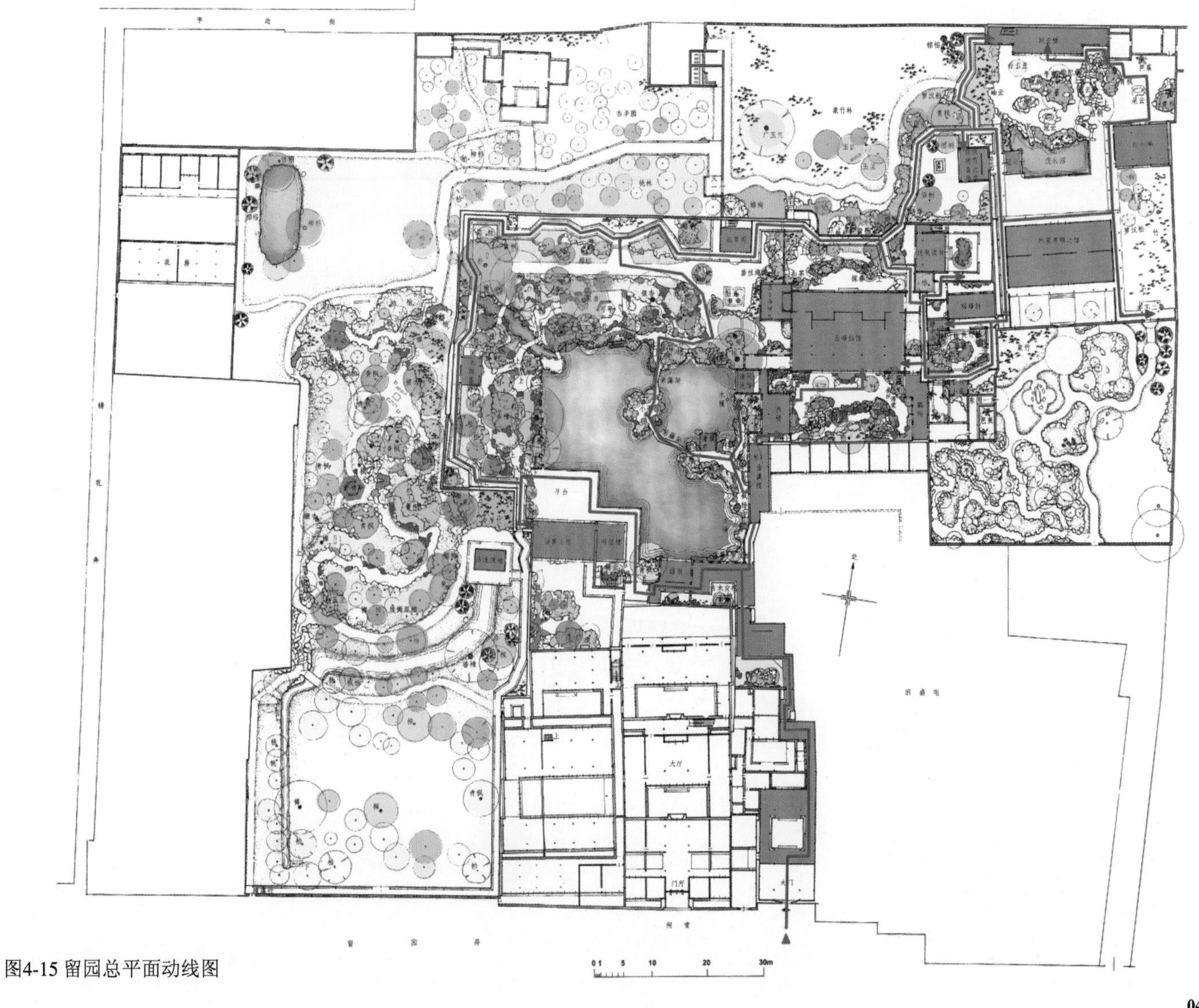

图4-15 留园总平面动线图

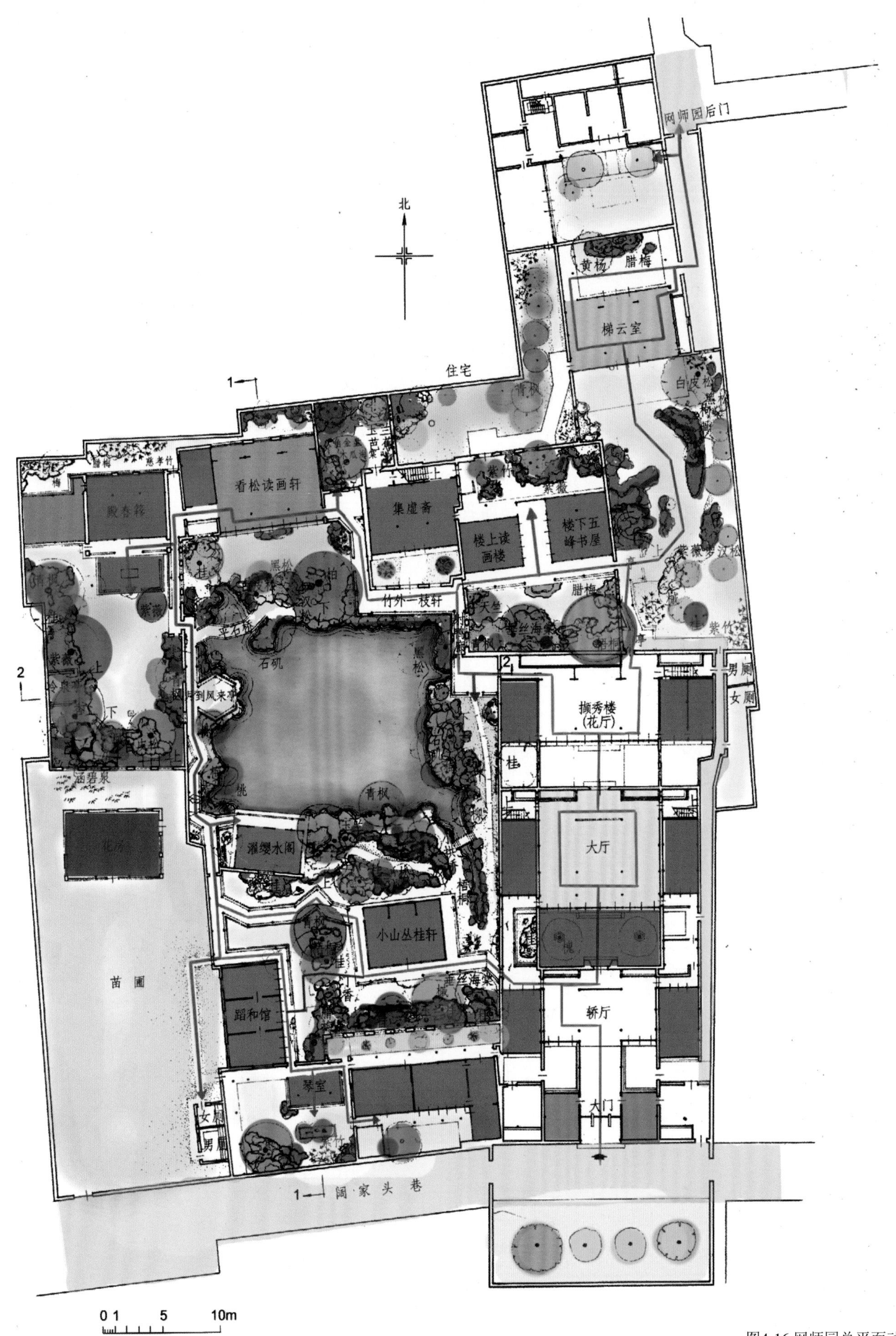

图4-16 网师园总平面动线图

图4-17 沧浪亭总平面图

通过这门课程，学生可以全面学习到中国传统造园的相关理论，同时在设计过程中结合对现存知名古典园林的实地考察，理解、掌握中国古典园林艺术设计的精髓，做到知行合一，并真正将其运用于今后的设计实践中。

第五章 学生优秀园林设计作品赏析

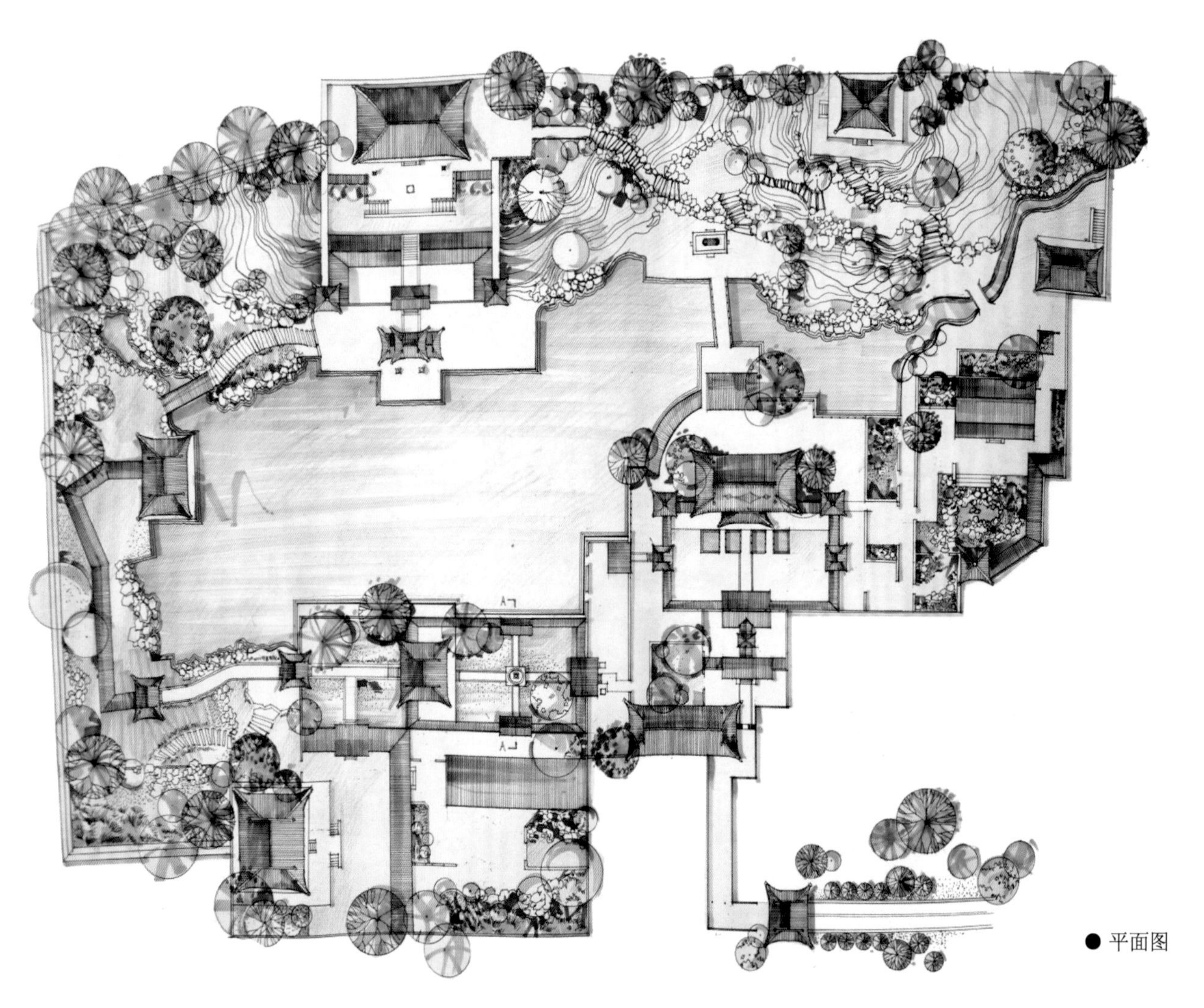

● 平面图

寺院园林 黄思达

设计说明

该园林设计方案以佛教寺院园林为题材，建筑形式仿唐宋风格，注重空间序列及氛围的营造，运用了隔、标、藏的手法，着意塑造隔绝红尘的寺庙意境，使游人在层层院落、悠然小道、湖山风景的穿梭中，忘记尘世间的烦恼。

（1）深藏古寺。该园入口有一条狭长的小道，两旁列植树木，庄严而静谧。穿过小牌楼后有一条封闭曲折的甬道，让人觉得园林的主要景区与外界距离遥远，藏在重重的苍翠之中。

（2）隔绝红尘。以众多的院落空间组织布景，安静悠闲，形成与外界相对隔绝的环境，符合中国人传统的文化心理。

（3）标示不同。园内有宏大的佛殿和藏经楼，庄重华丽的色彩在树木中显得格外醒目，石刻经幢香烟萦绕，更烘托了佛教空间的氛围。

（4）登高望远，涤我尘襟。园林中不仅有巍峨的楼阁屋宇及开敞高筑的庭院平台，还有阔大浩渺的湖面及苍郁的青山，置身其中，不禁让人有把酒临风、宠辱皆忘的感受。

● 鸟瞰图

● 园中景观草图之一～之三

琢晋园 张晋磊

设计说明

我的家乡山西是一个历史悠久、文化底蕴厚重的地方，是黄河文化的主要代表之一，它孕育了漫长的华夏文明。丰富的物产资源和人文资源是我引以自豪的资本，此次园林设计就以自己的故乡作为设计概念进行构思。

首先，我把园林在纵轴线上分为三部分，由南向北依次暗喻晋南、晋中、晋北，也是在园林空间分隔上形成三个较大的递进空间。在地势设计上也有意识地做成南面开敞，中部平缓，北部高起，使人们在游玩园林时能感受到不同的地域景色，也为园内的绿化和景点的设置提供了适宜的场地。

其次，依据本人对三晋文化的认识，把整个园区分为六个景区：①关公故里忠义仁勇；②华夏之根中华之魂；③太行神韵故乡情深；④晋商文化诚信礼义；⑤佛家文化古建瑰宝；⑥边塞风情淳朴民风。从园林的南面入口开始依次将这六个景点安排开来，这样的顺序既能够形成完整流畅的游览动线，也可以使游人体会到三晋文化的方方面面。因为景点的设置都是依据三晋文化特有的区域文化来规划的，由南到北，再由北到南，从园的外围游览，依次深入园内。

进入园林，人们会首先领略到武圣关羽的风采，这里设置成前后两进院，前院的局促和后院大殿的宏伟使人们更能体会到关公的威武和他的忠义仁勇之风。通过蜿蜒的走廊可以进入华夏之根——槐园，各种各样的槐树层次分明，陈设有丰富的根雕。穿过槐园走在单面廊中，透过漏窗隐约可以看到外面的景色。此连廊依假山而建，蜿蜒曲折，增加了动线的丰富性，也为下一个景点做了伏笔。

● 平面图

出了单面连廊，你会发现这里开满杏花，满园春色。其他景点在此就不一一赘述了，特别需要强调的是在全园的景色中，水是串联景点的关键元素。同时，在景点设置上也充分考虑了绿植的选择和安排，力图形成春天杏花盛开、夏天槐树成荫、秋天果实累累、冬季枯枝苍劲的四季佳景。

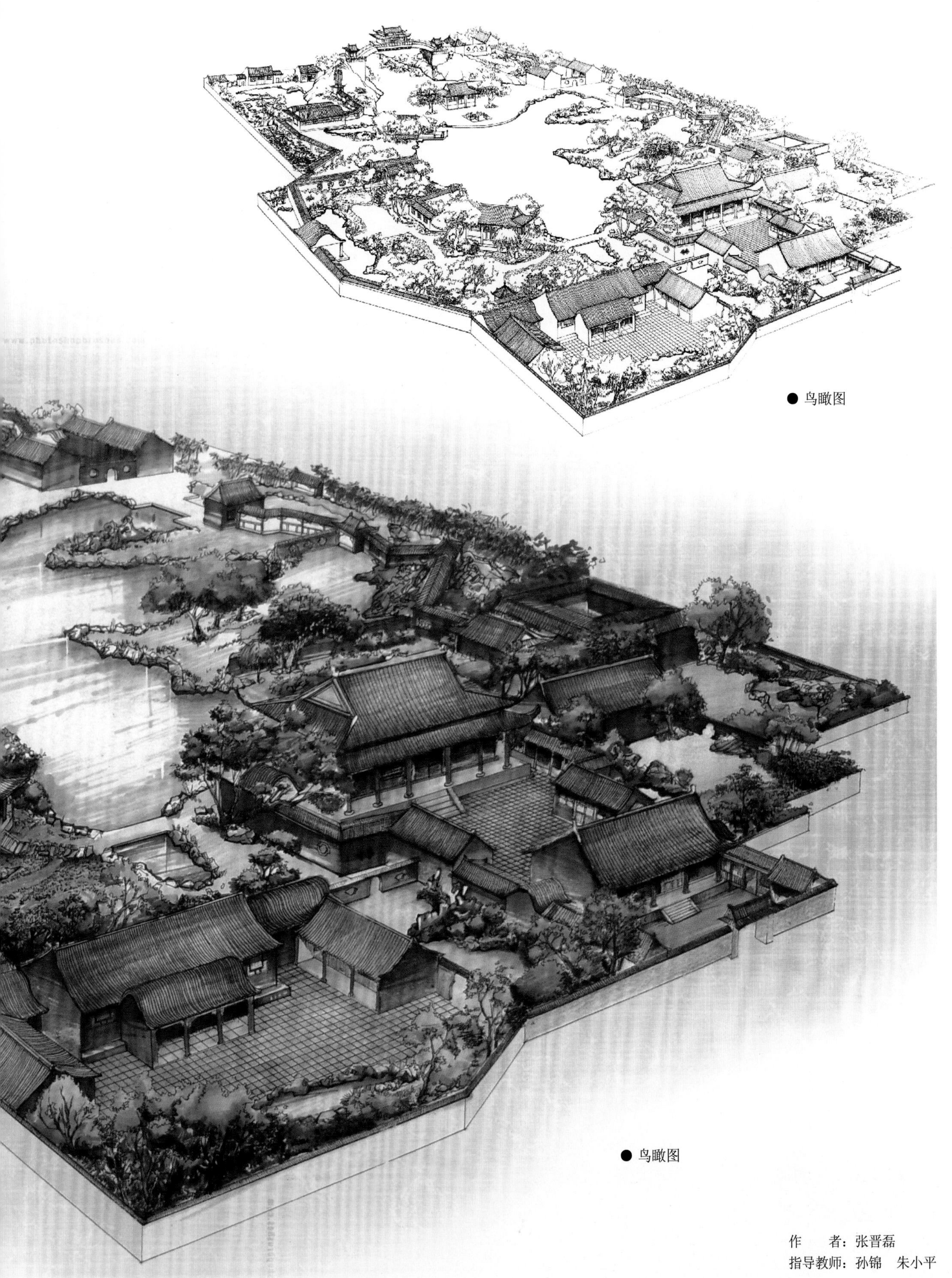

● 鸟瞰图

● 鸟瞰图

作　　者：张晋磊
指导教师：孙锦　朱小平

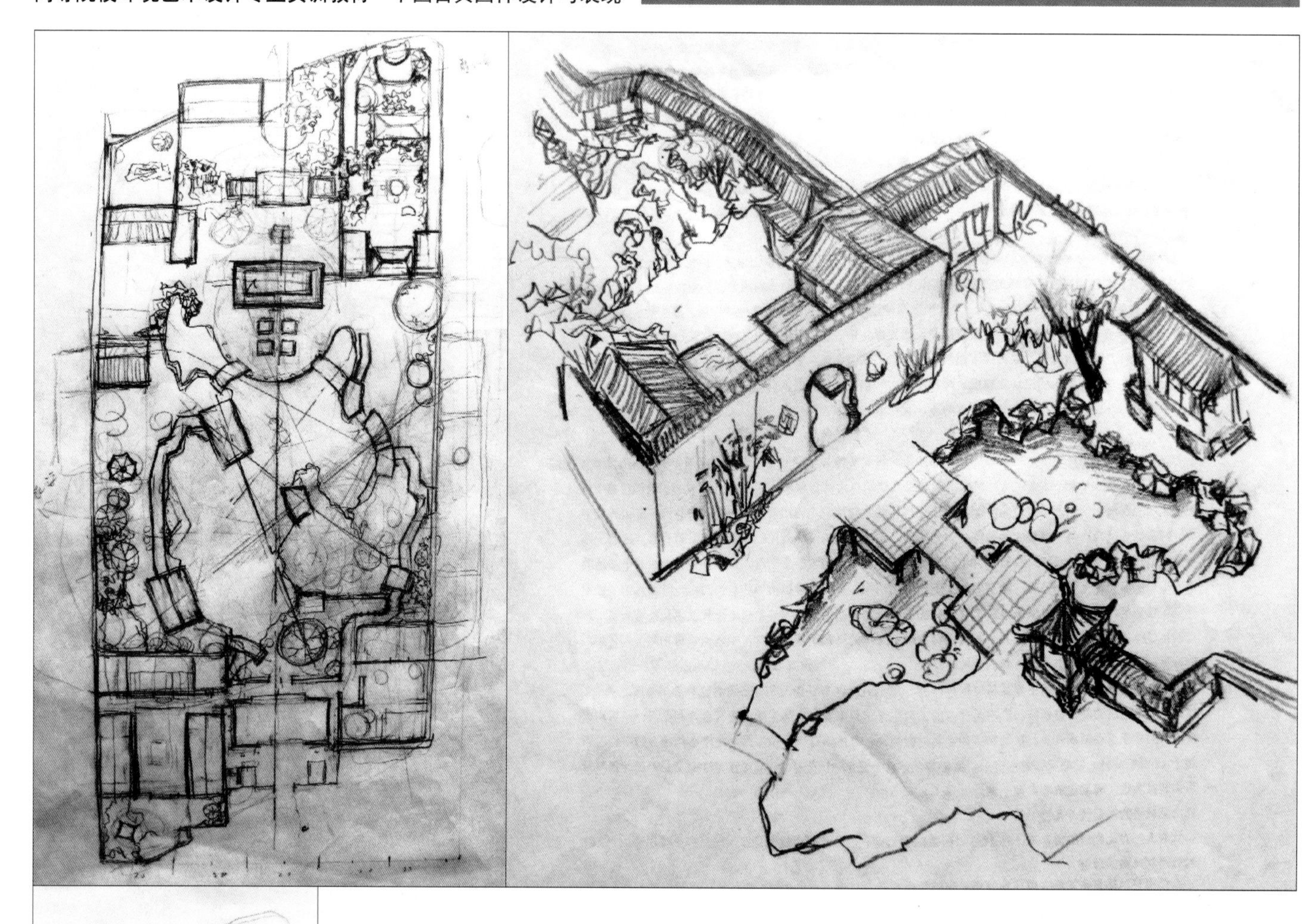

● 琢晋园草图之一～之四

●琢晋园草图之五～之六

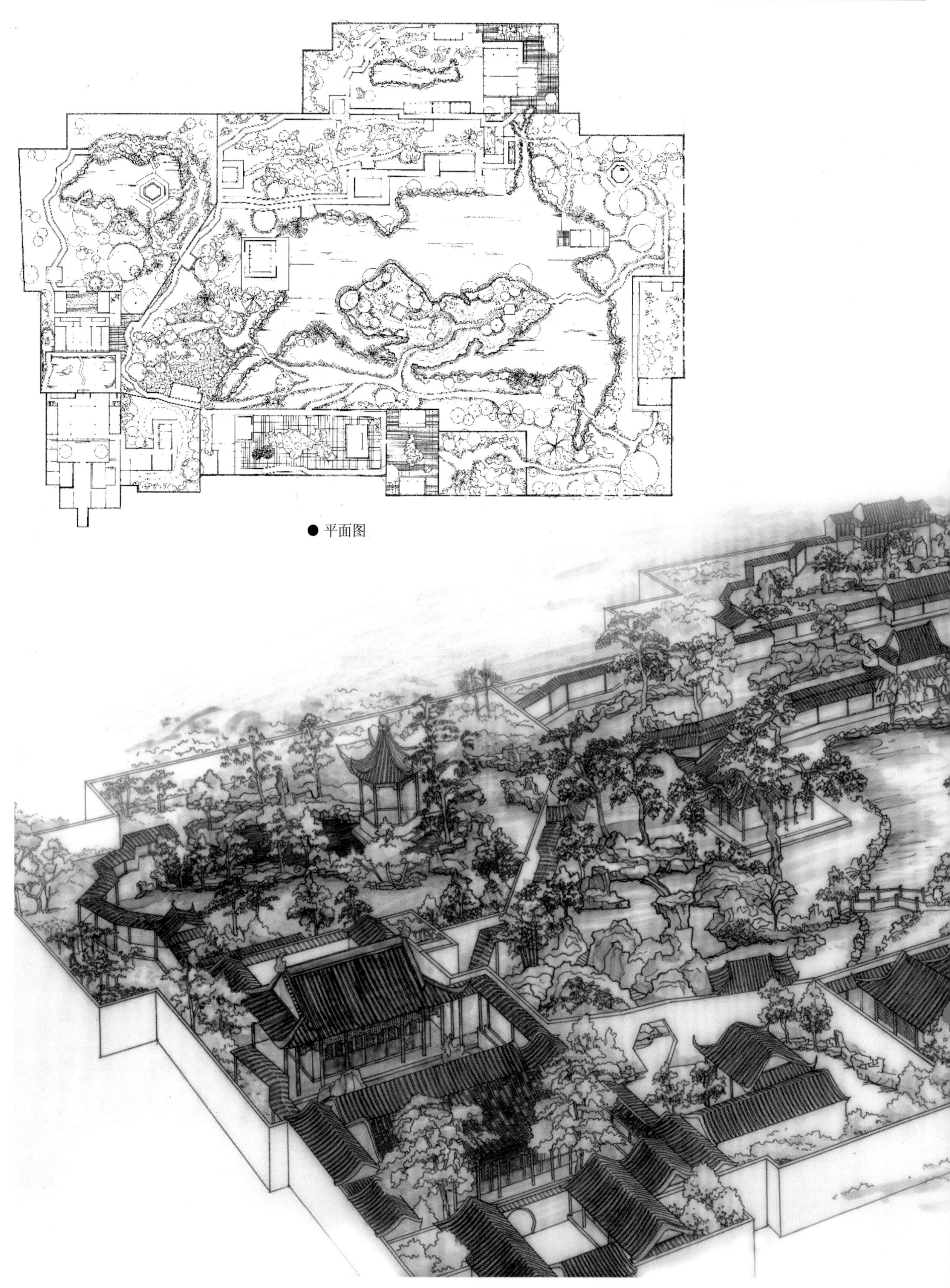

● 平面图

雷园 雷文祥

设计说明

雷园的设计以写意山水园为胜，借鉴了中国山水画的意境，为了追求朴素淡雅的情趣，在园内没有设置特别突出的制高点，山上的两个亭子从体量或规模上看有所差别，重点突出一处。加上规划整齐的空间院落，与自由、曲折的路径形成迥然不同的园林氛围，从而产生了强烈的对比作用。

园内景点分为盼春园、荷塘月色园、山竹听雨园、松风园、山水园、许园等六处。这六大景区的动线形成了四周曲折、参差错落、忽而洞开、忽而幽闭的格局，赋予空间环境以无限的变化，由此使空间组织丰富，变化灵活，成为内聚性的景观空间。

从空间形态来分析，主要分为院落、庭院、天井三部分。随着园林的规模由小到大，设置路线也由简单到复杂。在空间组织中形成了开始段—高潮段—尾声段三个层次，体现了空间的韵律感、节奏感。

本方案的鸟瞰图用硫酸纸表现，易于勾墨线，背面用油笔找色，表现出宛若水墨画的悠然意境。

● 鸟瞰图

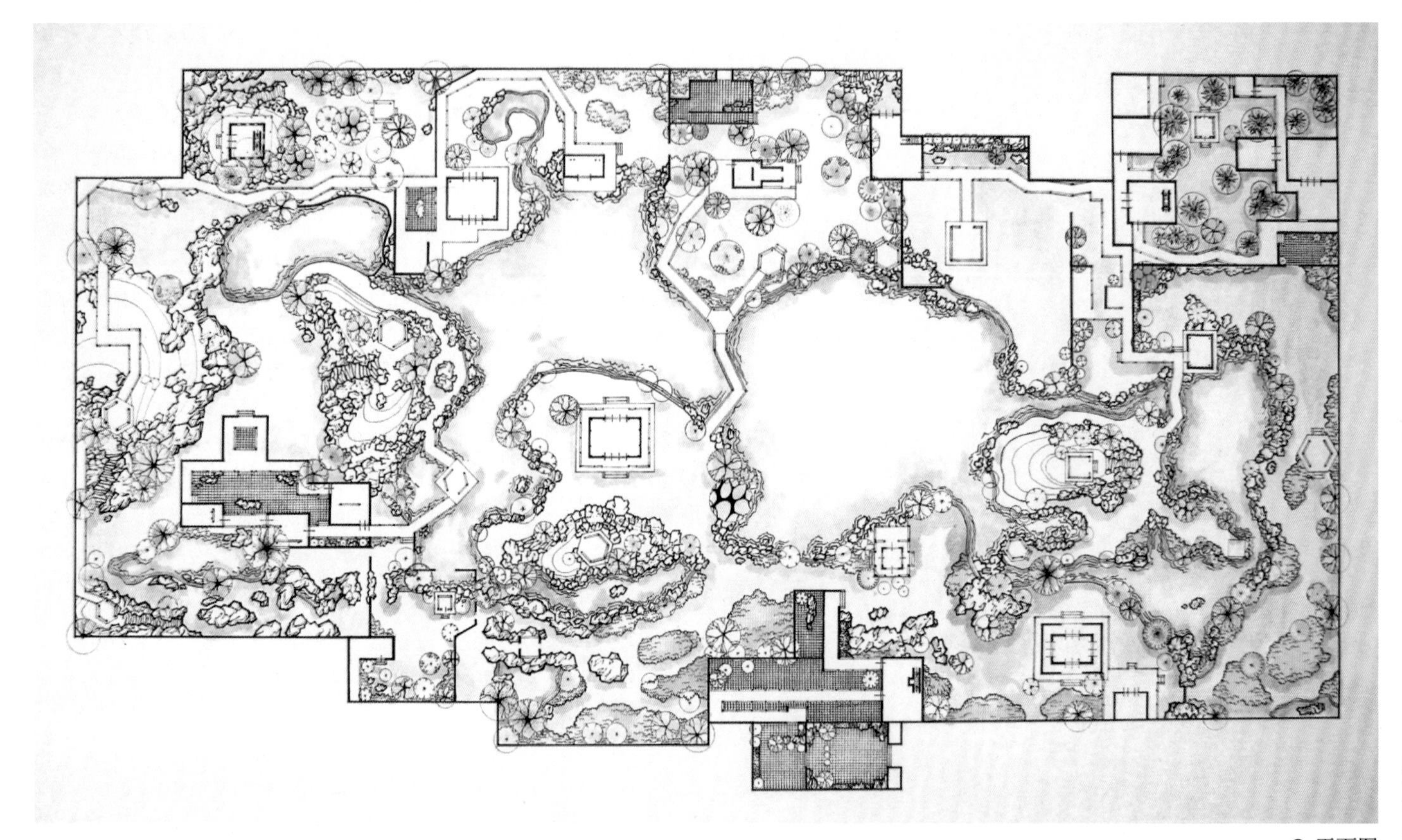

● 平面图

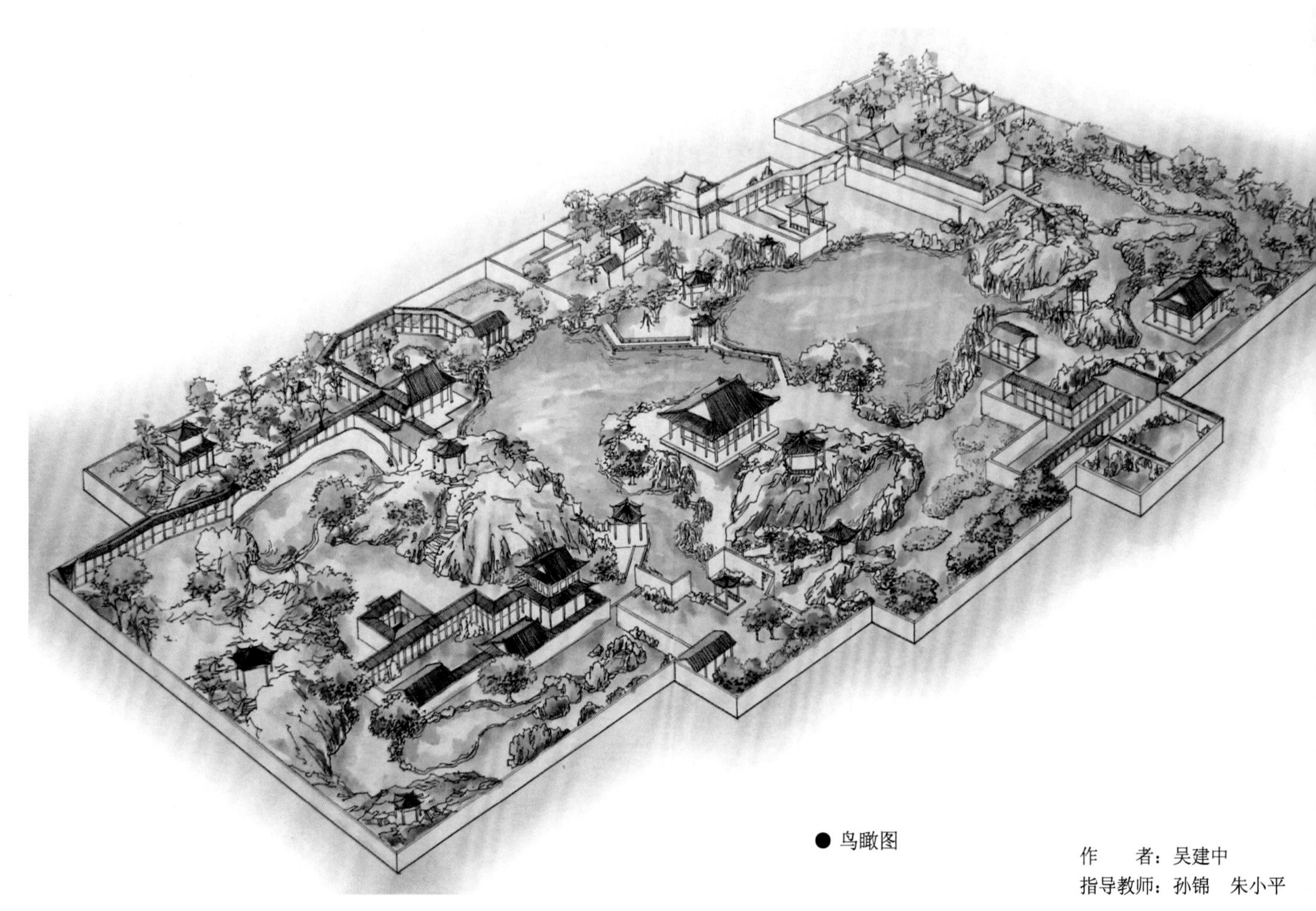

● 鸟瞰图

作　　者：吴建中
指导教师：孙锦　朱小平

平湖秋月园　凌佳境

设计说明

本园林面积约为2万平方米，依山而建，依水而生。大家可随我一起畅游一下本园林，从南面的入口进入，通过门厅和大厅就可以看到引我们入园的长廊。行走在长廊上可看到远处园中的景色，激起人们的兴致，随廊而进。

接着进入一个园中园，名曰“趣园”。穿过几个厅堂斋室，可以看到小园外的水汩汩流入园中，岸旁的石子、植物相依相傍，中间有一座小桥搭接两岸，周围假山成趣。穿过小墙洞便可进入假山区，此处的假山奇形异状、趣味横生。再过一个墙洞，又有几个斋室可供大家观赏。

出了院门，眼界顿时开朗，因为没有了围墙隔挡，可看到大部分园景，尤其是那清澈幽静的湖面，一定会令你心旷神怡。在这里设置了一座船舫，可以满足大家亲水的愿望。

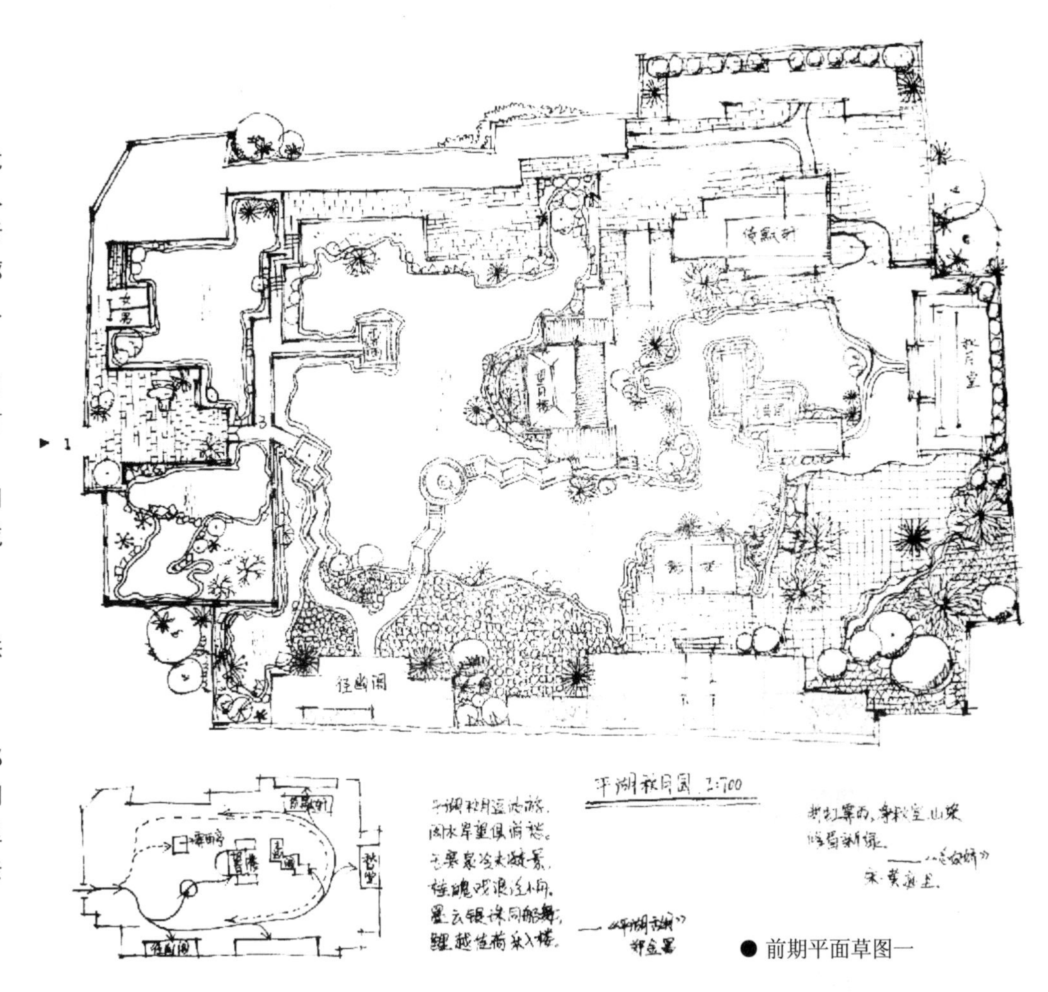

● 前期平面草图一

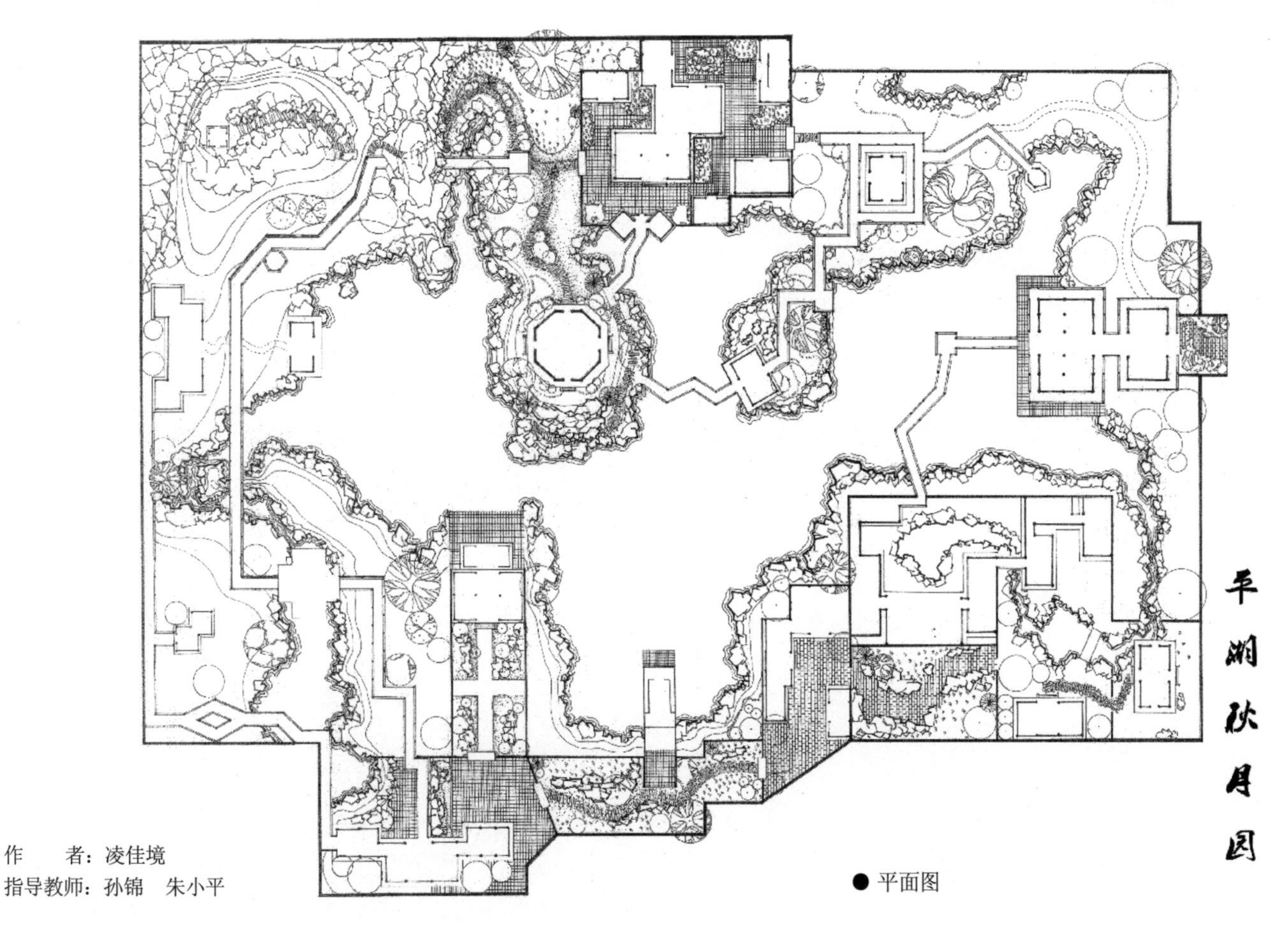

● 平面图

作　　者：凌佳境

指导教师：孙锦　朱小平

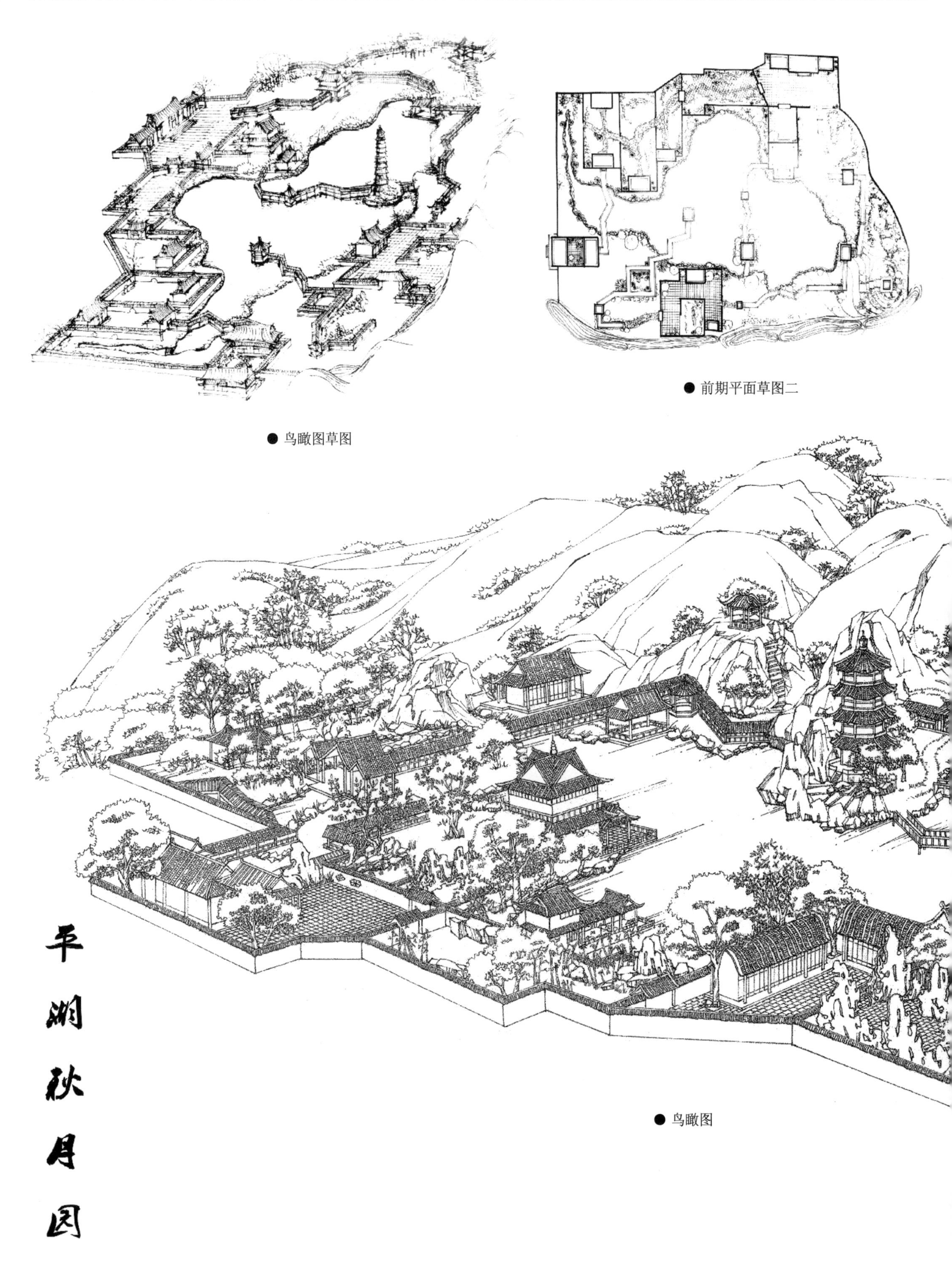

鸟瞰图草图

前期平面草图二

鸟瞰图

平湖秋月园

再往前行会进入另一墙门，其西侧有“静雅堂”，东侧有“近水楼”，“近水楼”为双层十字歇山楼阁，造型精巧大气，与它隔水相望的便是整个园林中的主景“望月塔”。“望月塔”为四层观光塔，高度为园中之最，登塔可瞭望园中全景。在它周围假山环绕，植被相映，郁郁葱葱。假山隔出的小路环绕其中，可供游人们尽情观光游览。，

出了“近水楼”，便可通过长廊来到“倚默轩”及“宜两亭”，进行休息以及观景。这两侧的风景甚好，有小溪、假山及各种植物相伴。小憩之后可通过长长的空廊，经过汩汩流动的小瀑布来到“秋月堂”以及与它相对的水榭。

东侧假山之上有座歇山高台四方亭，名为“瞭望亭”，游人可踏着蜿转的青石路来到亭中。在此处，游人们可以与大山亲密接触。

之后会来到本园的第二个园中园——“落园”，在这里主要是感受其安静、自然的气息。由于其离东面的大山很近，这里更接近大自然。

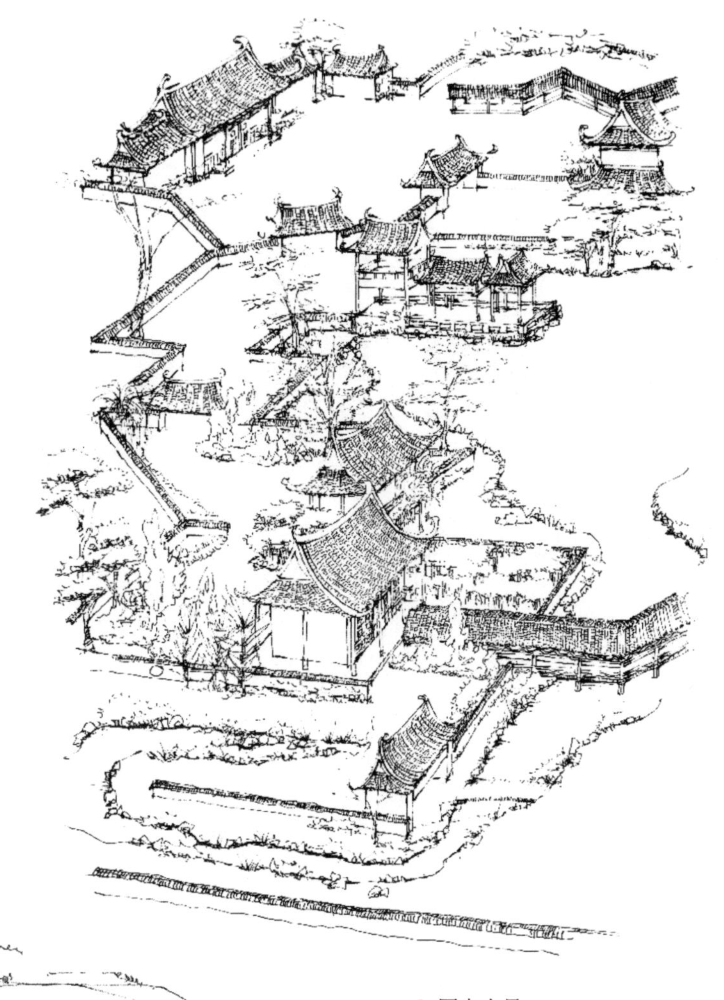

● 园中小景

出了小园子，视野变得极为开阔，我们的脑海里似乎还有之前景点的样子。若想折回观看，可走通向“望月塔”的折桥；若不想，可一直沿着长廊走，廊的形式也变得活泼起来。回廊之间还有一处“凝香堂”，游人可以自如进出。出了“凝香堂”就没有游廊指引了，游人可去亭内休憩、可折回、可往返、可出园。

一切都随意、一切都自如、一切都平静——这就是平湖秋月园。

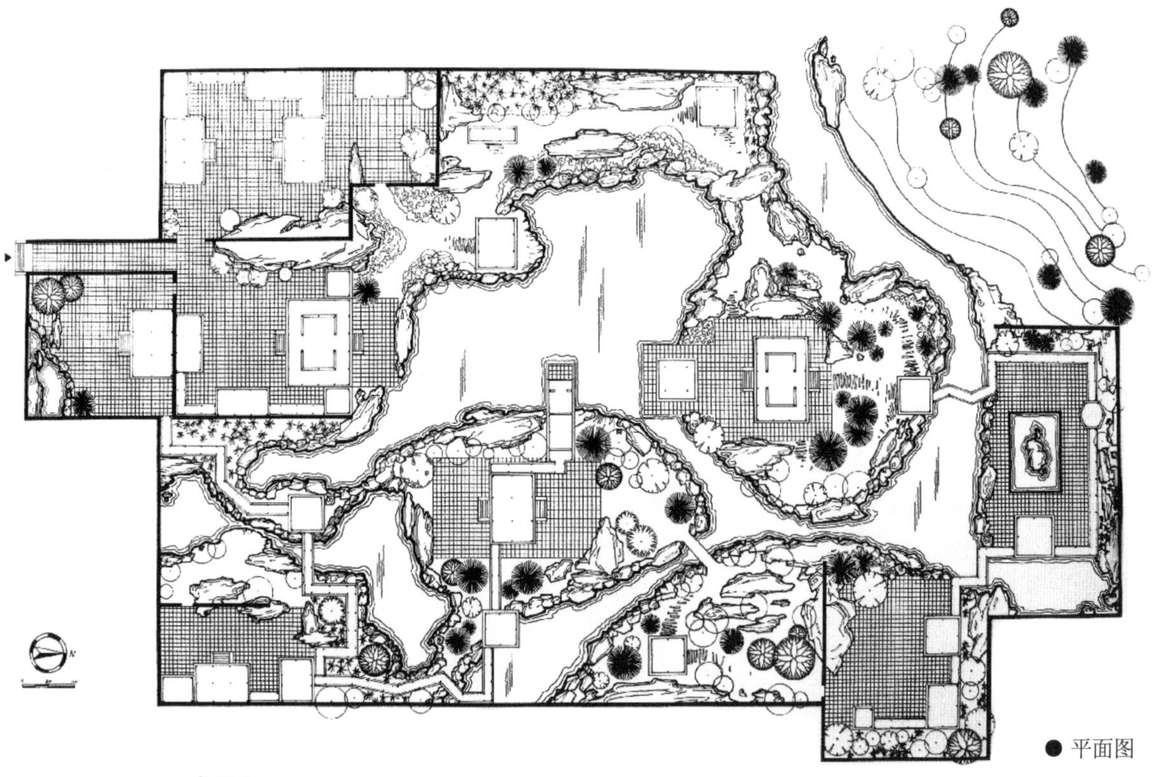

● 平面图

栖园　冉行宽

设计说明

本园名为“栖园”，其中有两层含义：一是有家和归属的意思，在这方面中国人有着几千年的情结，因此在设计中要体现出很强的归属感；二是从园林设计本身来说，栖园所处的地势奇特，有山，有水，还有滩地等，聚集了各种动物和植物，是人与自然共同的栖地，因此命名为“栖园”。

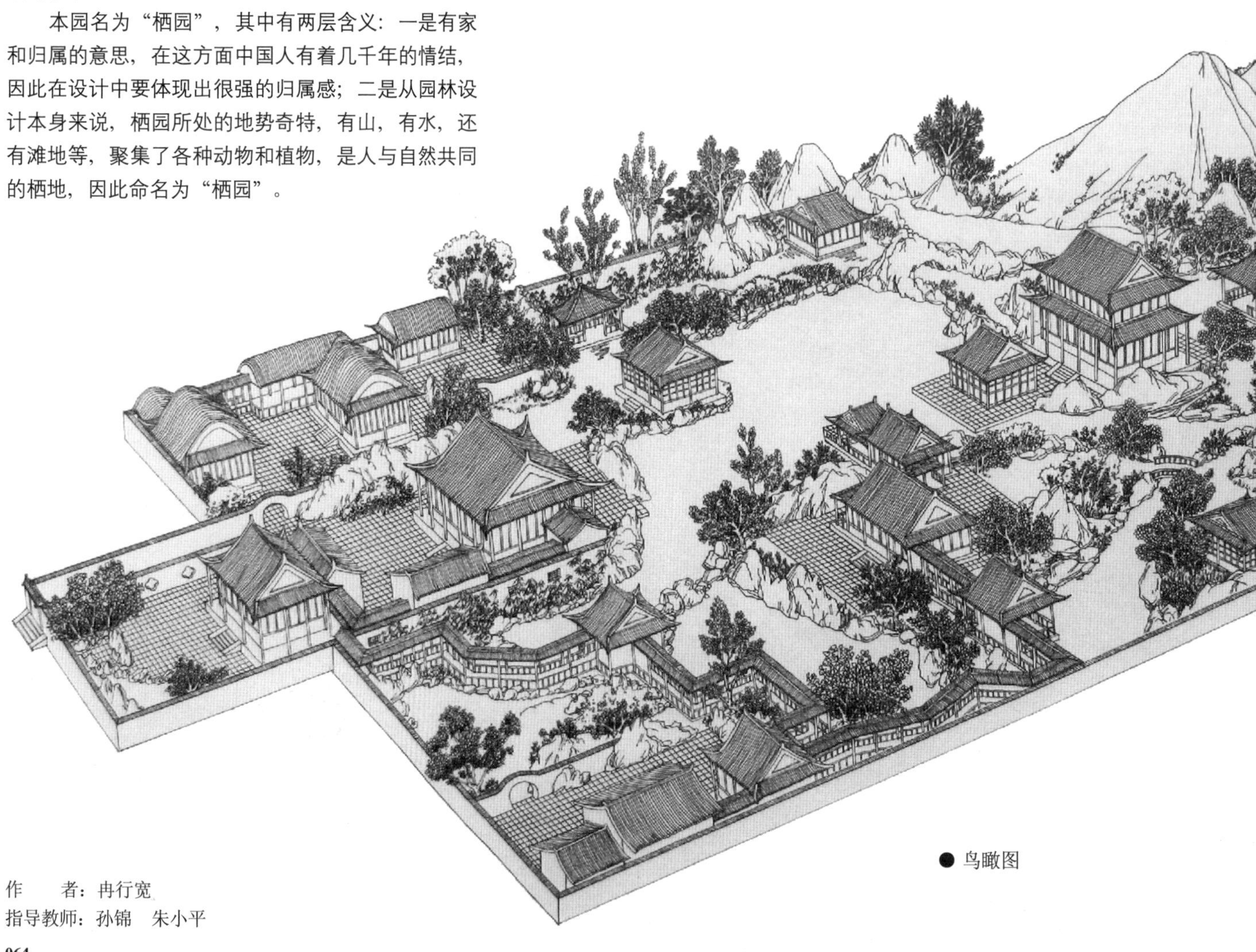

● 鸟瞰图

作　　者：冉行宽
指导教师：孙锦　朱小平

中国古典园林的建造很有内涵，也很讲究，总的说来由以下要素构成：筑山、理池、植物、动物、建筑、匾额、楹联与刻石等。现代园林模仿古典园林时往往忽略了动物这一重要要素，我设计的栖园正是从动物和植物入手。从植物方面讲，我希望把植物和建筑融为一体，让人们在游园时，在穿越一座座建筑时如同游走于一片花园、一片森林，有种清新的感觉；从动物方面讲，我故意将一小段外墙放弃，意在使园内、园外互通，一些飞禽和两栖动物可以进入园中，为园中增添活力。此外，还在后山处建有亭和榭等建筑，在此处观景会使人产生一种进入“世外桃源”的感觉。

● 前期综合草图一

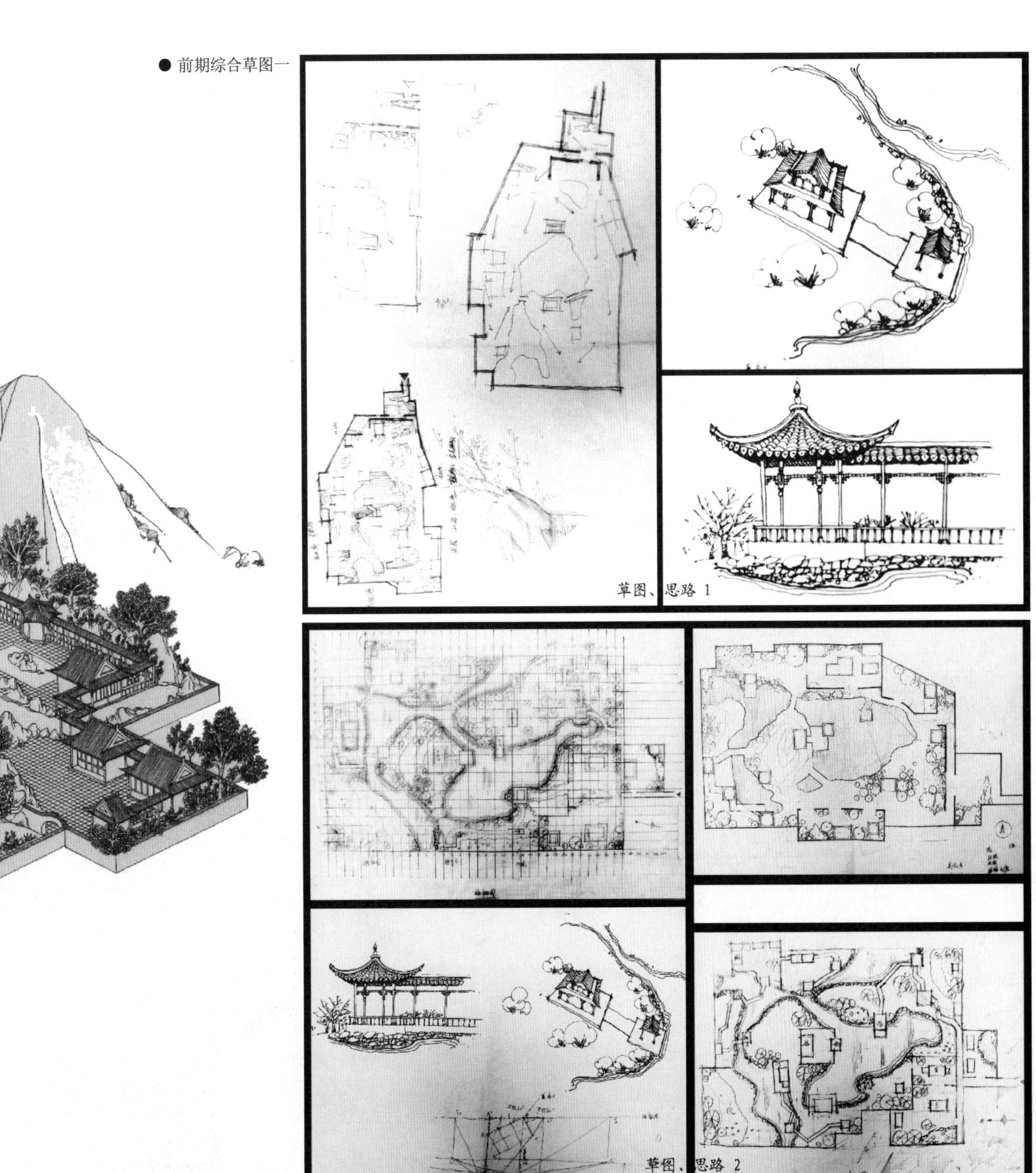

● 前期综合草图二

文馨园　宫莹

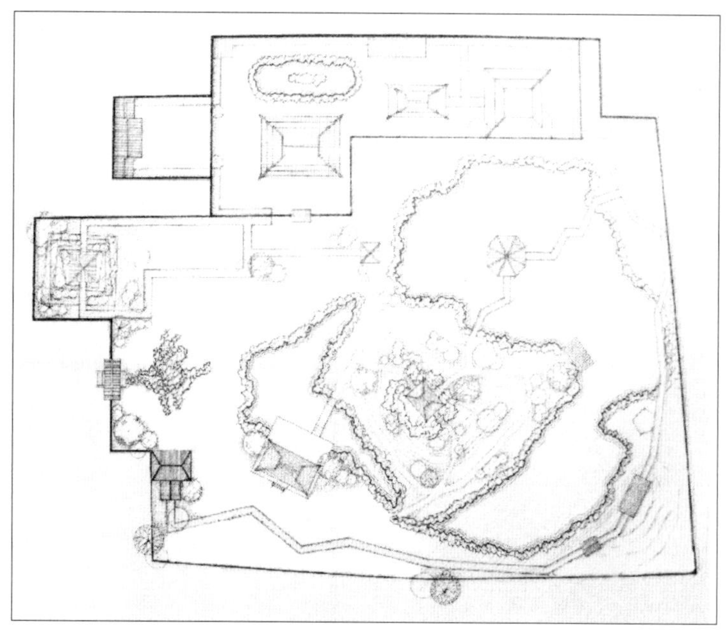

● 平面图

设计说明

之所以为此园取这个名字，旨在希望游人们在园内能感受到一种平静祥和的气氛，回归自然，让他们暂时忘却都市的喧嚣，远离繁重的工作，在园中尽情享受片刻的温馨与宁静。

园林中水占了主要的角色，因为水对人们有着自然的亲和力，能抚平我们焦躁的情绪。因此，沿河边布置园路，点缀景观建筑小品，所有的铺装、园路、景观小品均依水展开，给人以感官上的愉悦，心理上的惬意，同时又可从立面上丰富景观效果。园林的任何设计都是为了人们能够更好地生活，给人的生活带来欢乐、悠闲、幽雅的感受。所以我在设计中精心设置了园路，休息观景亭台等，以达到曲径通幽、移步换景的效果。

文馨园内的小品采用相宜的材质、传统的景观手法，营造了一个碧水盈盈、杨柳婆娑、荷香四溢、富有传统气息的休闲场所，保持了景观视线上的曲折。并且适宜地种植树木，使园林景色达到“山重水复疑无路，柳暗花明又一村”的效果。

● 鸟瞰图

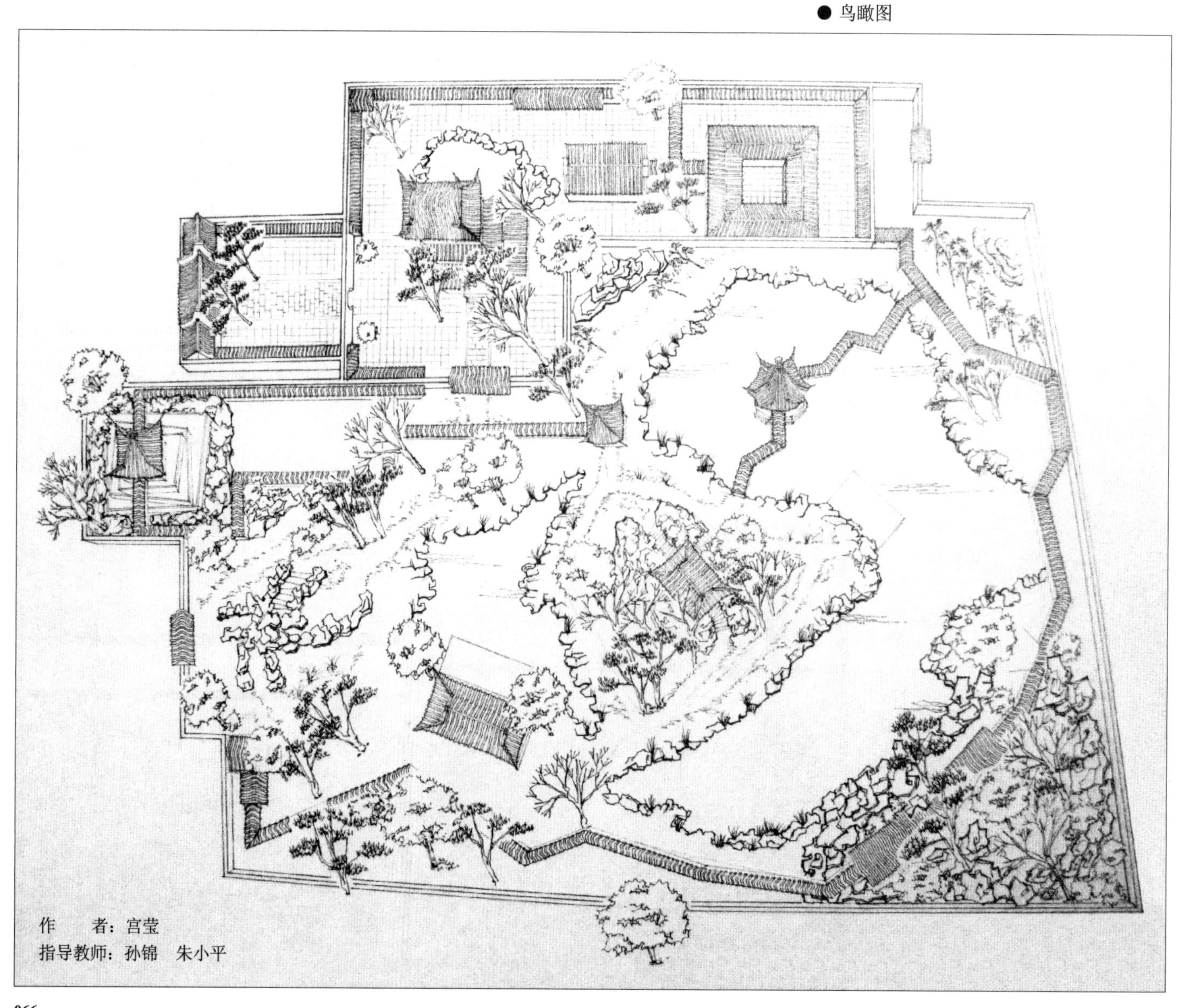

作　　者：宫莹
指导教师：孙锦　朱小平

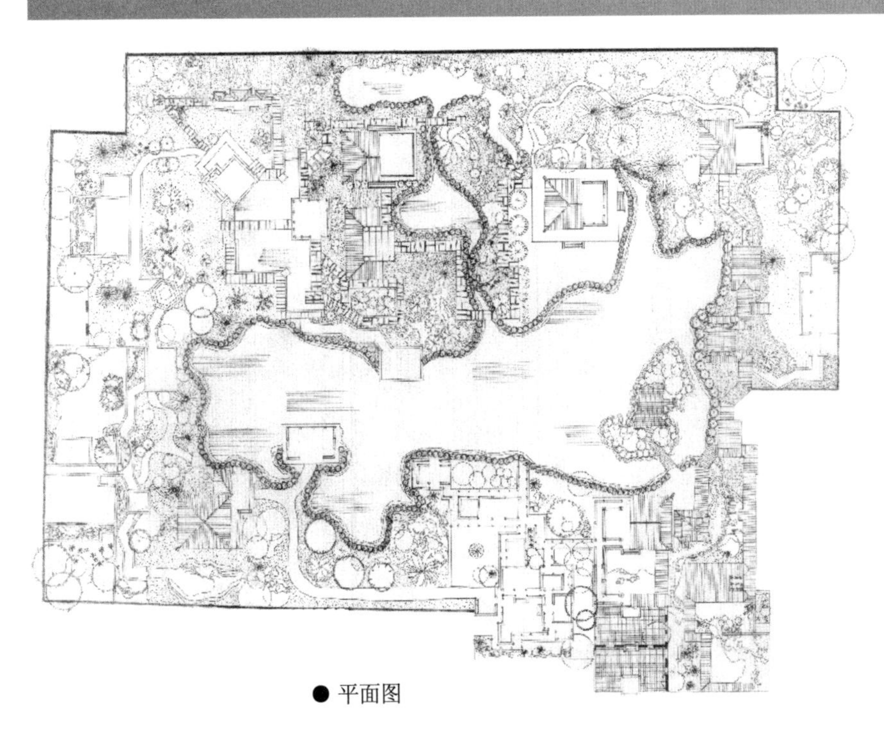

● 平面图

恒远景园 王寒知

设计说明

（1）“以人为本”。创造适宜的娱乐环境，体现江南水乡的园林风格。人是景观的使用者，因此首先要考虑使用者的感受，做好绿化的总体布局，同时具有娱乐的功能。

（2）“以绿为主”。最大限度地提高绿地率，体现自然生态的主体。设计中以植物造景为主，在绿地中配植高大乔木和茂密的灌木，营造出令人心旷神怡的环境。

（3）“因地制宜”。这是植物造景的根本。在景观设计中，选择适生树种和乡土树种，做到宜树则树，宜花则花，宜草则草，充分反映出地方特色。只有这样才能做到最经济、最节约，也能使植物发挥出最大的生态效益，起到事半功倍的效果。

（4）“崇尚自然”。寻求人与自然的和谐。纵观古今中外的园林设计，都是接近自然、美化自然，寻求人与建筑小品、山水、植物之间的和谐共处，使环境有融于自然之感，达到与自然的和谐。

（5）植物设计。植物景观设计在整个园林规划中处于极其重要的地位，在整个环境设计中具有关键的作用。根据当地的气候特点，植物群落是以常绿阔叶树为主与落叶阔叶树混交出现。此外充分考虑冬日对阳光的需求，

在满足环境的生态功能与使用功能以及丰富季相变化的同时，在绿化树种的选择上应遵循长生树种与速生树种结合的原则，既可在短期达到一定的景观要求，又能随着时间的延续逐渐形成自身的植物景观特色与历史文化积淀。

在植物群落的空间和形态上，注重人在不同空间场所中的心理体验与感受变化。从密林小径、林中空地、树林草地到缓坡草坪，形成疏密、明暗、动静的对比，在自然中创造出具有生命活力的多元感悟空间。

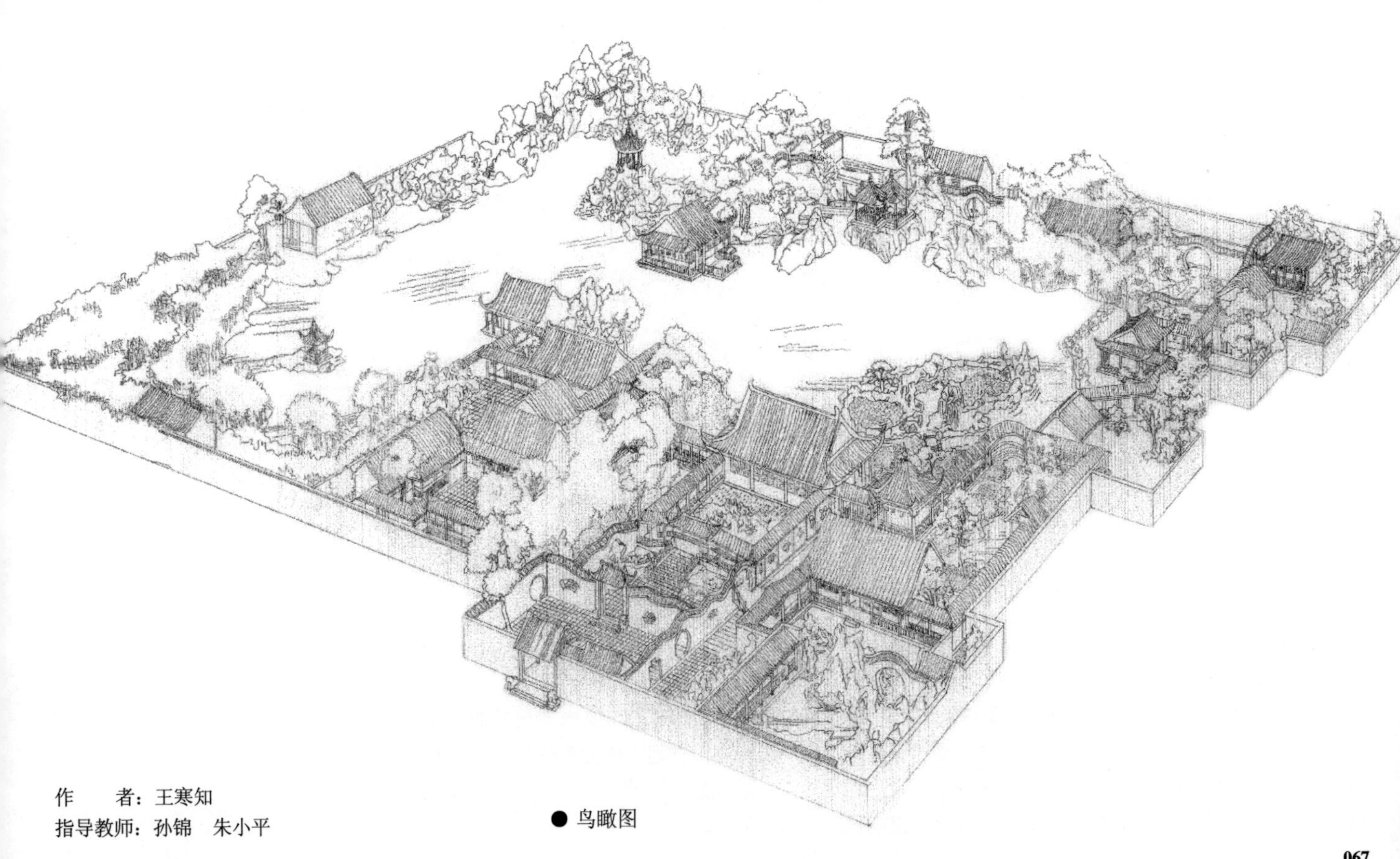

作　　者：王寒知
指导教师：孙锦　朱小平

● 鸟瞰图

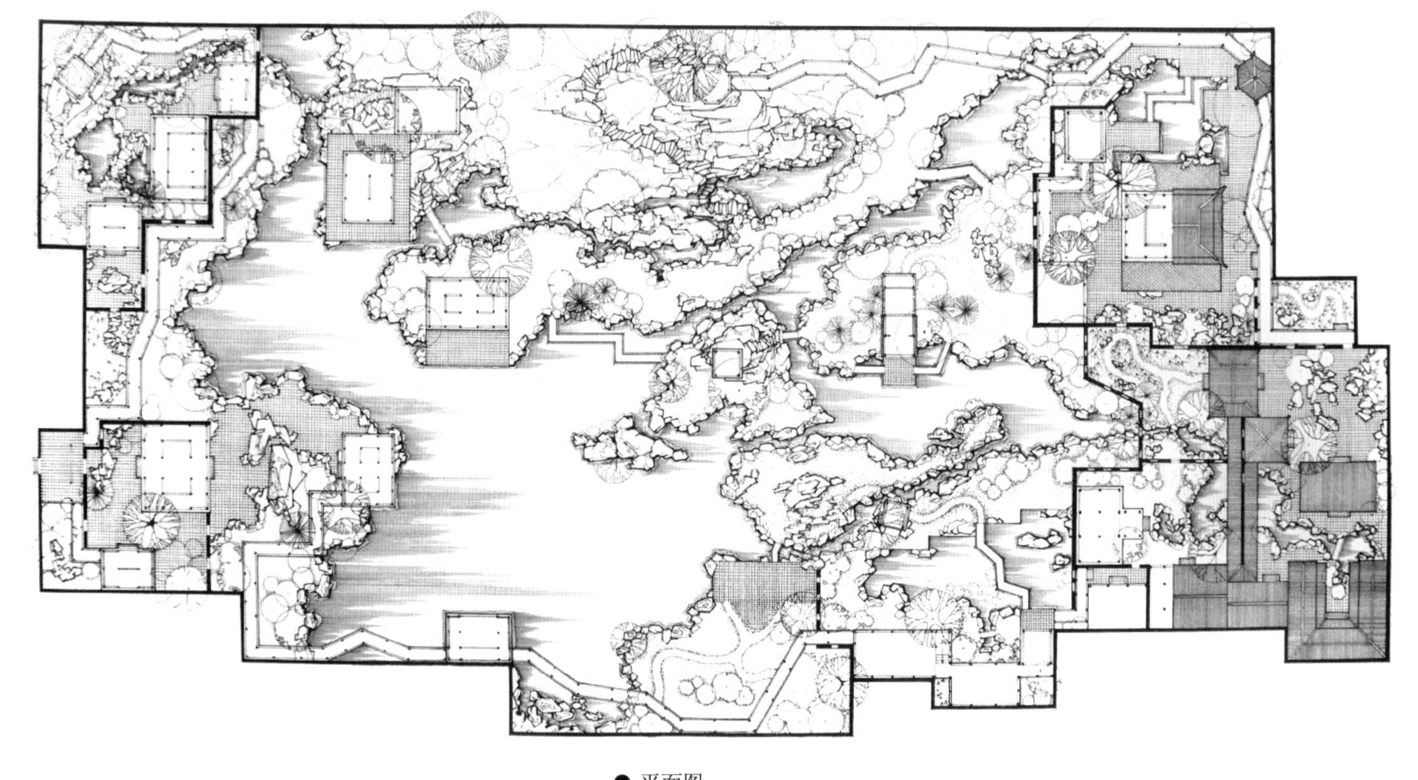

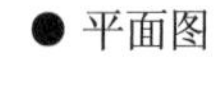

● 平面图

临流而弹，竹涧焚香，登峰远眺，坐看云起，
松亭试泉，曲水流觞，烟波钓叟，蓬窗高卧。

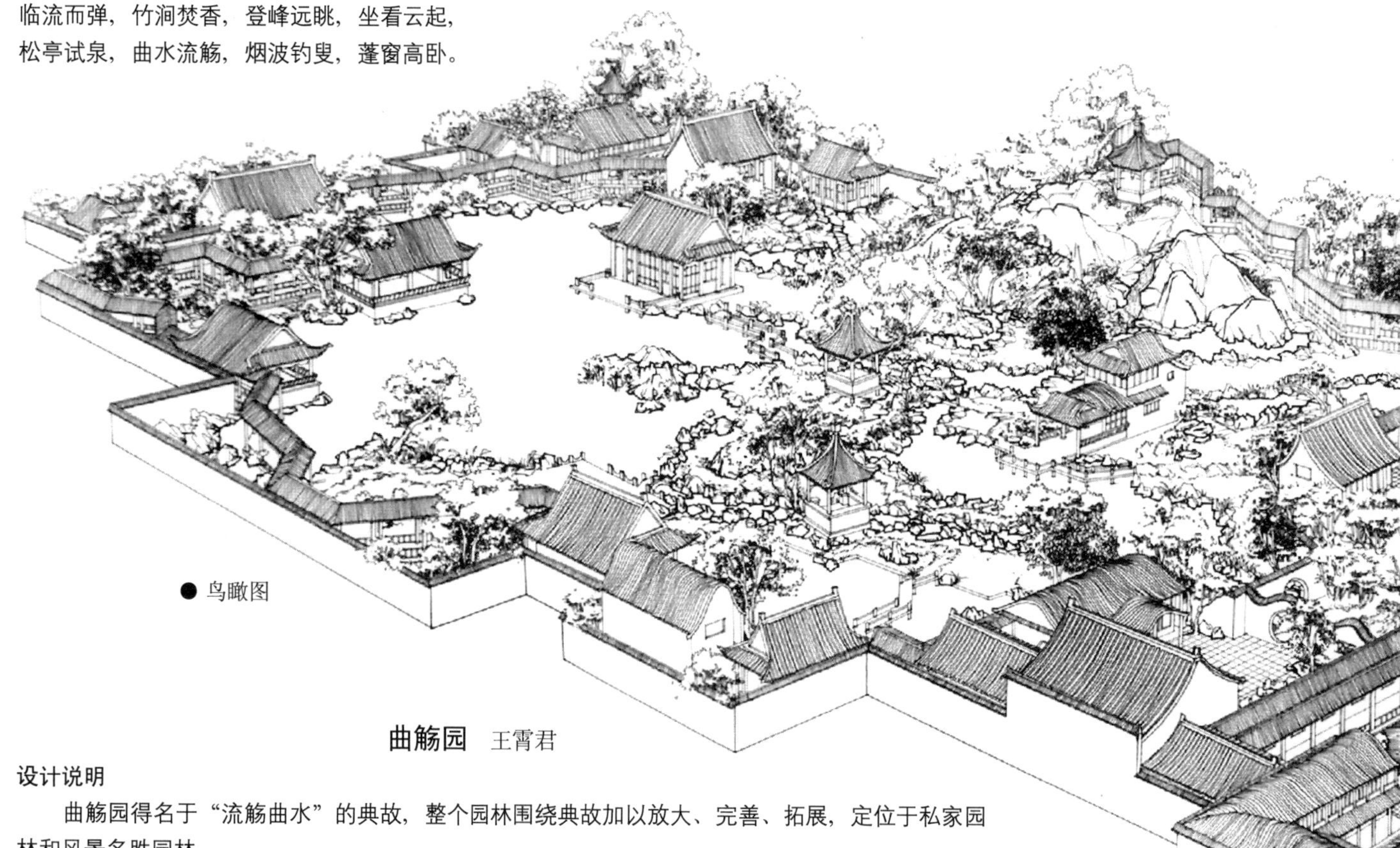

● 鸟瞰图

曲觞园 王霄君

设计说明

曲觞园得名于“流觞曲水”的典故，整个园林围绕典故加以放大、完善、拓展，定位于私家园林和风景名胜园林。

“流觞曲水”出自王羲之的《兰亭集序》：“此地有崇山峻岭，茂林修竹，又有清流激湍，映带左右，引以为流觞曲水，列坐其次，虽无丝竹管弦之盛，一觞一咏，亦足以畅叙幽情。”大意是选择一风雅之地，文人墨客按秩序安坐于潺潺流波之曲水边，一人置盛满酒的杯子于上流使其顺流而下，酒杯止于某人面前即取而饮之，乘微醉或啸或吟，作出诗来以助兴。

此园林总占地约为2万平方米，出入口为园林西门。从宏观来看，园林以水为魂，以曲折的水域边岸为游览路线，时而置身水面之上而波澜不惊，极目远眺；时而又蜿蜒曲折游走于林木之间，喧闹嬉戏。引用“九曲流觞”中之“九曲”，巧妙地用水域将园林分隔为九大景点。环绕中心湖区的沿岸为动态游玩区域，东部大面积的建筑群体将游客带入静态区域。如果把全园看作一个大的“曲水流觞”，那么西南部的小院就是一个精致的缩小版，丰富的建筑形态以及潺潺细流仿佛让人们身临其境，体会到昔日文人墨客那种闲云野鹤般的生活。

整个园林恢宏豪迈、温婉儒雅，建筑形态极其丰富，采用亭、榭、轩、堂、楼阁、室、舫、廊等多种形式。遵循师法自然，巧于因借，精在体宜的造园特点，创造意境，巧妙形成主与从、静与动、对景与借景等多种形态。

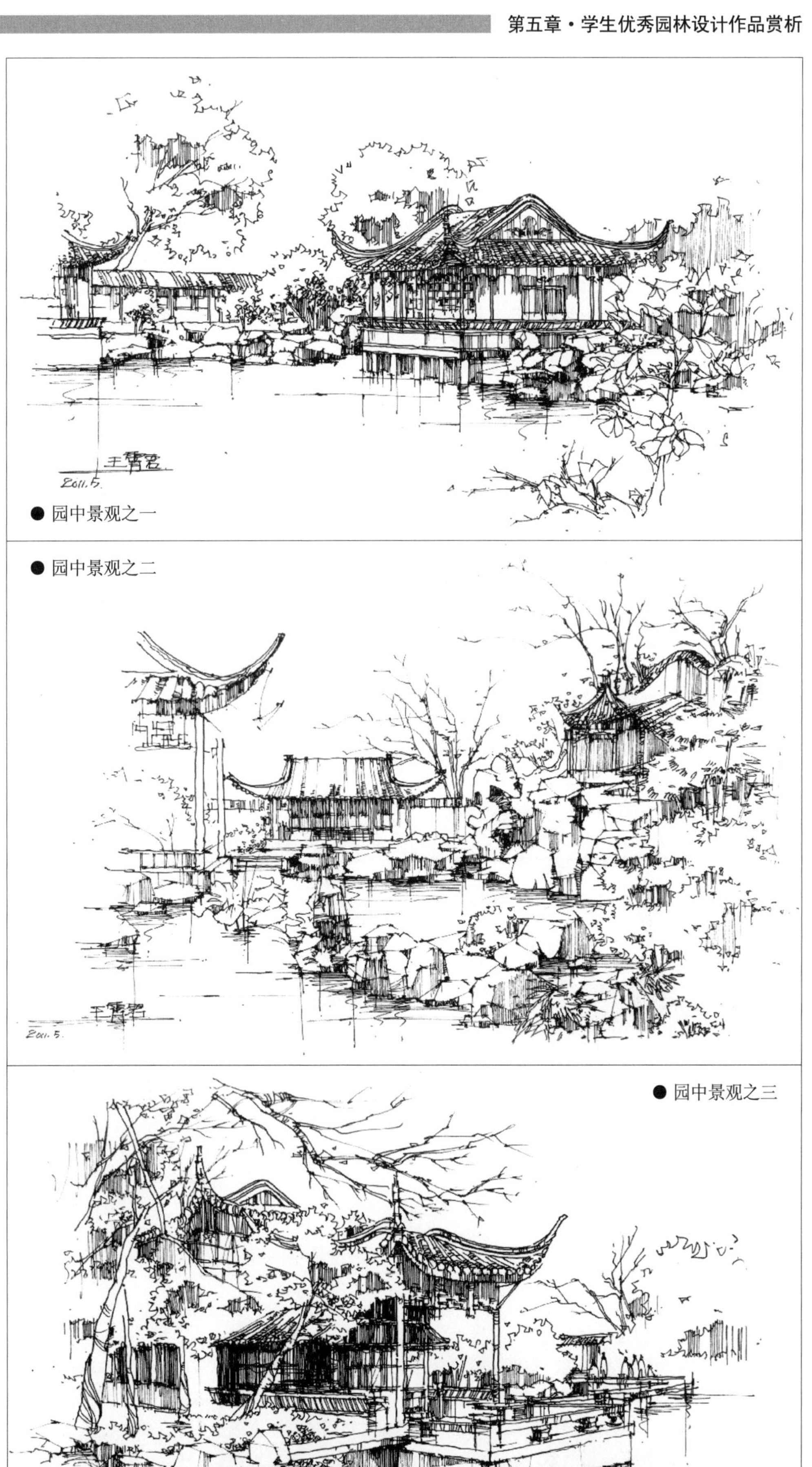

● 园中景观之一

● 园中景观之二

● 园中景观之三

作　　者：王霄君
指导教师：孙锦　朱小平

阑思园　王雅煊

设计说明

曲阑深处，思为谁？一曲庭芳，梦入阑思园。

此园林传承了中国自古以来“以整为主、聚散有致”的思想，却也不失现代园林的开放性与鉴取性，外墙上间或的漏窗让原本封闭的园子有了一定的透气性。步入园门，穿过腰门，在若隐若现中初见全园。鱼水纹样的花街铺地和似透非透的假山构成了阑思园的第一景区。通过铺地的引导进入第二景区，杨柳青青湖水平，画春堂与蔻茗轩坐落其中，平添了几分静谧。走过回廊，第三景区呼之欲出，广翠洲上八角亭与一片青翠交相掩映，几条九曲回肠的林间小路在听雨榭的遮蔽下若有似无，长蹈自然。

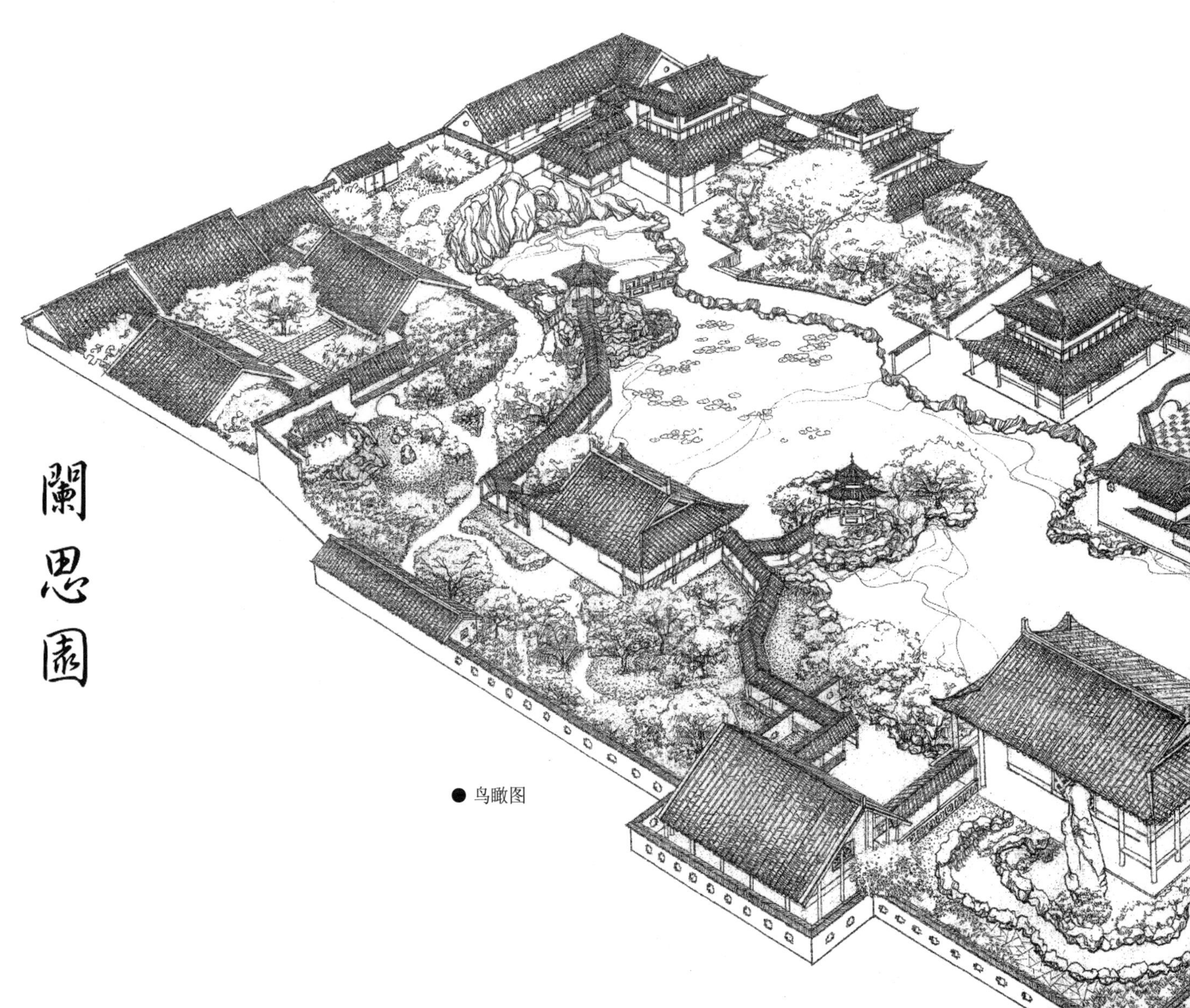

● 鸟瞰图

走在爬山廊上观赏着荷风四面，行至伫立于全园至高点的五角亭时，满眼就只剩下了赏心悦目。走下假山，进入一个独立的院落，高低错落的建筑与植物构成了园中的第四景区。一条羊肠小路引导人们进入第五景区，走出厢房映入眼帘的便是静思斋，南侧的下沉花池半包围着月门楼。西侧的流水假山让这一切声色具备。月亮门后面藏着第六景区，静思斋与对面的听雨榭隔水相望，瀛舫框景透着水中亭对面的水泽木兰坞，别有一番风致。

通过东侧连接园子内外的单面空廊可到达第七景区，漏窗的流水花墙成为了两个院子与景区的隔断，此时一种为美景而不惜远走的体会油然而生。青芳馆与水泽木兰坞作为第八景区也是最后一个院落而存在，山水与花池共存也是自然与人工的融合，师法自然，寓情于景，才能真正让人触景生情。

正所谓，蝉噪林愈静，鸟鸣山更幽。静与不静，幽与不幽，如鱼饮水冷暖自知。

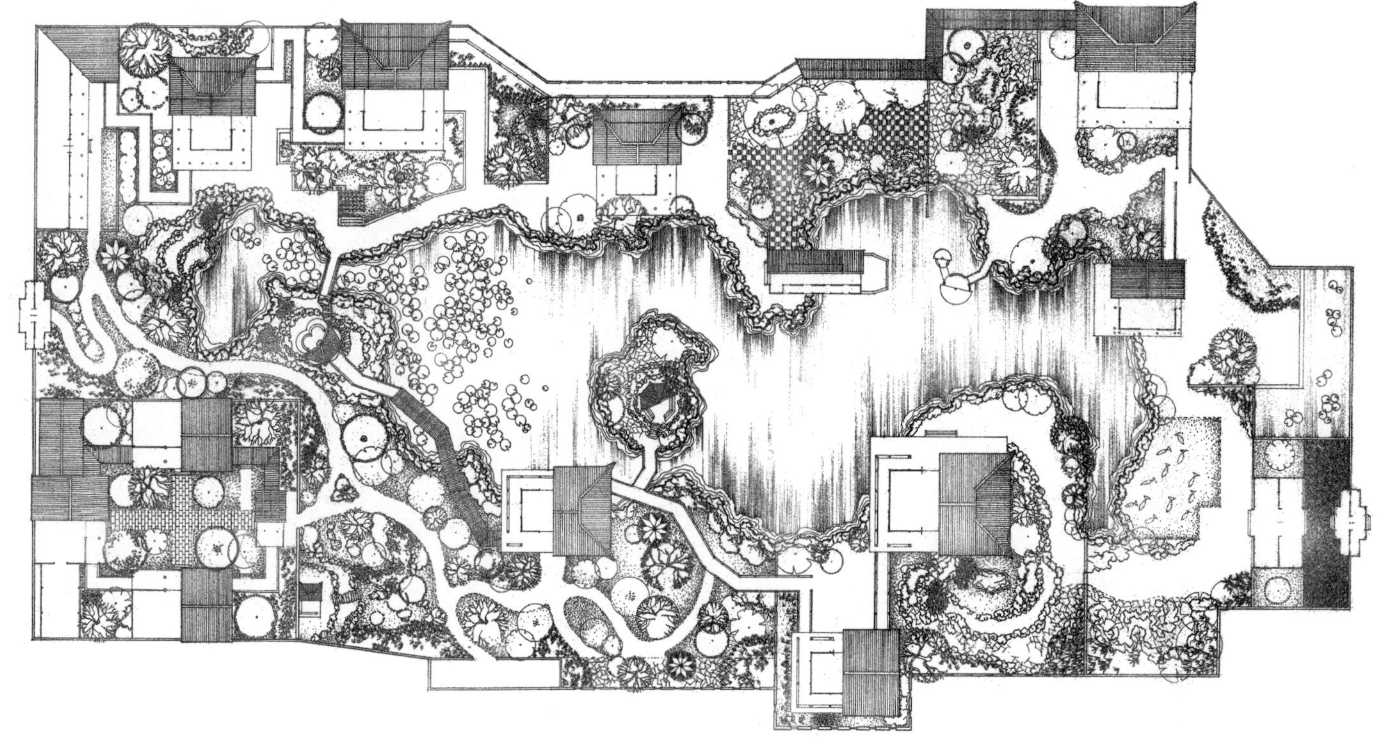

● 平面图

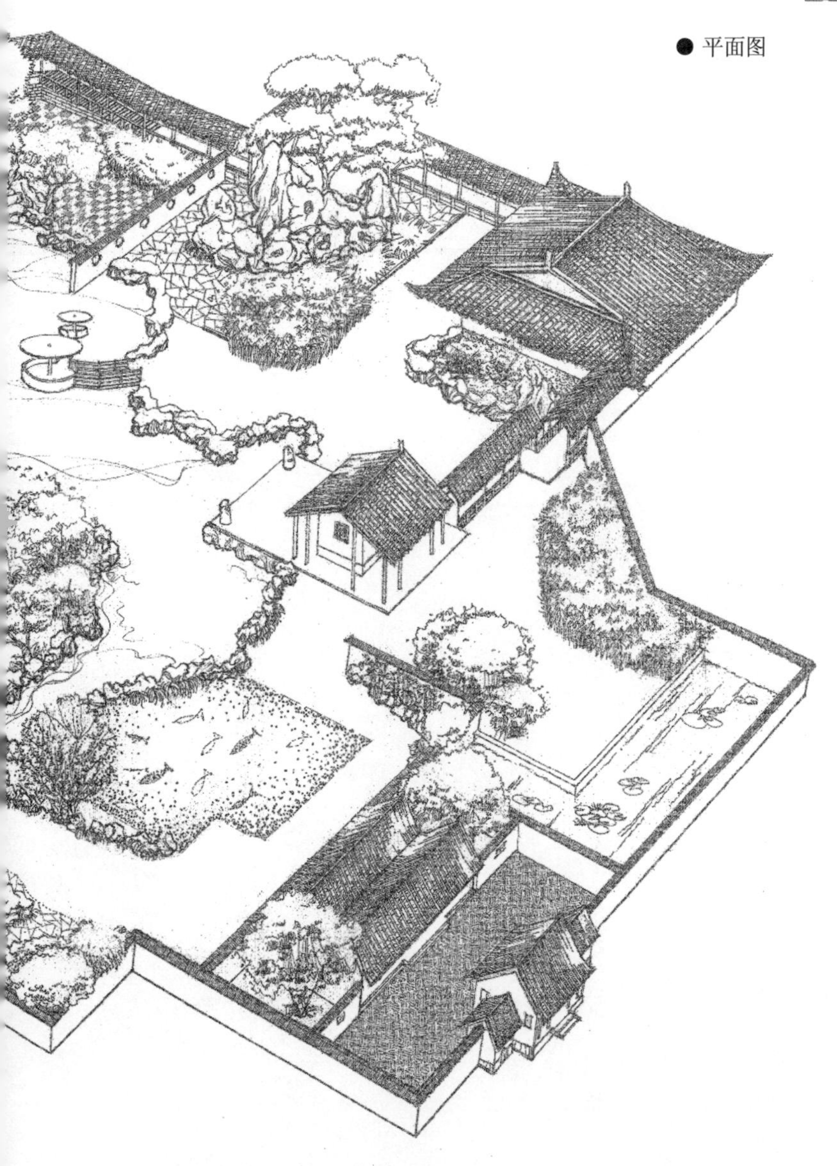

作　　者：王雅煊
指导教师：孙锦　朱小平

园林 温靖文

设计说明

游人沿主要路线由左至右环绕园林一圈，可以避免不必要的重复浏览，而且一路上能从不同的方位观赏整个湖面。湖面上有一岛，岛处于整个园林的黄金分割位上，由此推出了整个湖体的大致形态。整个湖体有聚有散，有虚有实。

按照初步的规划添加建筑、长廊，形成了树景、山景。在园的东南设了一个园中园，这是典型的古代园林的做法，也是一种藏景的手法。进入园中园就犹如打开了一幅风情画卷，让人豁然开朗。园中有湖、有树，建筑一般处于比较隐蔽的地方。

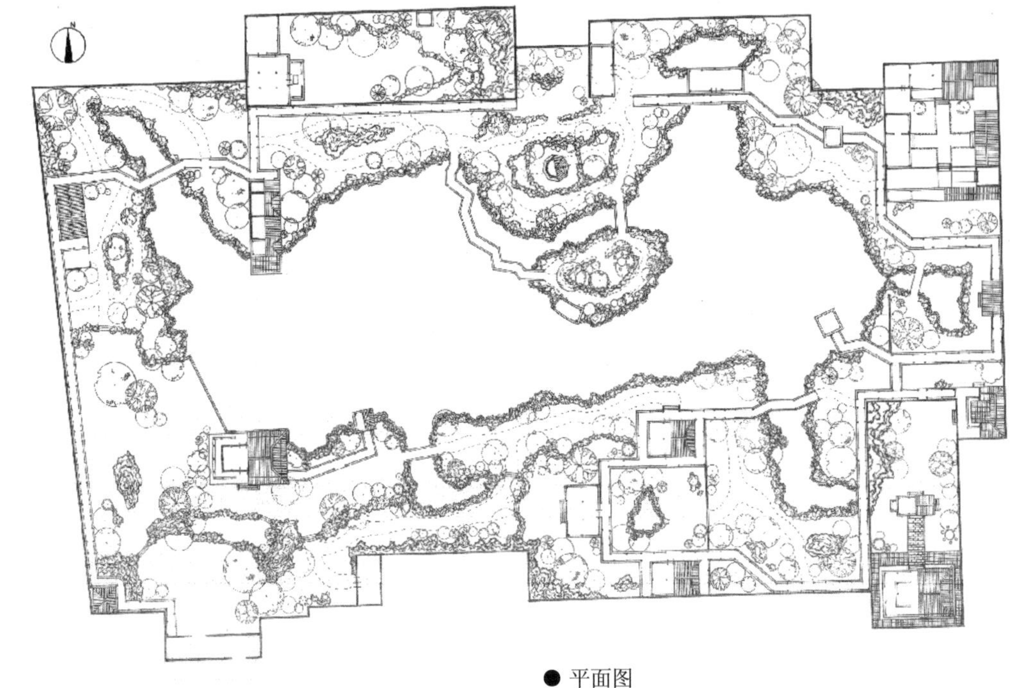

● 平面图

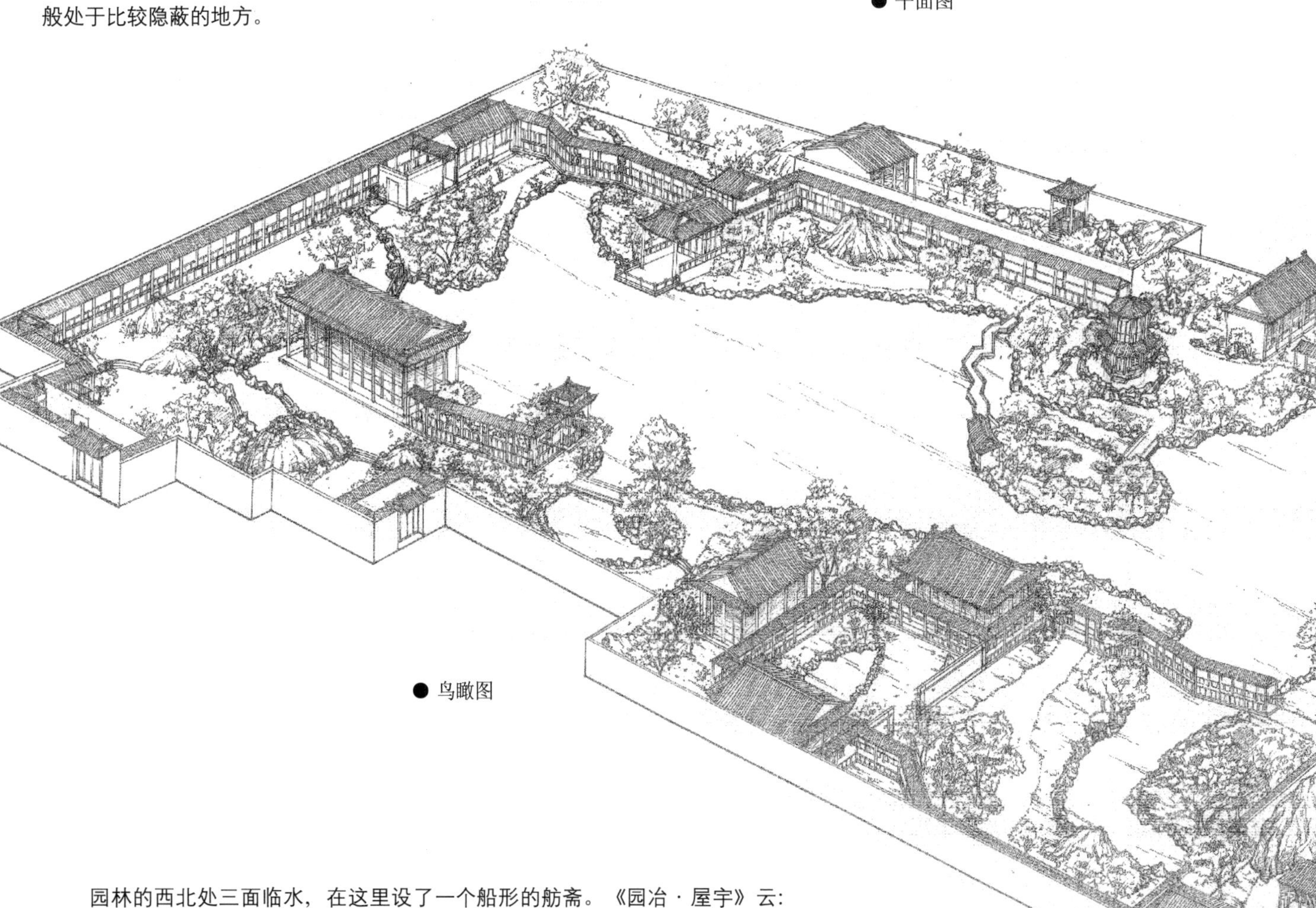

● 鸟瞰图

园林的西北处三面临水，在这里设了一个船形的舫斋。《园冶·屋宇》云："斋较堂，惟气藏而致敛，有使人肃然斋敬之义。盖藏修密处之地，故式不宜敞显。"位于北侧岛中央的是瞭望阁，它是一个外形为八角形的双层建筑，为整个园林的最高处，在阁顶楼可瞭望到整个园林的景象。

整个园林有主有次，有虚有实，有聚有散，是中国传统园林的典型做法，可谓山重水复疑无路，柳暗花明又一村。此设计采用对景、借景等多种手法，丰富了整个园林的视觉感受，让人身在其中，其乐无穷，极目远望，心胸开阔。

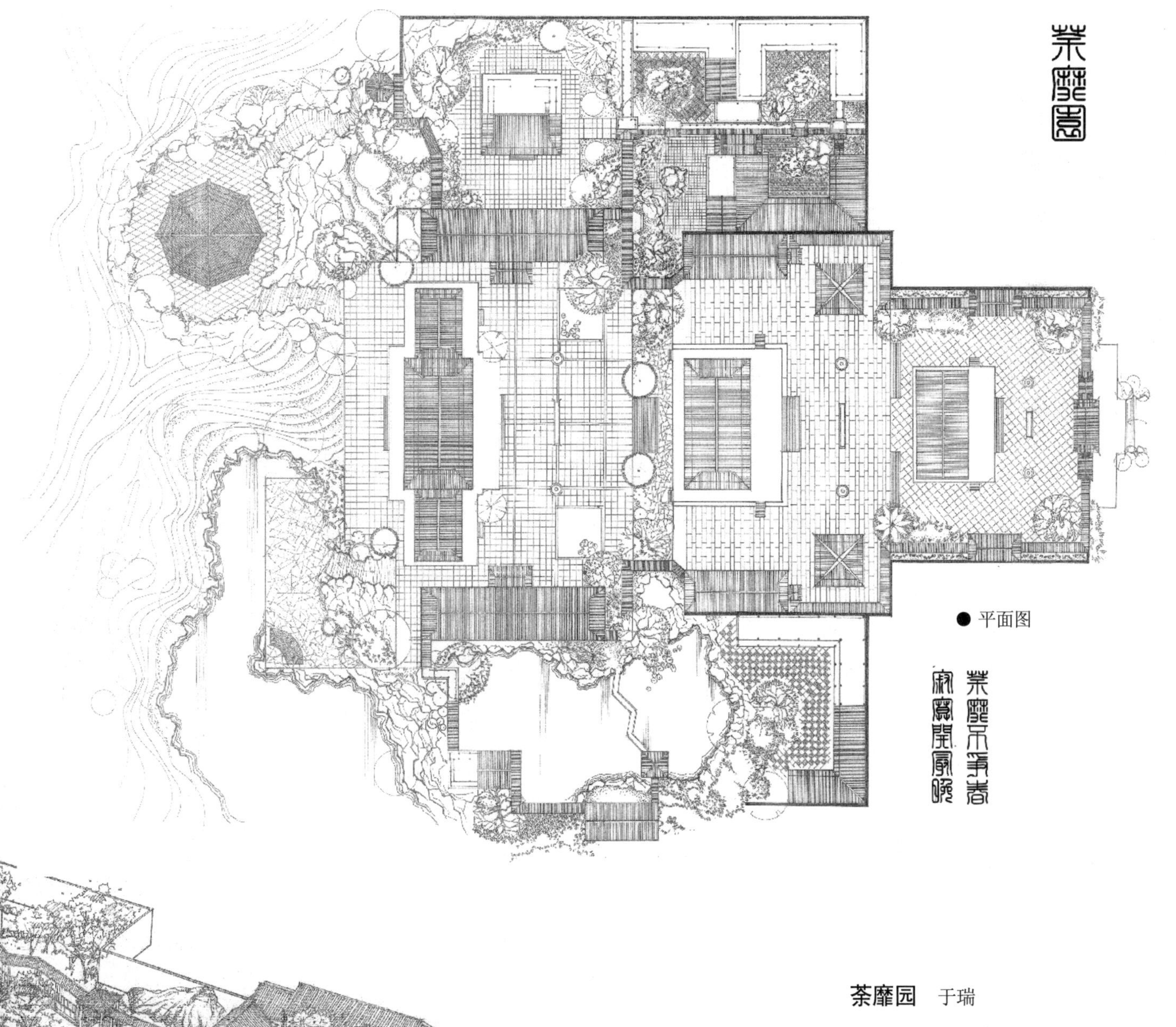

● 平面图

荼蘼园

于瑞

设计说明

“心山育明德，流薰万由延。哀鸾孤桐上，清音车就填”是鸠摩罗什赠给友人的诗句，也是他一生的写照，荼蘼园这个名字就是根据他一生的经历所定的。鸠摩罗什小时就因天资聪慧，悉知佛法而闻名内外，但其来东土后的经历却无比坎坷，虽然一心向佛，投身于译经传教的事业中，但却被世间凡人所愚弄，甚至被迫破戒，由于受地域和语言的限制，他所能传授的经法不能被深入地诠释，也少有人透彻理解。可以说他就像荼蘼花一样，是寂寞的，总是开在花季末了时，但却无比鲜艳，有着极强的生命力。

荼蘼园位于山地上，呈阶梯状分布，以中轴为主，坐北朝南，依次为山门、钟鼓楼、天王殿、大雄宝殿、千佛殿和藏经楼、舍利塔、钟鼓楼及东西藏经阁、配殿，此外还有说法堂、菩提院、般若院、方丈院、祖师殿、僧舍等。整个园林环境优美，群山环抱，寺前平畴沃野，境界开阔，寺后层峦叠嶂，林莽苍郁。一股清泉从寺后的石隙注入，绕石渠潺潺而下，泉水清澈，四时不竭。院内有白玉兰，花繁瓣大，色洁香浓。池塘内朵朵莲花皎然盛开，在松竹、青石、溪塘的衬托下嫣然如深山里的世外桃源。在千佛殿后有观景台，游人可顺势而下临池戏水，慨叹自然这神奇的造物能力，聆听急湍碰撞山石的响动。佛语有云：宁静而致远。愿我所做的设计能还原鸠摩罗什的心境，帮人们在这一花一世界中感悟“一叶一如来”的佛法精髓。

謹以此書獻給鳩摩羅什法師

● 鸟瞰图

无罔园 肖梦薇

设计说明

“学而不思则罔，思而不学则殆”。大意是说学习而不思考，人会被知识的表象所蒙蔽；思考而不学习，则会因为疑惑而更加危险。我设计的园林名为“无罔园”，设计主旨是为园中人营造一个具有沉思回想氛围的园林。全园以湖为中心，依次分布有若干园中园，让人在游走回望中品味个中滋味。

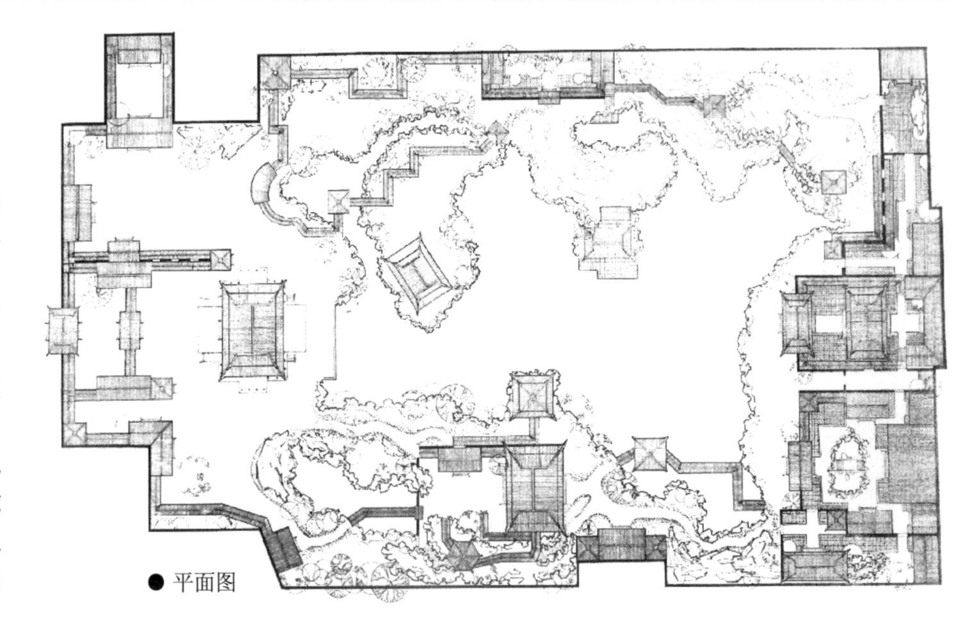

● 平面图

本园共分为六个景区，中部以水见长，是全园的精华所在。东部以曲院回廊的建筑取胜；西区为园主人的办公议事之所，因而以平直的布局为主，意在传达园主人的朗逸胸怀；东北部为全园最高处，有野趣，以假山为奇，土石相间，堆砌自然，并有山廊和桥廊贯穿其中。

中部湖边有一处用来会客留客的小院，为全园的点睛之笔。此园侧面有假山环绕，山上有亭可俯瞰全园，围墙亦有实有虚，站在院内便可通过倚墙而建的假山隐约看见园外的水景与凉亭。

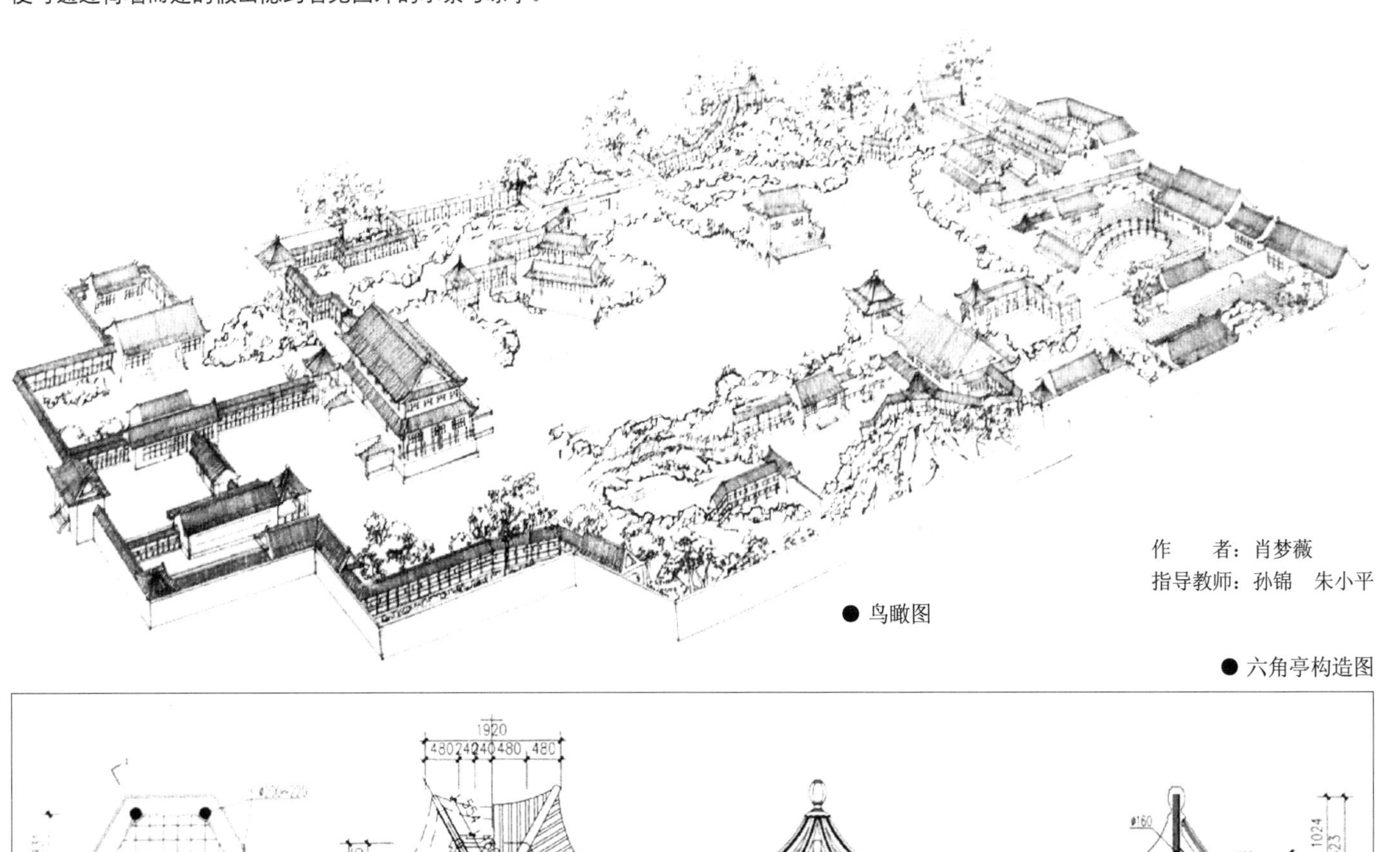

作　　者：肖梦薇
指导教师：孙锦　朱小平

● 鸟瞰图

● 六角亭构造图

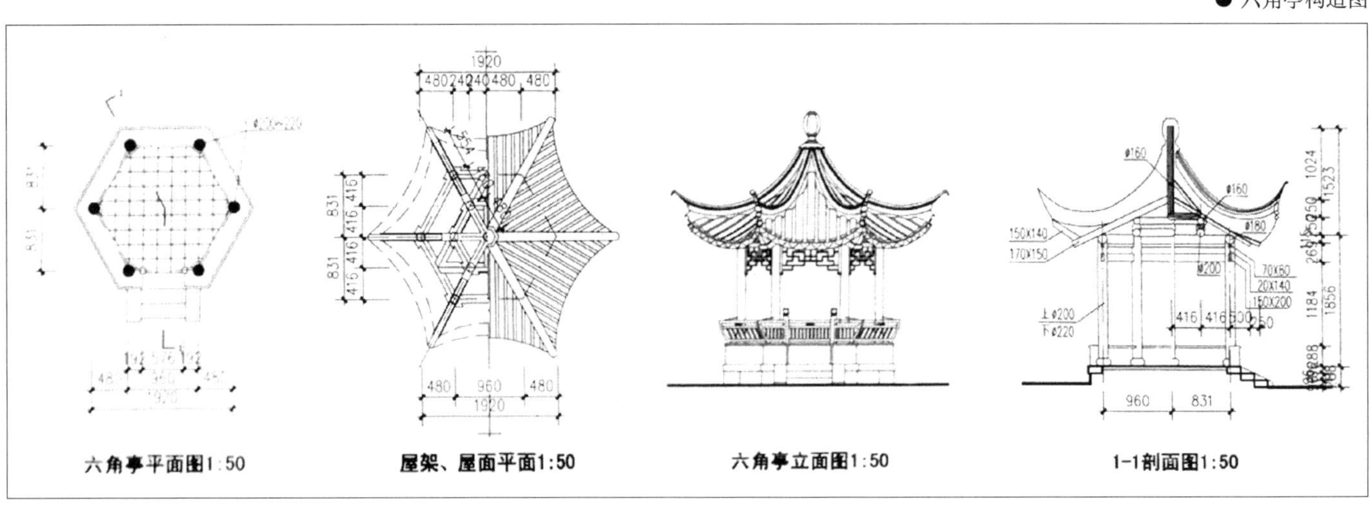

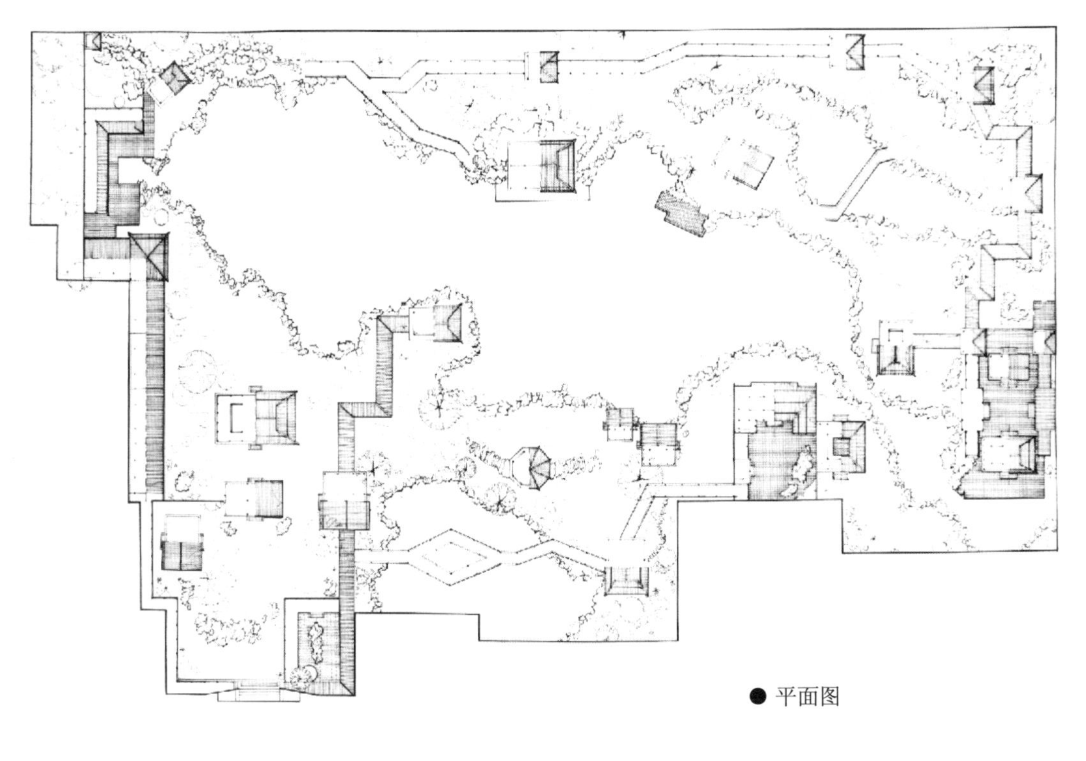

● 平面图

清心园 赵丹

设计说明

自古以来，中国古典园林就有“天人合一”的营造智慧。此园林之所以取名“清心园”，是因为现在的社会与以前大不相同，显得非常浮躁，希望在这个城市有个可以让人们休憩身心、净化心灵的园林，感受大自然带给我们的清新的感觉。

园林的美不但可以是物质性的，如春夏秋冬的季相变化，晨昏昼夜的时分变化，晴雨雾雪的气象变化等，也可以是精神性的，如种种文化意识和历史精神在园林里的流动和凝固，而且它们往往通过感性的、直观的空间形式显现出来。

在江南私家园林中，题额、对联等也往往体现着种种伦理意识。孔子曰：“乐天知命故不忧”，其学生颜回“在陋巷……不改其乐”，被现代学者称为“乐感文化”。这种乐感文化不但有延绵性，而且有广延性，它与园林审美意识可以说是水乳交融的。所以四周全是植物，并且在高处的山坡上能看见园内远景的建筑取名为“乐圃阁”。

“人事有代谢，往来成古今。江山留胜迹，我辈复登临……”此诗在某种程度上概括了名胜古迹时空交感的审美定性，它也同样适用于中国古典园林。人们都有美好的回忆，社会有着悠久的历史，所以给次建筑取名为“留忆轩”。

西湖胜景综合了政治史、民间史、文学史、艺术史，灵隐寺、文澜阁、断桥等又体现了崇文意识、神话艺术等历史积淀，这些对于西湖美的接受者是深有影响的。“发思古之幽情”是园林审美的一种精神建构，此类美学不应忽视接受者游览、品赏的经验，所以将此建筑取名为“发思斋”。

以“文”字当头的“文津阁”“文源阁”等建筑典型地体现了古典园林的崇文意识，它们为园林增添了丰富的人文内容。在这一意识“场”的控制下，文津阁庭院甚至能给人以“古松低头听读书”的审美情趣，所以将此建筑命名为“文书阁”。

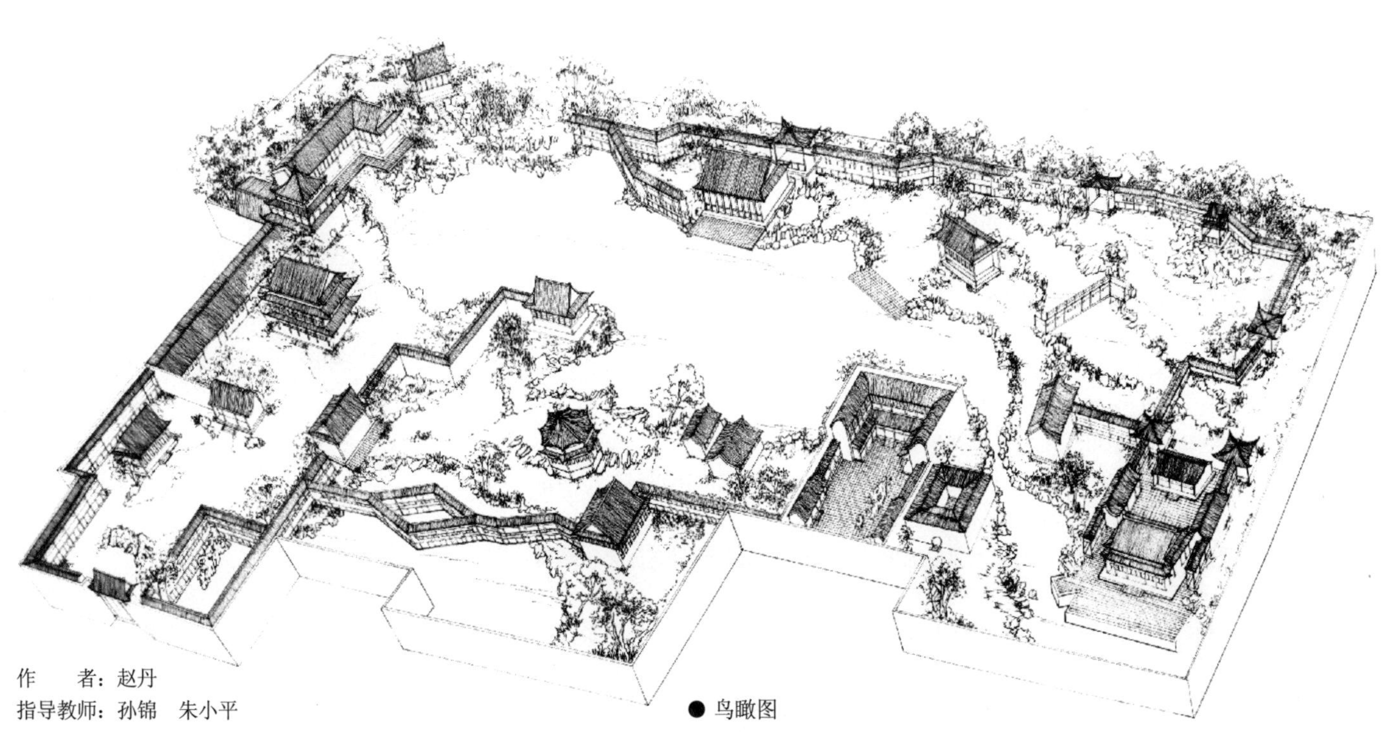

● 鸟瞰图

作　　者：赵丹
指导教师：孙锦　朱小平

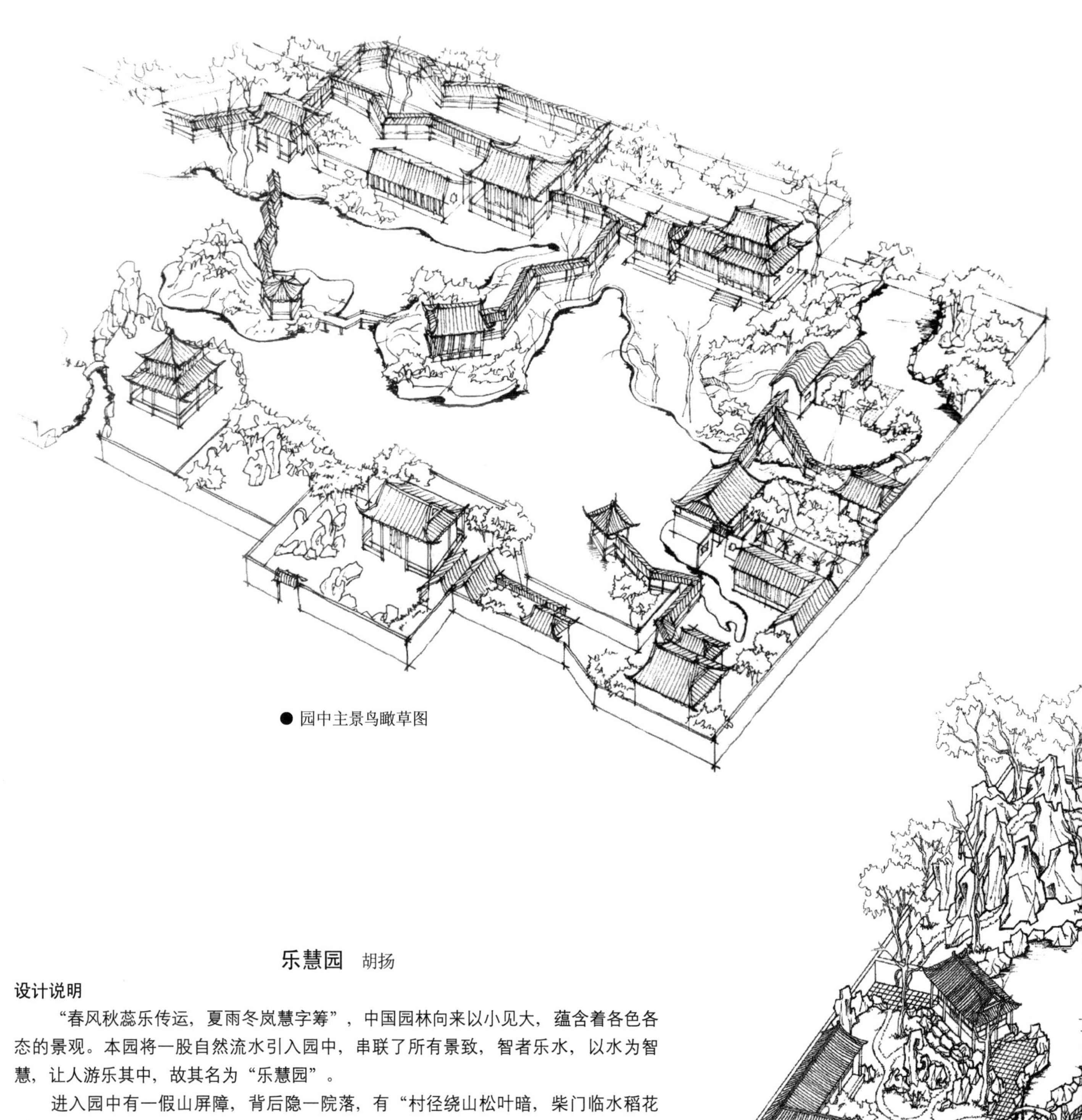

● 园中主景鸟瞰草图

乐慧园　胡扬

设计说明

“春风秋蕊乐传运，夏雨冬岚慧字筹”，中国园林向来以小见大，蕴含着各色各态的景观。本园将一股自然流水引入园中，串联了所有景致，智者乐水，以水为智慧，让人游乐其中，故其名为“乐慧园”。

进入园中有一假山屏障，背后隐一院落，有“村径绕山松叶暗，柴门临水稻花香”之感，故取名“暗香院”。

出了“暗香院”来到“对镜亭”处，即到了赏水景的第一处。可绕至内院观赏，或由院外小路游玩，穿过叠落廊来至“起香馆”。此处地势较高，水流由此引进，一面可观细流瀑布之景，一面可观大水面开阔之景。

下石阶来到近水游玩处，再由“寻芳阁”进入游廊，一路可至“藕香轩”，一路可至“听蝉院”，两景之间有“月近亭”相连。

再向前有重重假山阻挡，似“山重水复疑无路”。由假山间游玩前进，见一幽静院落隐隐浮现，便有“柳暗花明又一村”之感，此即为“柳明院”。

过一小飞虹桥到达“潇湘馆”，此处一片翠竹环绕，还有大株芭蕉，清水绕过前院，盘旋至竹下而出。

最后由一小院收尾，绕过摆石便回到“暗香院”，全园游览完毕。

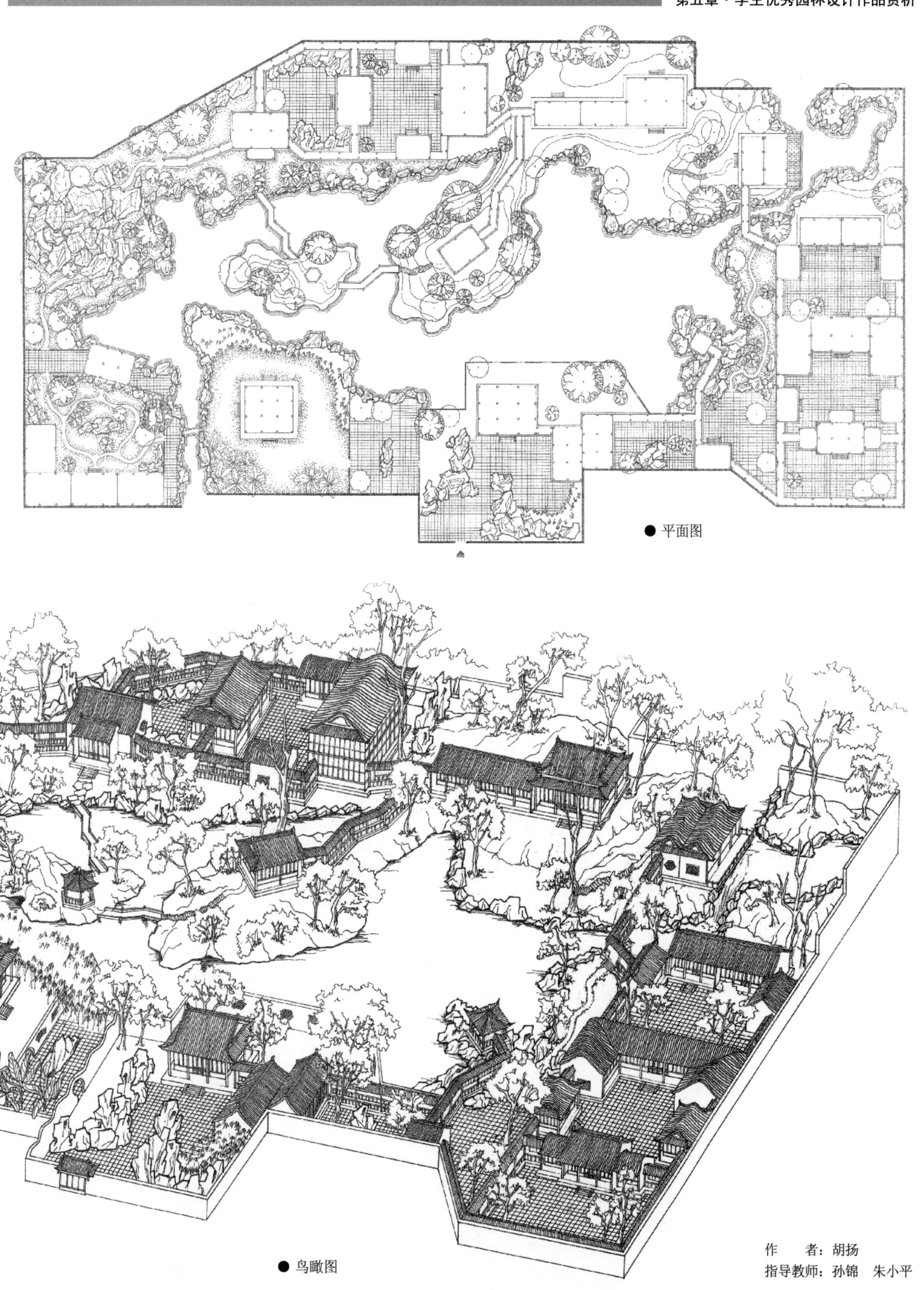

● 平面图

● 鸟瞰图

作　　者：胡扬
指导教师：孙锦　朱小平

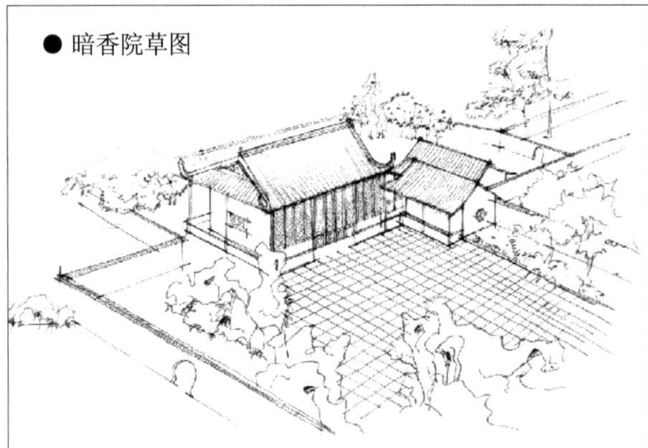
● 暗香院草图

● 内院草图

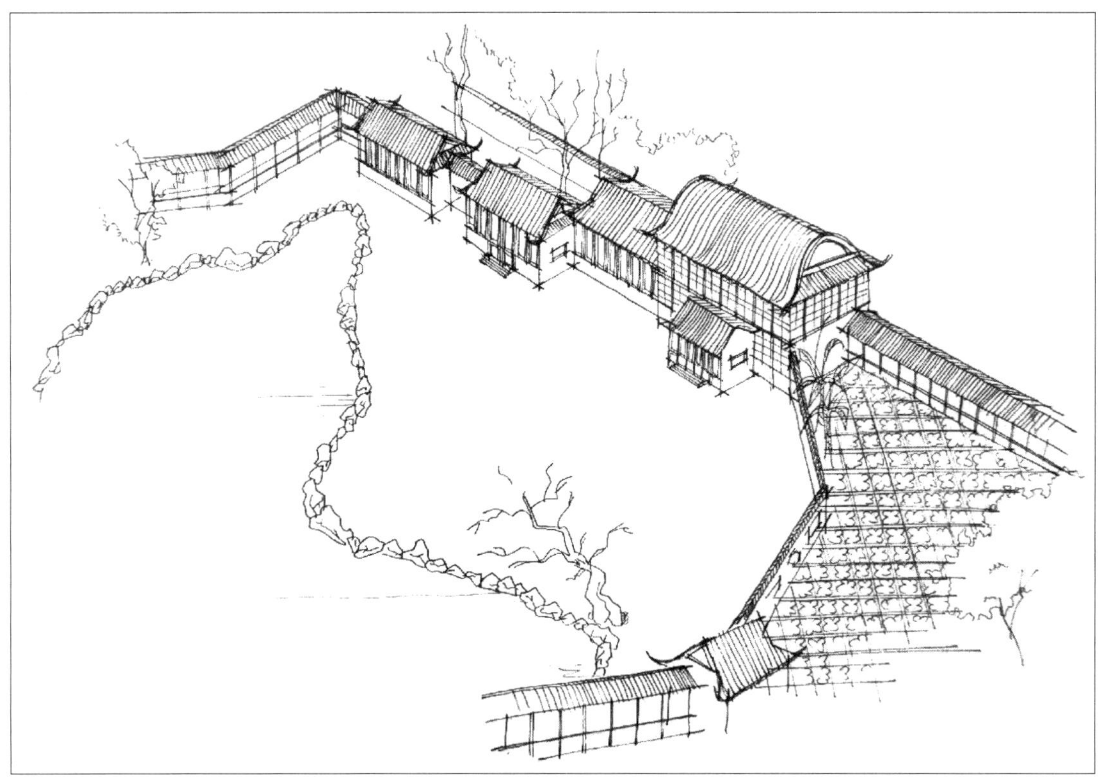
● 寻芳阁草图

● 柳明院草图

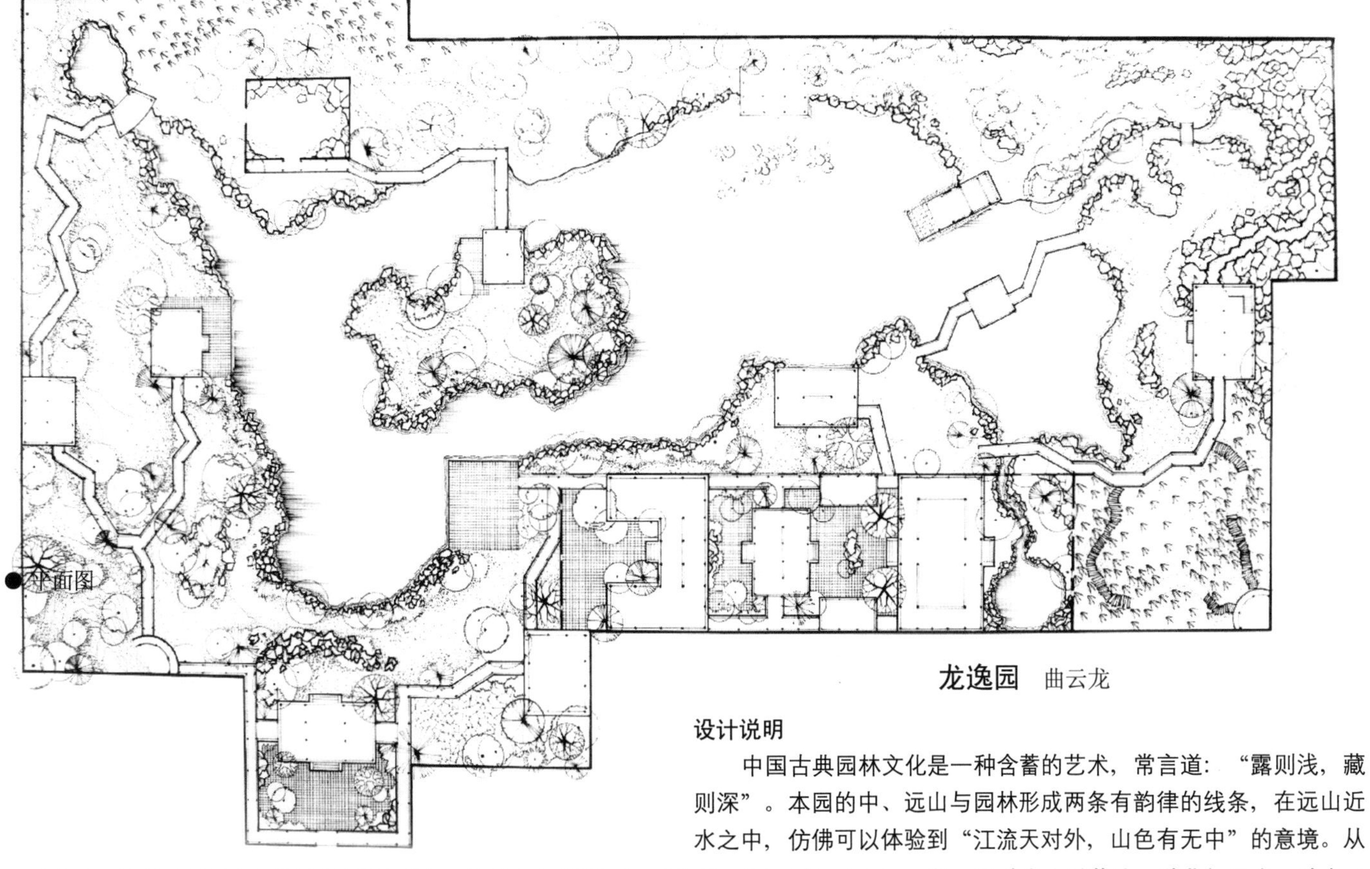

● 平面图

龙逸园 曲云龙

设计说明

中国古典园林文化是一种含蓄的艺术，常言道：“露则浅，藏则深”。本园的中、远山与园林形成两条有韵律的线条，在远山近水之中，仿佛可以体验到“江流天对外，山色有无中”的意境。从厅堂出来，透过假山隐约可见湖对面的景色。彼此之间隔则深，畅则浅，若隐若现给人以遐想。设计中注重营造一种曲径通幽、碧水盈盈、杨柳婆娑的景色，为保持景观视线的曲折，合理种植树木，让“山重水复疑无路，柳暗花明又一村”的美景渗入园中。设计师用绿化把围墙隐掩，让人感到空间无限。通过组织各种大与小的、开朗与闭锁的、明与暗的以及不同的情趣空间，给人以不同的感觉，从而产生丰富的心理感受。在本设计的三进院落中，时而是高大树木，时而是低矮丛植，既削弱了建筑的刚硬之感，又丰富了空间层次。

采用引水入院的方法，让园中既有“寻景”，又有“引景”。何谓“引景”？就是由此景带出彼景，让园外之景与园内之景对比成趣。本园用水有隐有显，有内有外，有抑有扬，造成水陆两层的空间变化，故而“园必隔，水必曲”。

远山是借景的常用手法，远也罢近也罢，皆为我用。大面积假山独占园中一角，时而上时而下，穿洞而过，乐趣无限。湖水延伸至山下，山无水而若有，水无石而意存。山不在高，贵有层次；水不在深，妙于曲折。远近皆有竹林，竹同而意不同。穿竹林而入榭，观曲水而异于湖。上山远观奇石，下堤近亲碧湖，俯望全园，美景尽收，回味无穷。

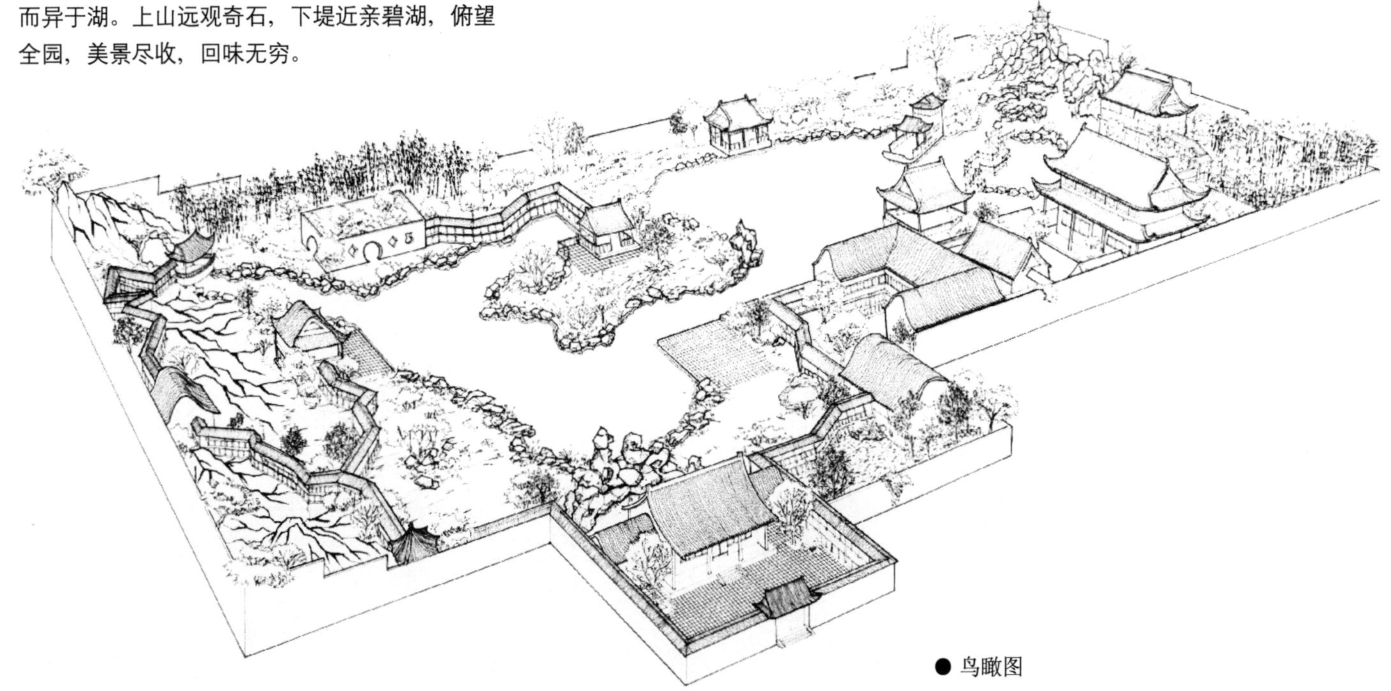

● 鸟瞰图

春涧园 黎婵娟

设计说明

该园林名为“春涧园”，定位为南方私家园林。在布局安排上，首先是化直为曲，采用纵横交错的手法划分景区，使观赏线和空间化直为曲，化单一为多样。其次，把有限的空间无限化，用植物遮挡墙体和建筑，再将水延伸过去，给人一种未完待续的效果。再次，采用空间对比、组织大小、开朗和封闭、明与暗以及不同的情趣给人以不同的心理感受，从而产生丰富的空间效果。再其次开辟空间的渗透性，通过对景、借景、框景的手法增加景深。最后是变化视点，形成高低错落，呈现不同的风格。

全园分为三个主要层次来观赏。进入园中，开门为三层式进深，第一个层次采用“开门见山”的手法，旁侧若隐若现的景致也使得人们的好奇心加强。游览到瘦湖馆的前面便可以很好地欣赏全园开阔的水上风景。从瘦湖馆的右侧走进一片小而窄的小堤，望月厅与对面的伊紫轩形成对景。继续从望月厅的右侧游览便到达一段水上长廊，名叫“赏月廊”，很有古人赏月的意境。蜿蜒回转而上来到第二个层次，可以观赏全园二分之一的景色。在此的望月厅、赏月廊、邀约亭三者形成了一个系列的风景观赏路径，正如李商隐的《月》所描绘的：“池上与桥边，难忘复可怜。帘开最明夜，簟卷已凉天。流处水花急，吐时云叶鲜。姮娥无粉黛，只是逞婵娟。”真是妙哉。

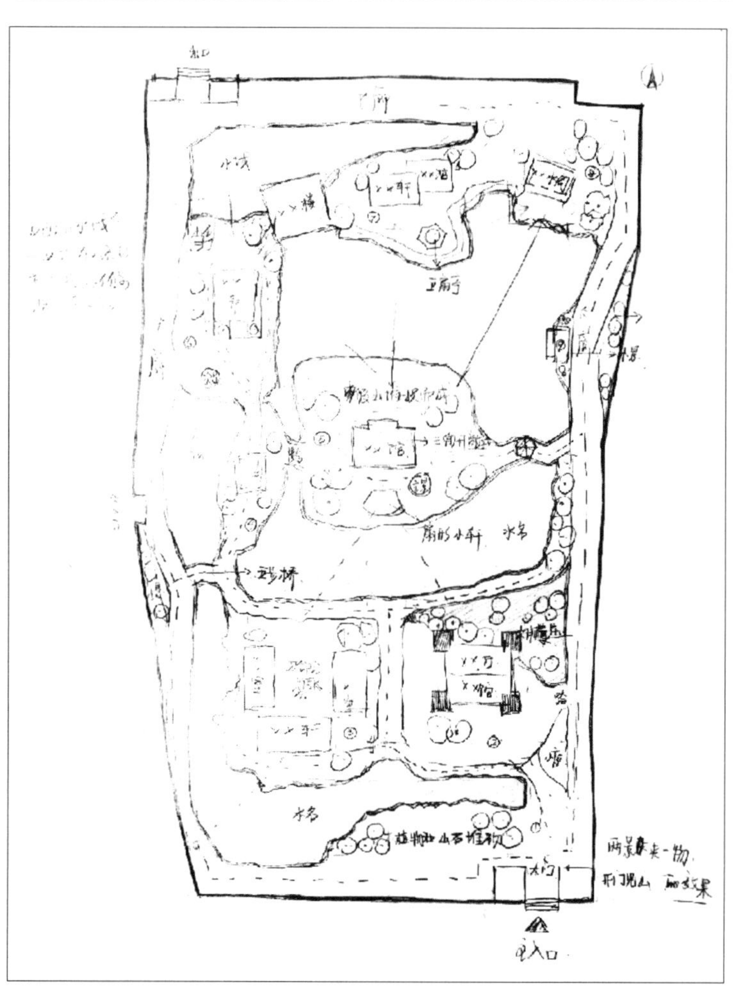

● 平面图草图

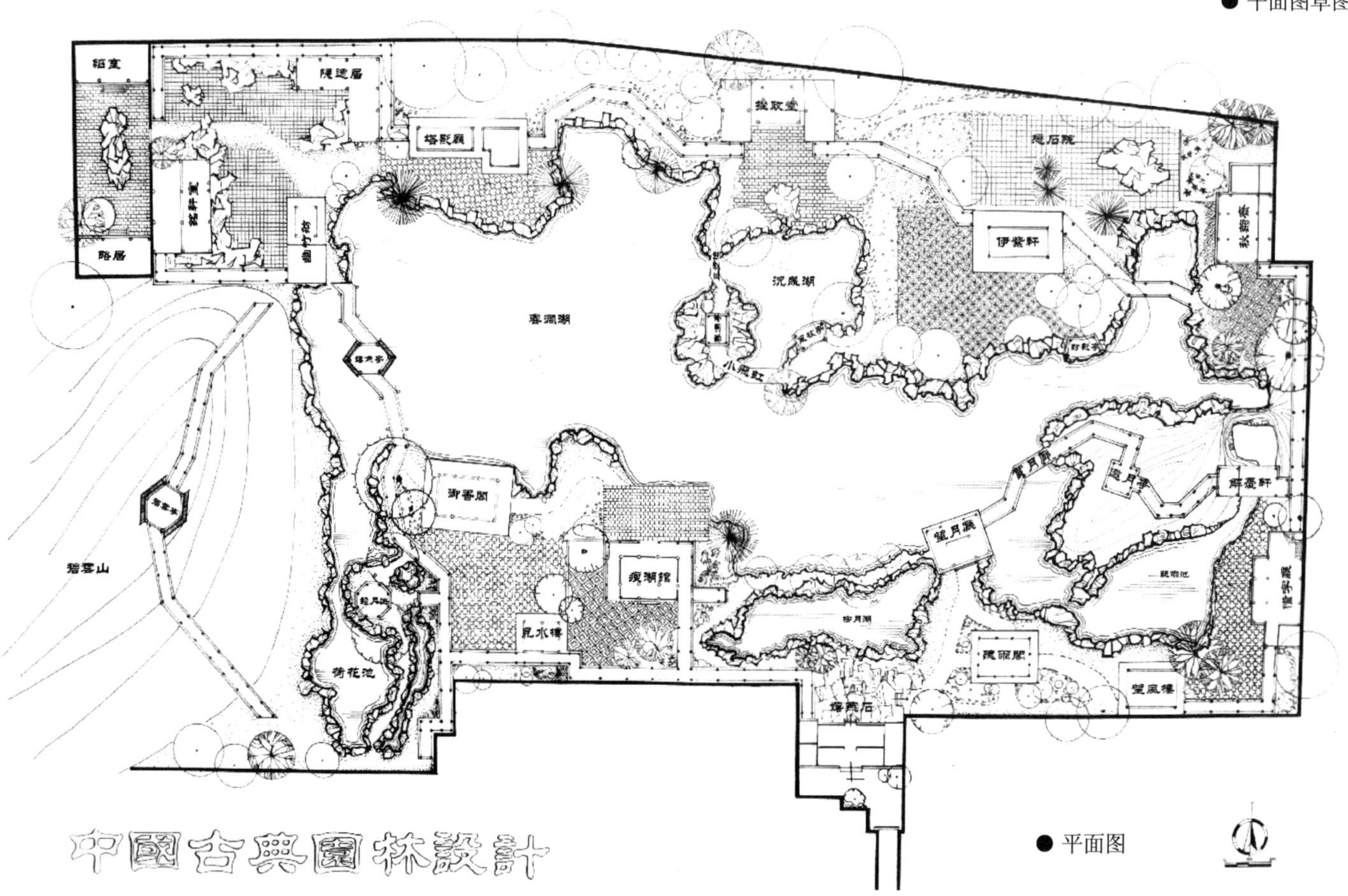

● 平面图

● 园中小景草图

从邀约亭穿行而下，顺其游览到春涧亭。它虽然不是园中最高的建筑，但有其精巧可人的优点。春涧亭处于一座黄湖石之上，四周临水，小巧而灵动。别有一番情趣。继续向前行就进入了第三个层次，可看到一处特别的景点，由众多的假石堆砌成一个看似独立的院落，有些自娱自乐的情调。它隐藏在园中后方，又不是那么隐蔽，可见其别有用意。出来之后跨过一段水上长廊，可以坐在嬉鱼亭中喂鱼、赏睡莲，宁静地欣赏园中美景。与此对应的后方则是全园的最高点"碧云亭"，两边是爬山廊，可以在此欣赏全园的鸟瞰效果，有种腾云驾雾般的感觉，给园中再添一分景色，这也是园中的精彩之处。

正如其名，作为设计者希望它永远如同春天山涧中潺潺的流水，四周鸟儿鸣叫，划破寂静的月光美景，让人的心灵得到最大的放松，与自然合二为一。

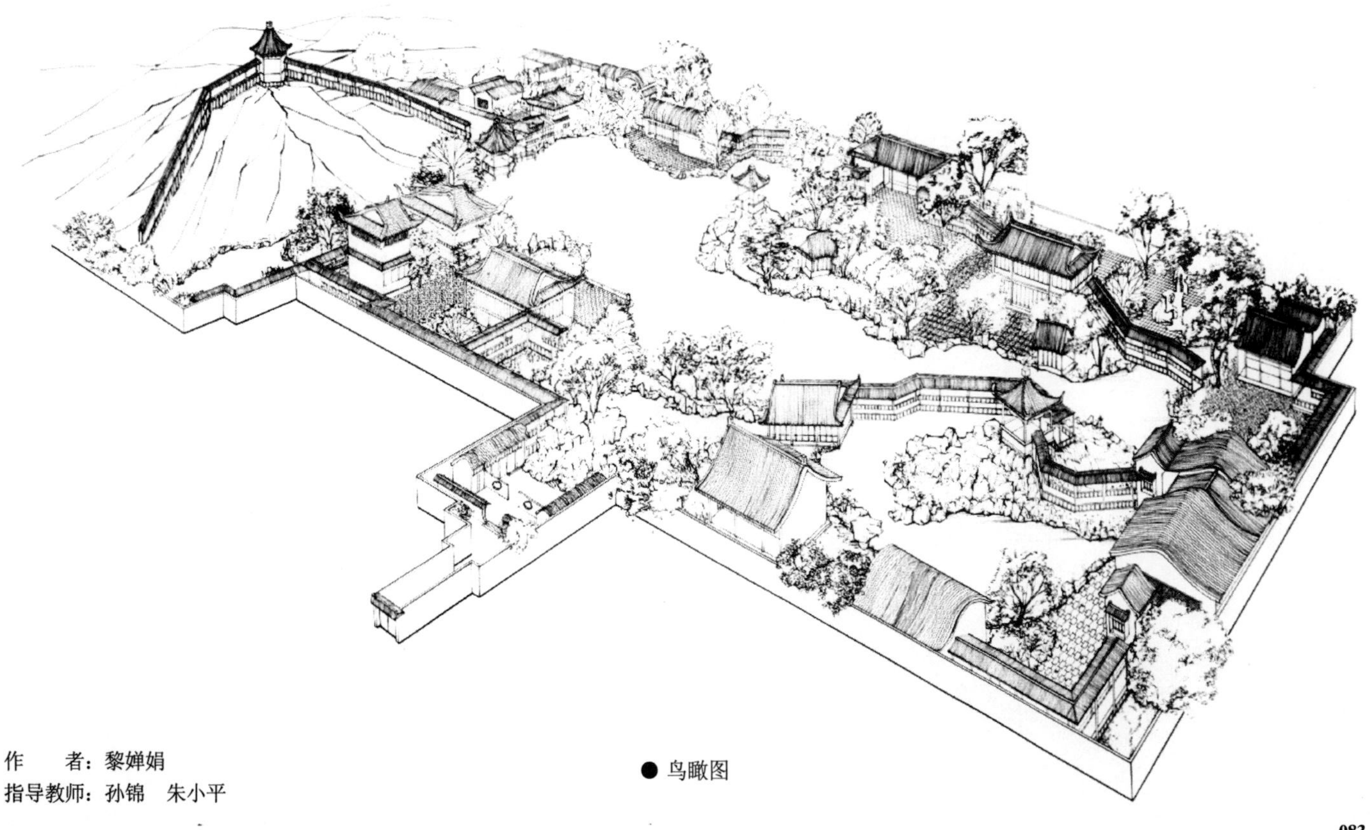

● 鸟瞰图

作　　者：黎婵娟

指导教师：孙锦　朱小平

景园　石东京

设计说明

1. 设计构思

景园分为十个景区：书香洞天、梅篱水玲、无双、春翔、戏水、闻声、归园、玉谭、翔嗣、颐景鸳鸯等。在设计中注重了景观的宁静感，采用亭子、廊道、洞门等建筑手法，结合跌水、叠山，适当点缀建筑小品，力求营造一个曲径通幽、碧水盈盈、杨柳婆娑、荷香四溢的游览场所，真正体现出山水园林的特色。

2. 规划分析

（1）布局：采用纵横交错的手法划分景区，使观赏路线化直为曲，化单一为多样。通过园内绿丛与园外行道树的相互交融及公园绿地与河滨绿地的视线互通，从而把视线引向无际的天地。两片水域把园林分为两个部分，一部分是以假山为主的景区，一部分是以大面积水域为景区。

（2）空间对比：通过组织各种大与小的、开朗与封闭的、明与暗的以及不同的情趣空间，给人以步移景异的感觉，从而产生丰富的空间景观。①运用长廊、景门，从一个空间透视另一个空间的景物；②有意识地开辟透视线，增加景观的层次；③通过借景、对景、框景的手法，增加园林的景深感。

（3）变化视点：通过地势和建筑层高不同，使人置身于不断变换的自然美景之中

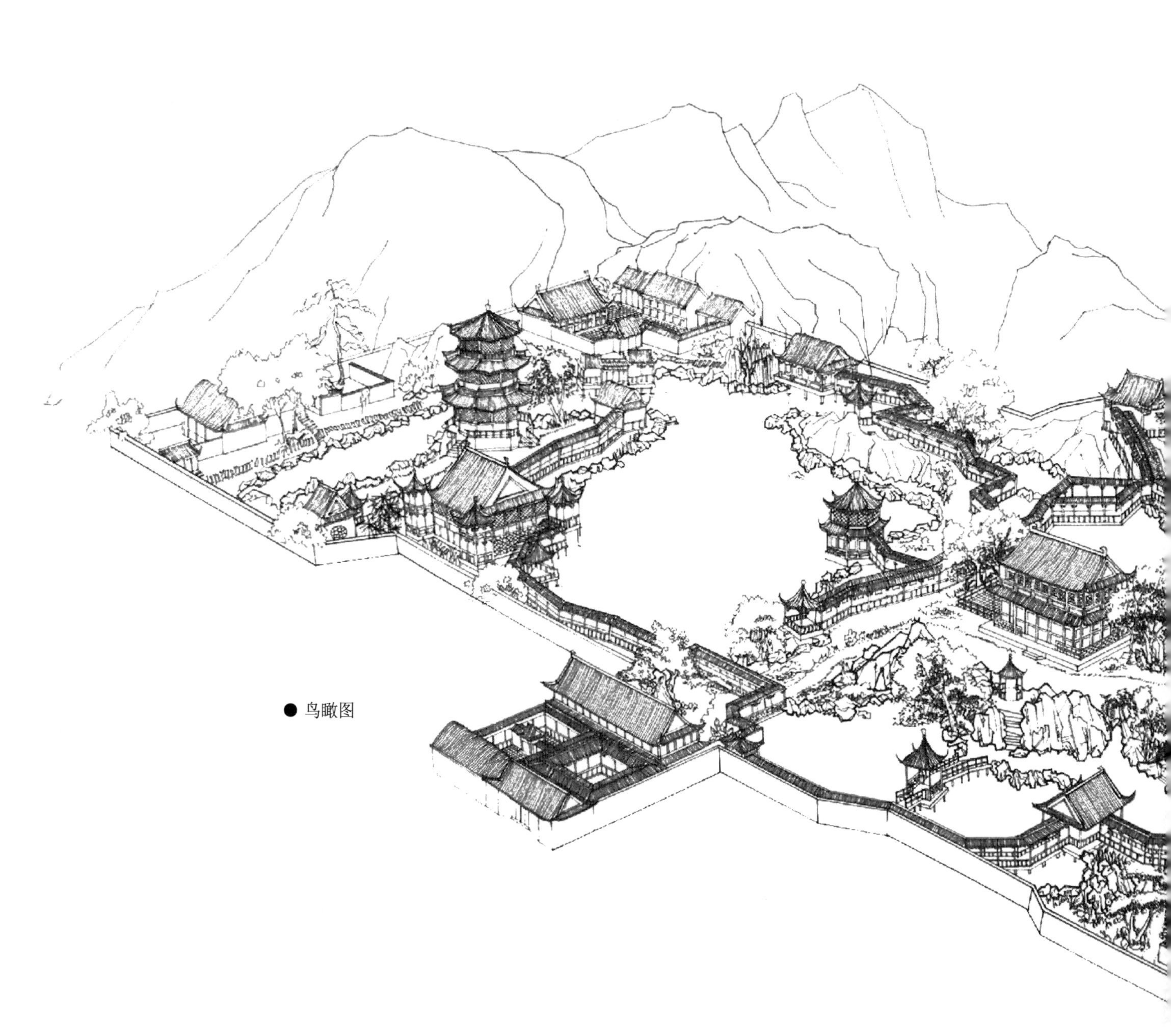

● 鸟瞰图

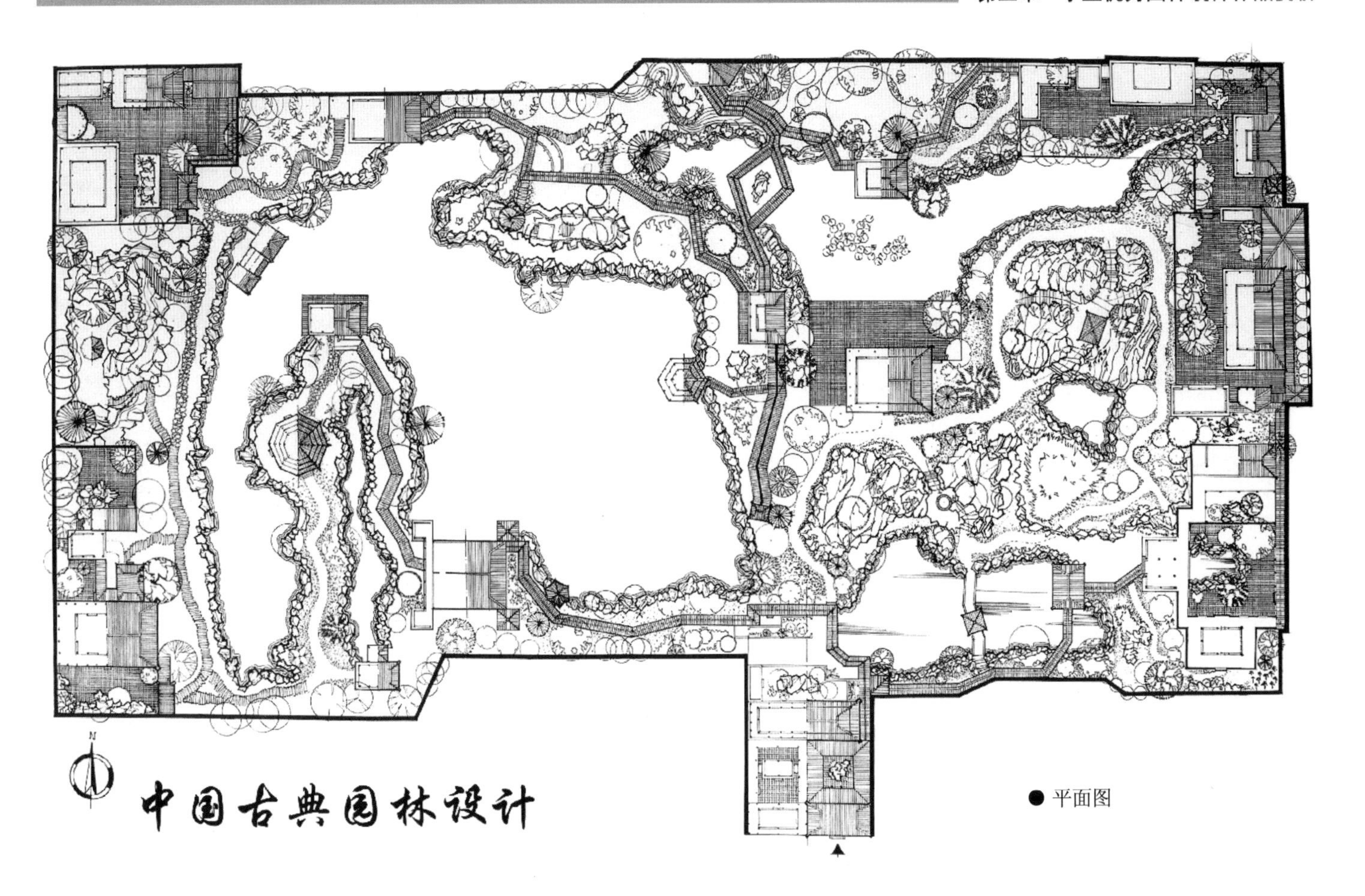

● 平面图

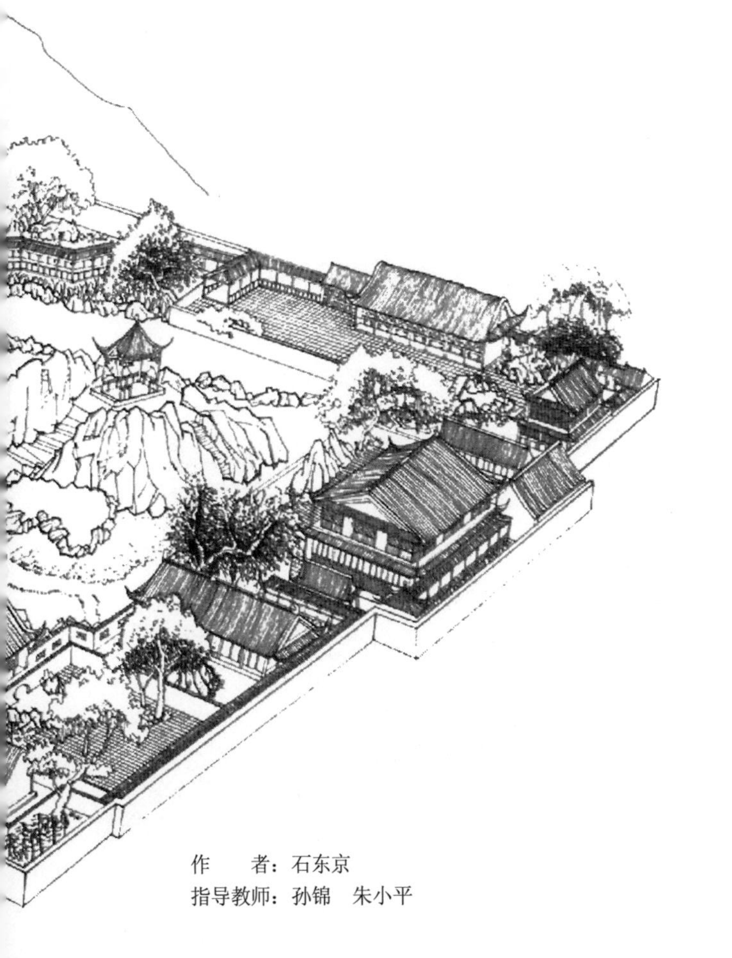

作　　者：石东京
指导教师：孙锦　朱小平

3. 种植设计

植物设计力求达到四季常青、四时花香，充分展示植物的个体美与群体美，体现文化内涵，丰富植物景观，展示自然植物的生物多样性，展现自然环境的景观效果。

植物群落的结构分为三个层次：上层大乔木形成上部界面空间；中层乔灌木应以常绿阔叶树种为主，同时结合观花、果、叶、杆及芳香物种，形成主要植物景观；下层矮植物为耐阴的低矮花灌木、地被植物及草坪。

4. 建筑类型

此设计是典型的南方私家园林，建筑类型以江南民居为主，建筑屋顶采用歇山、硬山、攒尖、卷棚、重檐等形式。

江南民居建筑的特点是黑瓦、白墙、砖石木构，宅院一般有两组、三组不等，内有厅堂、厢房、穿堂、天井、后院等。建筑装饰丰富，有花窗、隔扇、雕梁及砖雕，材料以木、砖、石为主。门楼以砖雕为主，隔扇以木构为主，花窗有木构，也有砖瓦、砖雕结构等。江南民居一般布置紧凑，院落占地面积较小，以适应当地人口密度较高、少占农田的特点。住宅的大门多开在中轴线上，迎面的正房为大厅，后面院内常建二层楼房。

园内各单体建筑之间以廊相连，和院墙一起围成封闭式院落。为了利于通风和观景，多在院墙上开漏窗，房屋也是前门后窗。这类建筑适应地形地势，充分利用空间，布置灵活，造型美观，表现出了清新活泼的面貌。

作　　者：郝铁英
指导教师：孙锦　朱小平

弘毅园　郝铁英

设计说明

“弘毅”意为宽宏、坚毅，谓抱负远大，意志坚强。 取自《论语·泰伯》：“士不可以不弘毅，任重而道远，仁以为己任，不亦重乎？”

这个古典园林的设计主要是模仿自然，达到“虽由人作，宛自天开”的艺术境界。所以，园林中除大量的建筑物外，还要凿池开山，栽花种树，人工仿照自然山水风景，参考古代山水画，营造诗意情调，构成如诗如画的景色。

整个园林大体分为四个主景区，分别是“弘毅”“博学”“求真”“至善”这四个园中园。这些园中园在设计上没有进行一刀切的划分，而是采取曲折而自由的布局，在自由中互相渗透。力求从视角上突破园林实体有限空间的局限性，使之融于自然、表现自然。为此，必须处理好形与神、景与情、意与境、虚与实、动与静、因与借、真与假、有限与无限、有法与无法等种种关系。

在此园林中，有山有水，有堂、廊、亭、榭、楼、台、阁、舫、墙等建筑，假山、石洞、石阶、石峰等都显示巧夺天工的美色。湖水岸边曲折自如，水中波纹层层递进。所有建筑其形其神都与自然环境相融合，各部分区域自然相接，使园林体现出自然、淡泊、恬静、含蓄的艺术特色，并收到了移步换景、渐入佳境、小中见大的观赏效果。

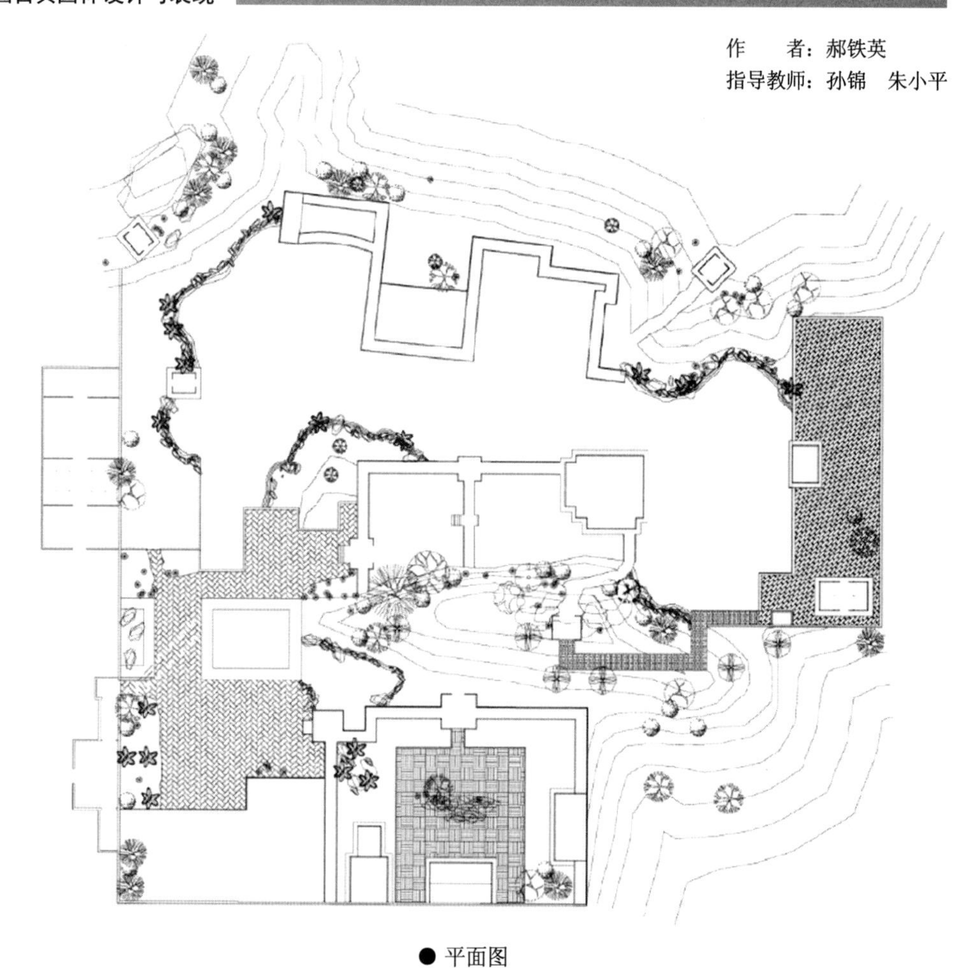

● 平面图

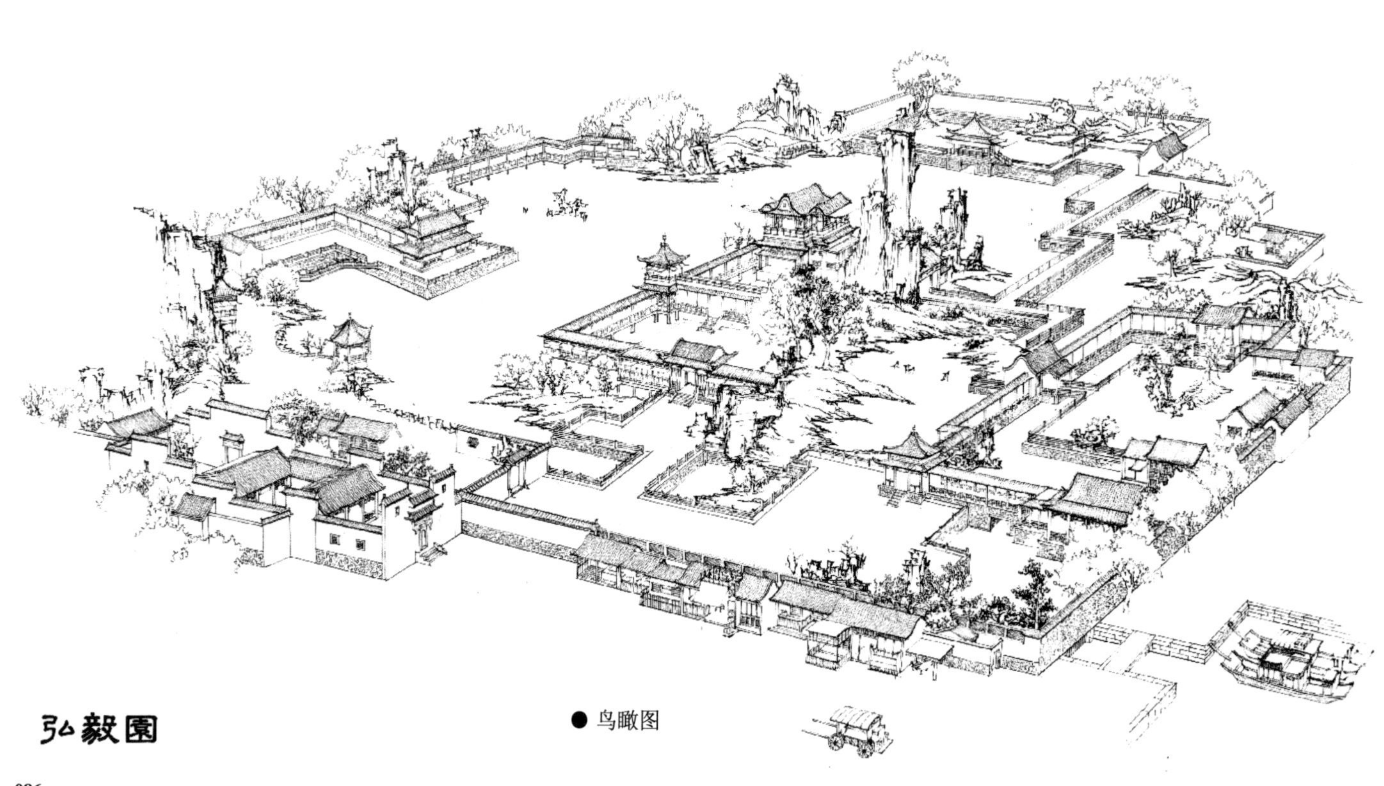

● 鸟瞰图

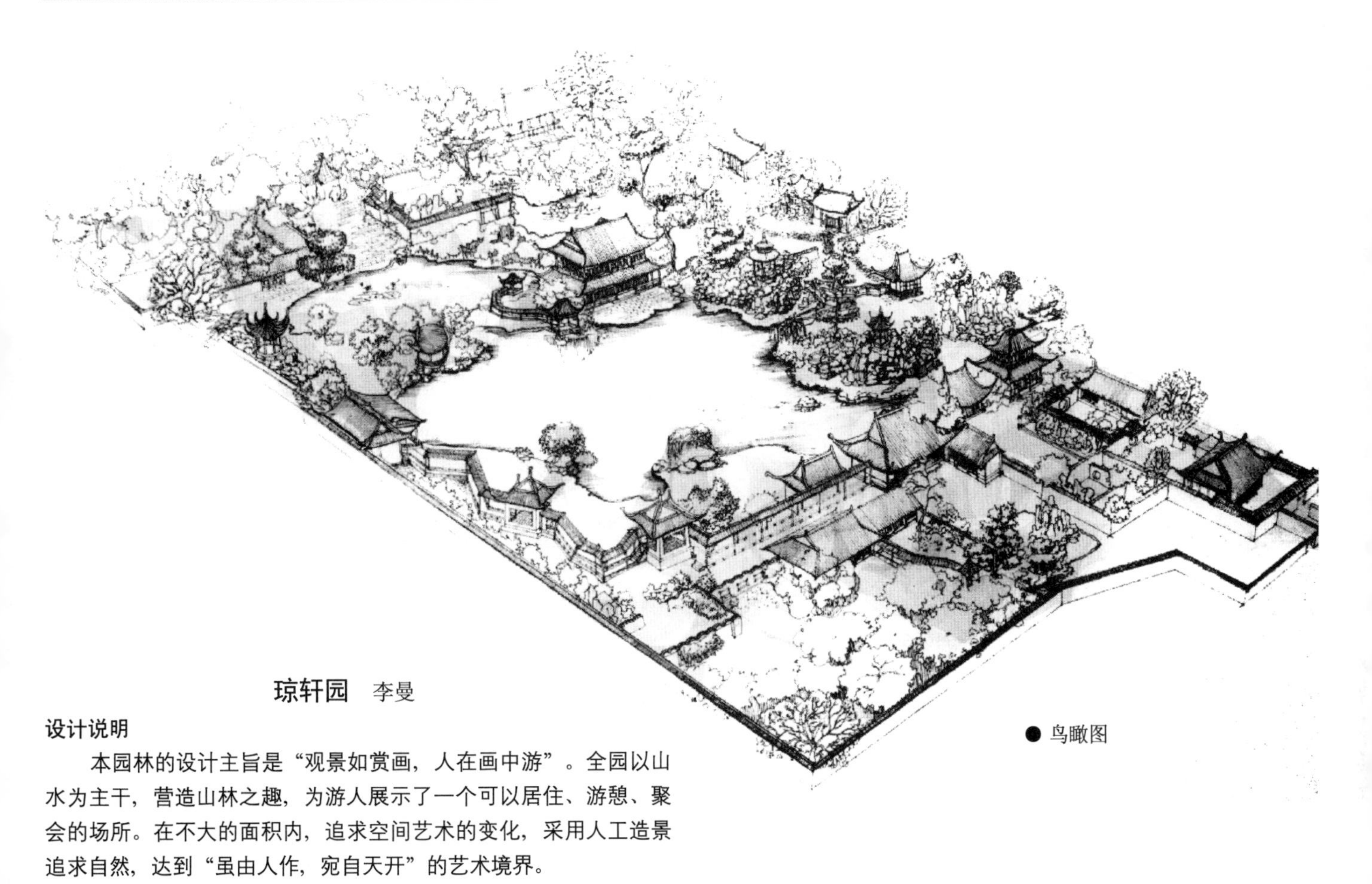

● 鸟瞰图

琼轩园　李曼

设计说明

本园林的设计主旨是"观景如赏画，人在画中游"。全园以山水为主干，营造山林之趣，为游人展示了一个可以居住、游憩、聚会的场所。在不大的面积内，追求空间艺术的变化，采用人工造景追求自然，达到"虽由人作，宛自天开"的艺术境界。

● 平面图

作　　者：李曼
指导教师：孙锦　朱小平

贺馨园　刘馨月

设计说明

此设计方案为南方的私家园林，命名为贺馨园。此园占地约2万平方米，具有可居、可观、可游、可赏的特点。

1. 设计主旨

“本于自然，高于自然”是此设计的主旨。以山、水为地貌基础，以植被作装点，强调多种形式地体现自然美的特征，在有意无意之间形成“意”与“境”的统一。同时有意识地加以改造、调整、加工、剪裁，从而营造一个精练、概括与典型化的自然环境。在充分运用自然要素的造景中，形成静态与动态空间的合理布局，如小桥流水、叠石飞瀑、三面荷花、四面垂柳、半潭秋水等，营造出有形或无形的空间性格，形成花影、树影、云影、水影、风声、水声、鸟语、花香、虫鸣的和谐共鸣。这些都是在广博的自然画卷中，经过高度的概括与升华，形成的“高山流水，鸟语花香”的佳境。

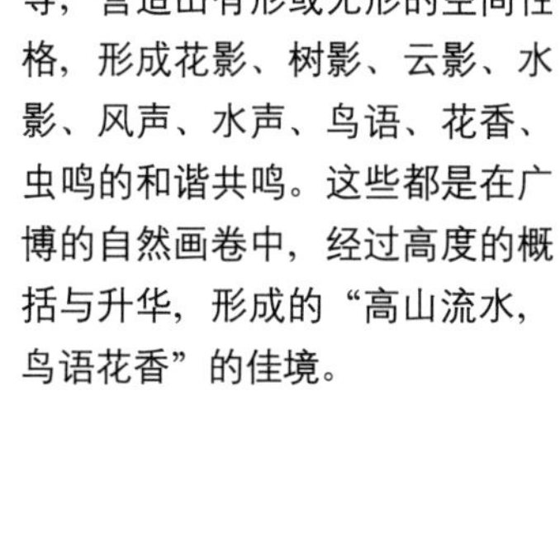

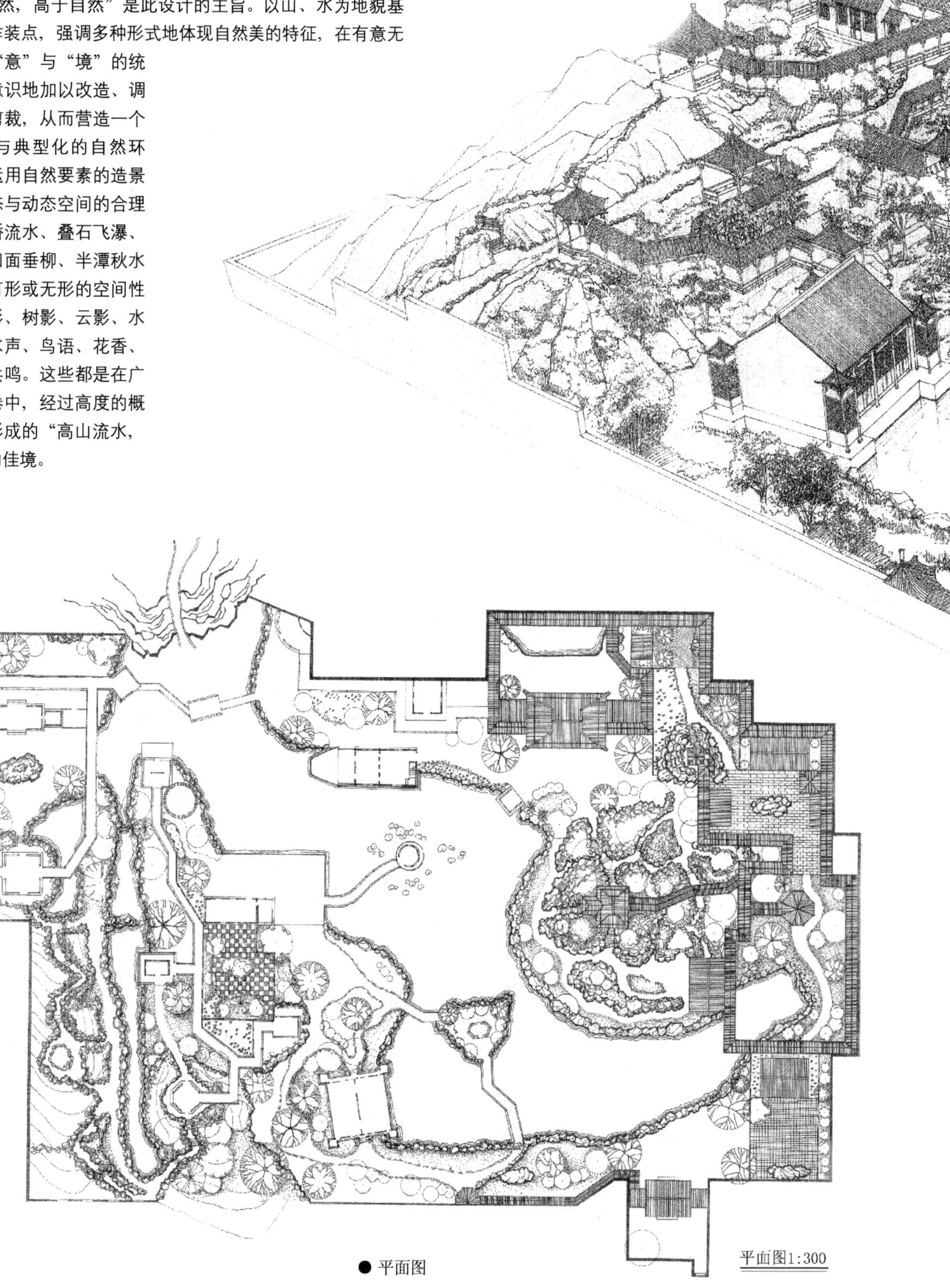

● 平面图

作　　者：刘馨月
指导教师：孙锦　朱小平

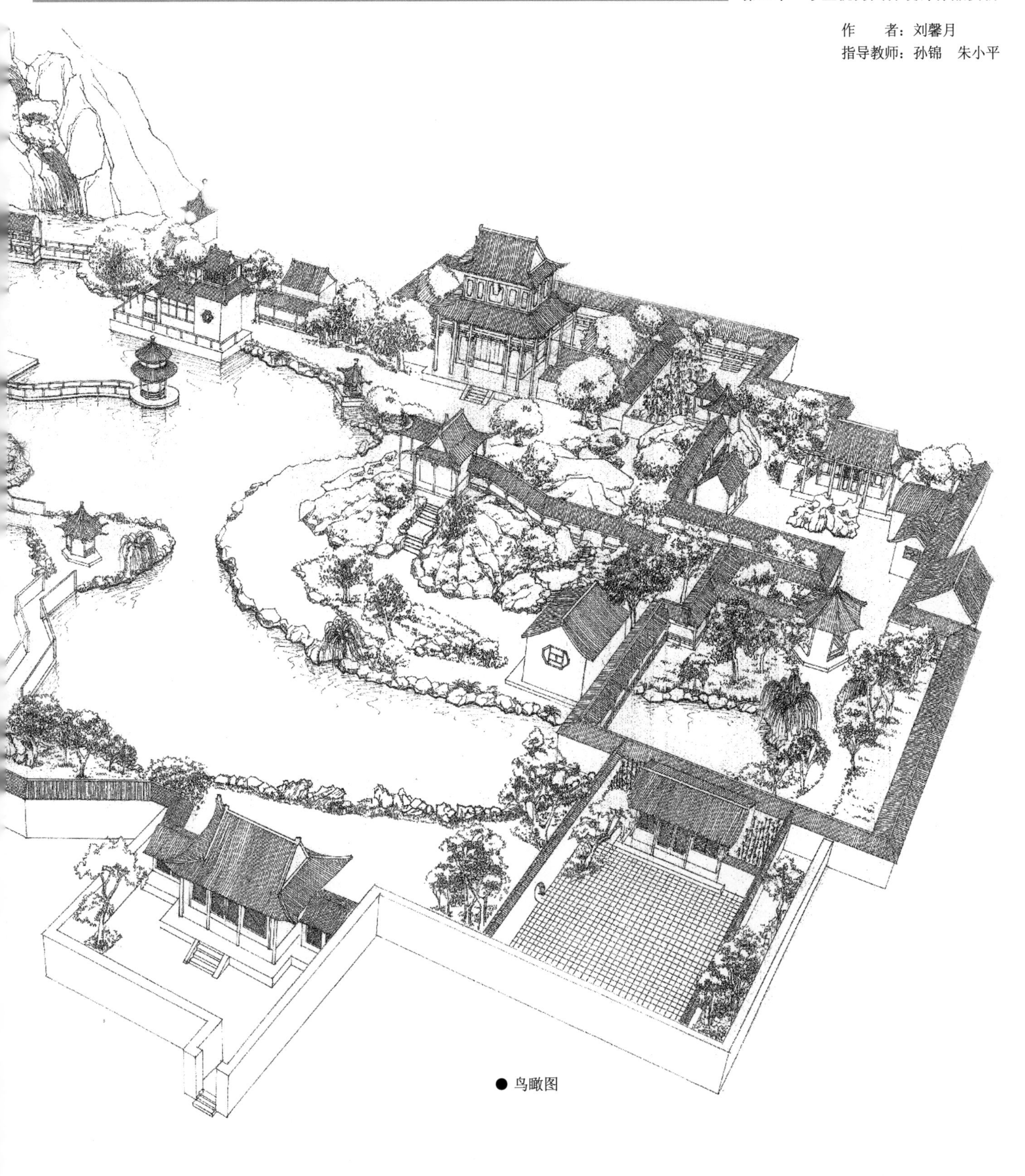

● 鸟瞰图

2. 空间与布局

此园从整体空间上可以大致分成三部分。园子的东部主要为住宅区；中部为主要观赏区，是观赏游玩、饮酒作诗之处；西部主要以自然的山水为地貌基础，以植被作装点，将设计融合在清新的大自然中。从动静关系上看，园子的东部为静态，中部及西部为动态。西部的地势较高，以自然形态的山势为主，有“飞流直下三千尺”的瀑布，水顺势分别流向西边的溪涧和中部的湖中。中部以一群假山为过渡，假山是中部观景的最高点，在此处可将整个园林的景色尽收眼底。

● 园中景观之一

3. 景观植物分配

景观花木的设计应注重季相的变化，所谓春之桃溪、夏之荷池、秋之菊篱、冬之梅阁。在此园林中，多疏植落叶乔木，如桃、李、杏和海棠等花果类植物，春天姹紫嫣红、繁花似锦，秋天果实累累、赏心悦目。在四季交替的园景中，花木还营造出种种声景：春日虫鸣花丛，莺啼杏梢；夏日风动荷池，鸟啭柳荫；秋日雨打芭蕉，水滴幽篁；冬日风吹古松，鹊噪梅树。其中也少不了抒发情怀、寄托心志的“四君子”梅、兰、竹、菊，让人借物言志。

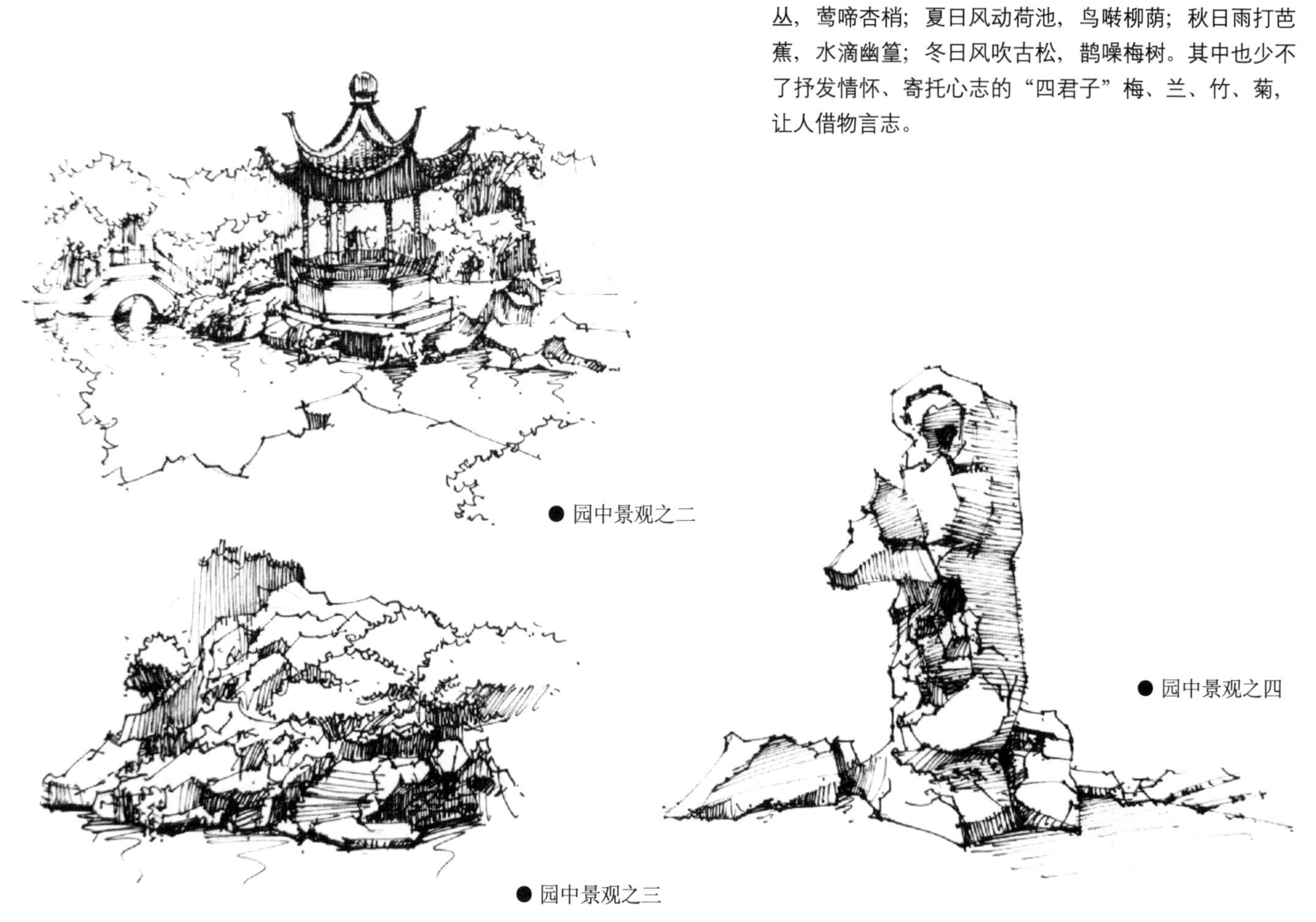

● 园中景观之二

● 园中景观之四

● 园中景观之三

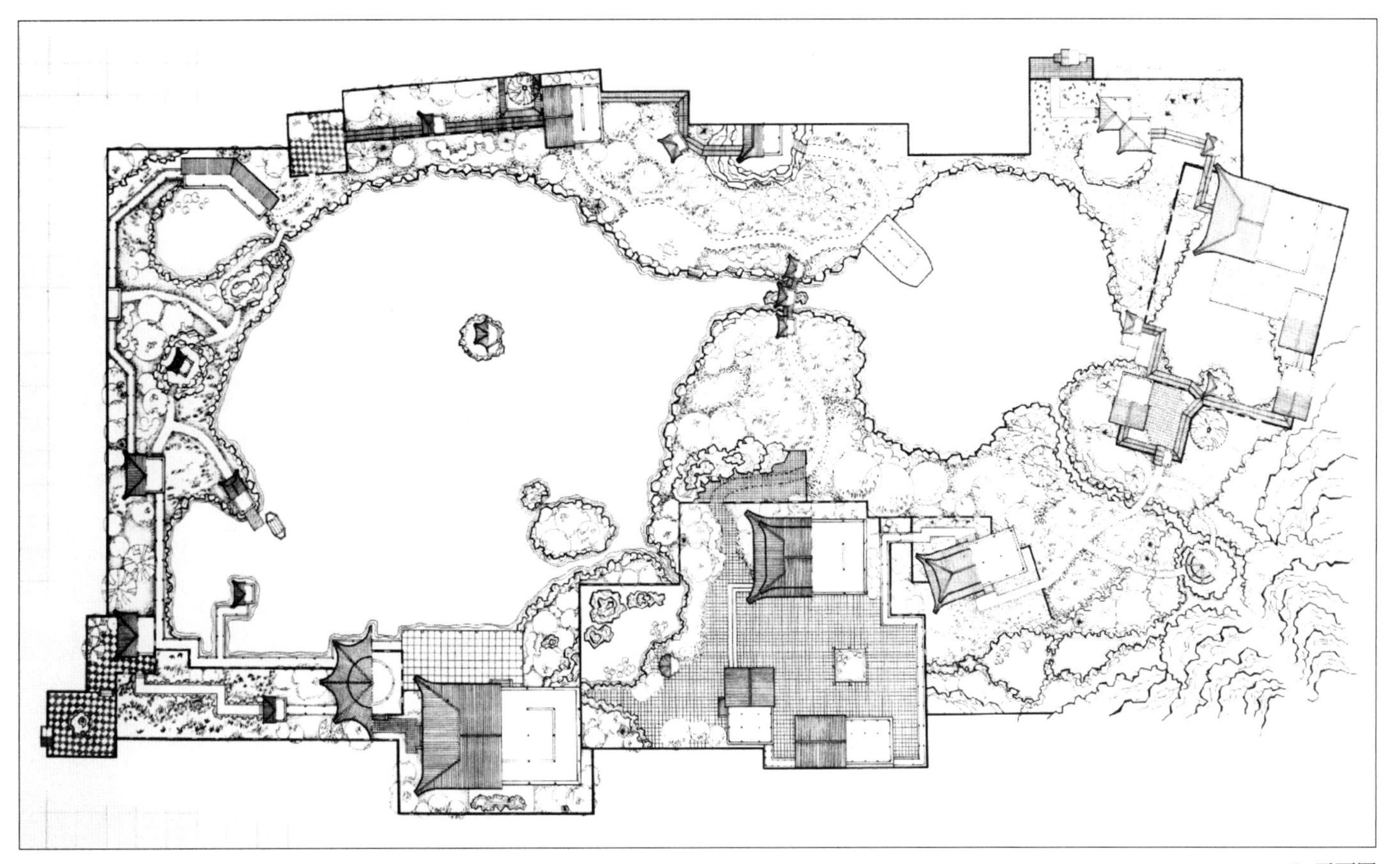

● 平面图

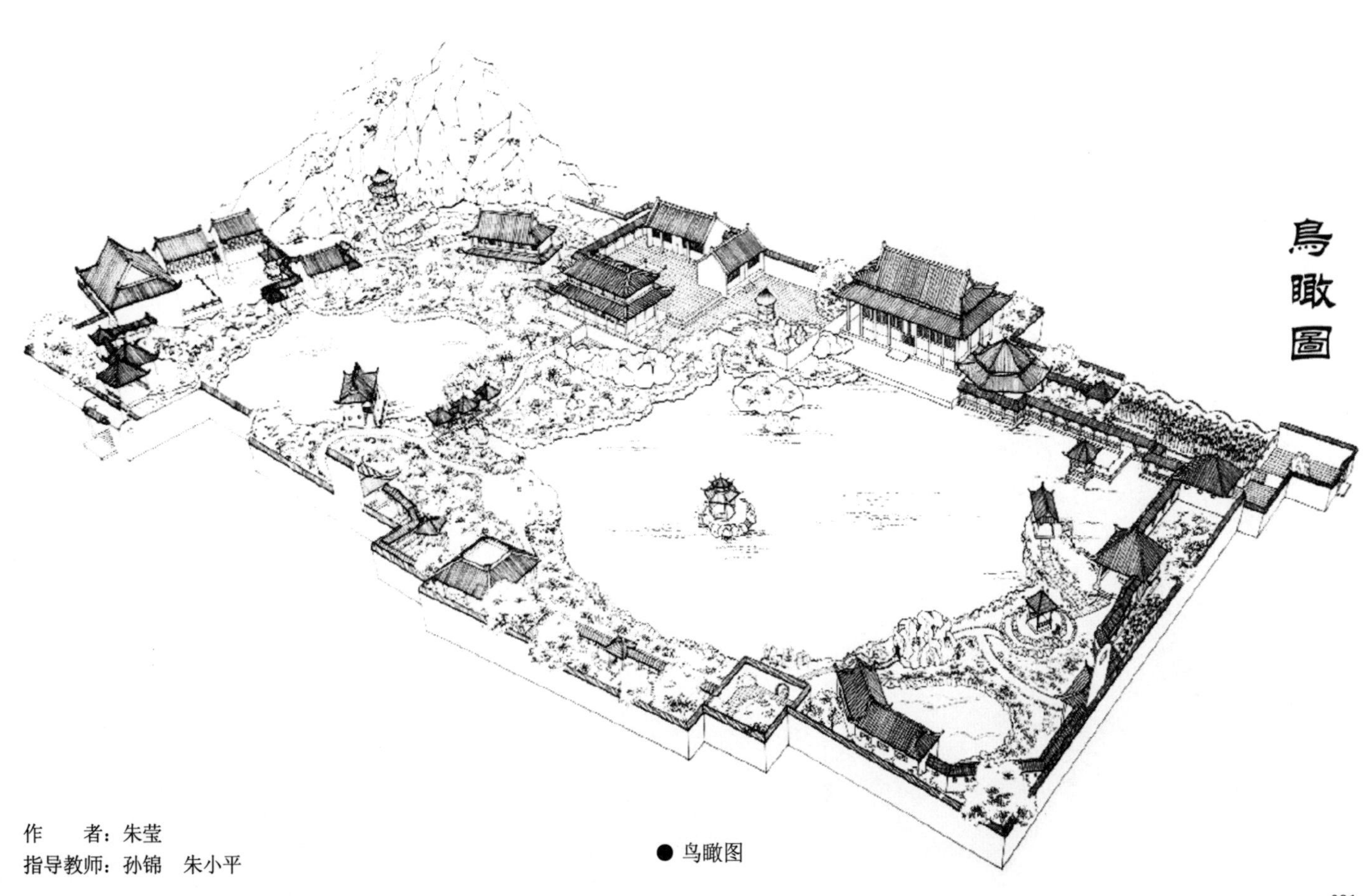

● 鸟瞰图

作　　者：朱莹
指导教师：孙锦　朱小平

晏卧园 石婧

设计说明

本园林游览路线呈S形，适度凸显水岸的蜿蜒，以便从多个角度欣赏景色。园中布局疏密自然，特点是以水为主，水面广阔，景色平淡天真、疏朗自然。以水池为中心，楼阁轩榭建在池的周围，其间有漏窗、回廊相连。园内的山石、古木、绿竹、花卉构成了一幅幽远宁静的画面，展现了明代园林建筑风格。依照园中形成的湖、池、涧等不同的景区，把风景诗、山水画的意境和自然环境的实境再现于园中，富有诗情画意。

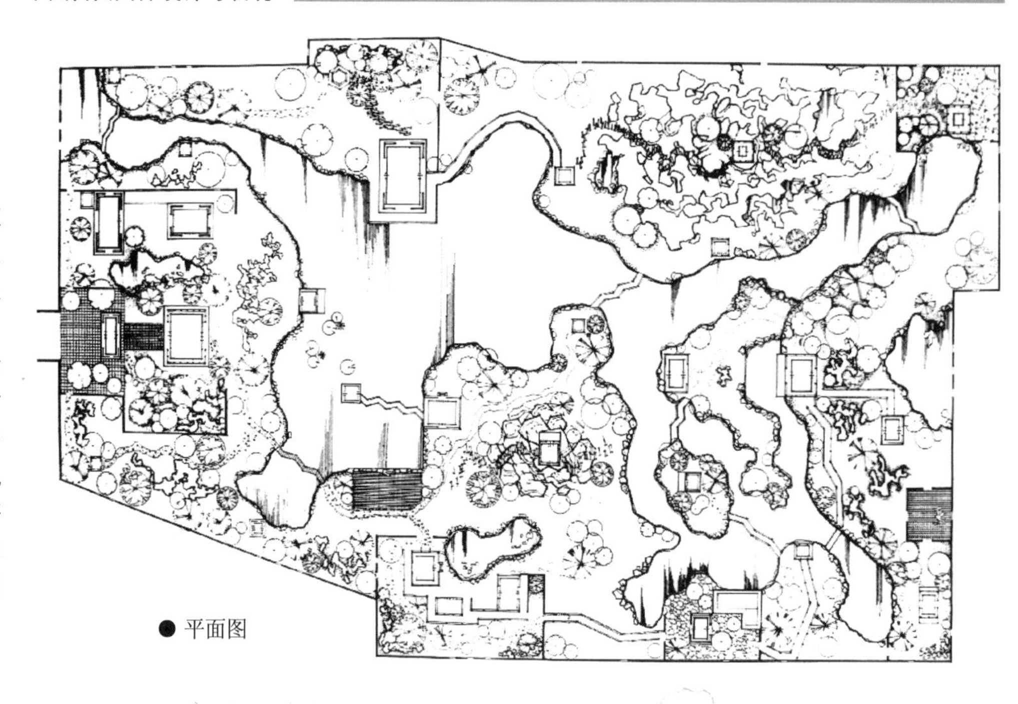

● 平面图

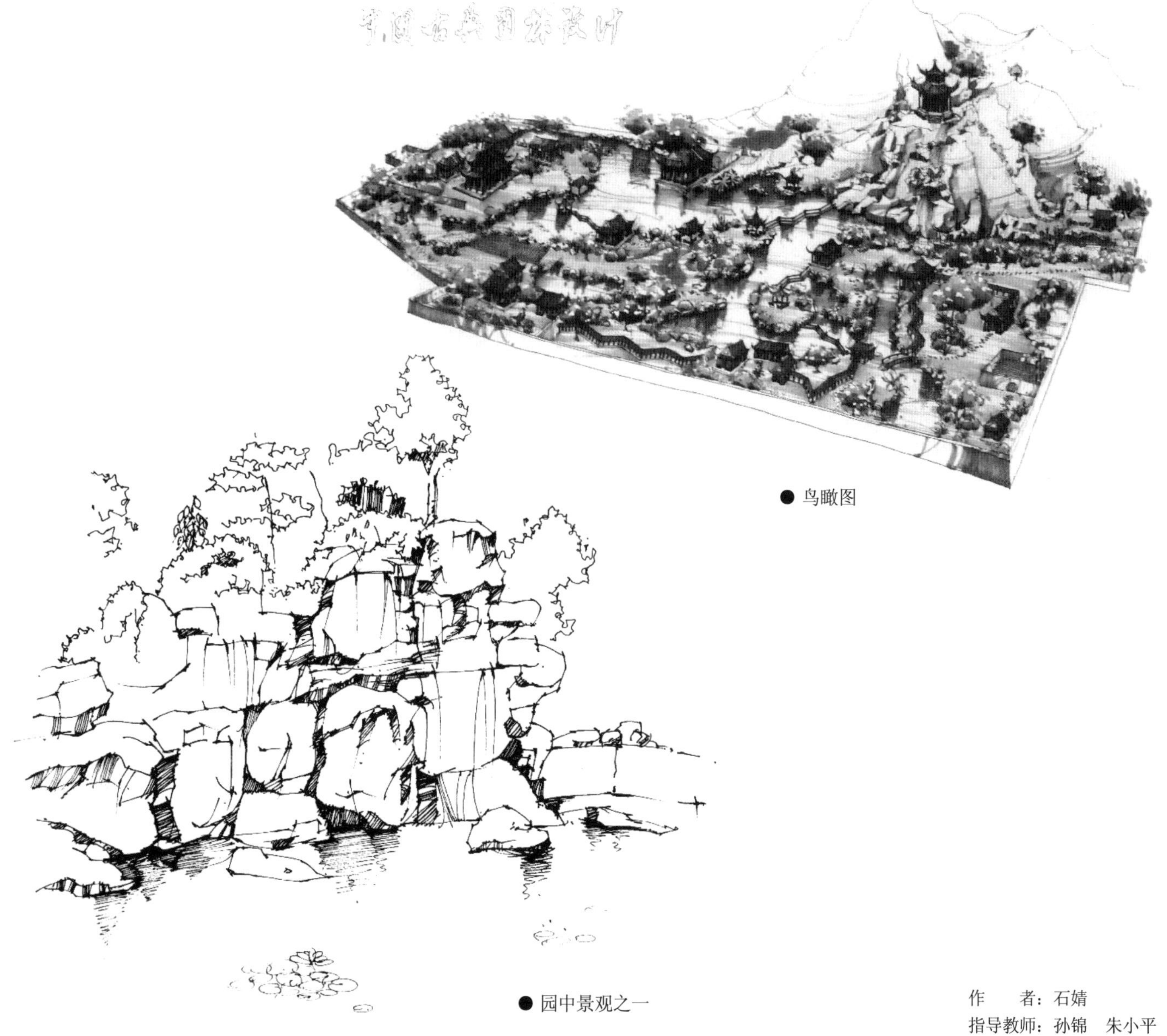

● 鸟瞰图

● 园中景观之一

作　　者：石婧
指导教师：孙锦　朱小平

● 园中景观之二

整个园区分为主园与客园两部分，入园即为客园，此园较为开放，并配有供客人小住一段时间的宅院。宅院内景色清秀，布有假山和水景，麻雀虽小，五脏俱全。主园景色宽敞壮阔，继而幽静别致，忽又转入层山叠嶂，奇峰罗列，院内高差形成对比，使人在游览中觉得园林布局非常有层次感。

淼淼池水以闲适、旷远、雅逸和平静见长，来去无尽的流水蜿蜒曲折、容深藏幽而引人入胜；平桥小径为其脉络，长廊逶迤相连，岛屿山石映其左右，使貌若松散的园林建筑各具神韵。整个园林建筑仿佛浮于水面，加上木映花承，在不同境界中产生了不同的艺术情趣，如春日繁花丽日，夏日蕉廊荷池，秋日红蓼芦塘，冬日梅影雪月，四时宜人，创造出了处处有情、面面生诗、含蓄曲折的无尽韵味。整个园林竹树野郁，山水弥漫，充满浓郁的天然野趣。

● 园中景观之三

乐园 王灿

设计说明

乐园取自成语“乐而忘返”，出自《史记 · 秦本纪》第五卷：“造父以善御幸于周缪王……西巡狩，乐而忘归。”

在景观要素的设计构思中，其生态功能是第一位的，它对于环境的改善起着重要的作用，保持着沿岸土壤的稳定性。因此，本次设计的重点是以植物造景为主的生态型景观的营造，利用植物的不同生态习性及形态、色彩、特性等营造各具特色的景观区域，植物配植采用乔、灌、草三者相结合的多层次植物群落，在有限的绿地范围产生最大的生态效益。

水对人类有着天然的亲和力，园林的亲水性设计就是满足人们的这种需求。因此，本设计在园林中使用了大量的水域，并配有湖石、水生植物，点缀有景观建筑小品，给人以感官上的愉悦和心理上的惬意，同时又可从立面上丰富景观效果。

休闲性是现代景观设计的重要标志之一，任何设计都是为了使人类能够更好地生存、生活，给人带来欢乐、悠闲的感受。所以在设计中精心设置了园路、休息观景亭台等，达到曲径通幽、移步换景的效果。

在布局上化直为曲，采用纵横交错的手法划分景区，使观赏路线和空间层次丰富，化单一为多样。通过运用水上长廊、小桥、引水入园等设计手法，将湖水的源头遮盖，让人感到空间的无限，从而从意识上扩大园林的体量，避免了戛然而止的封闭感。

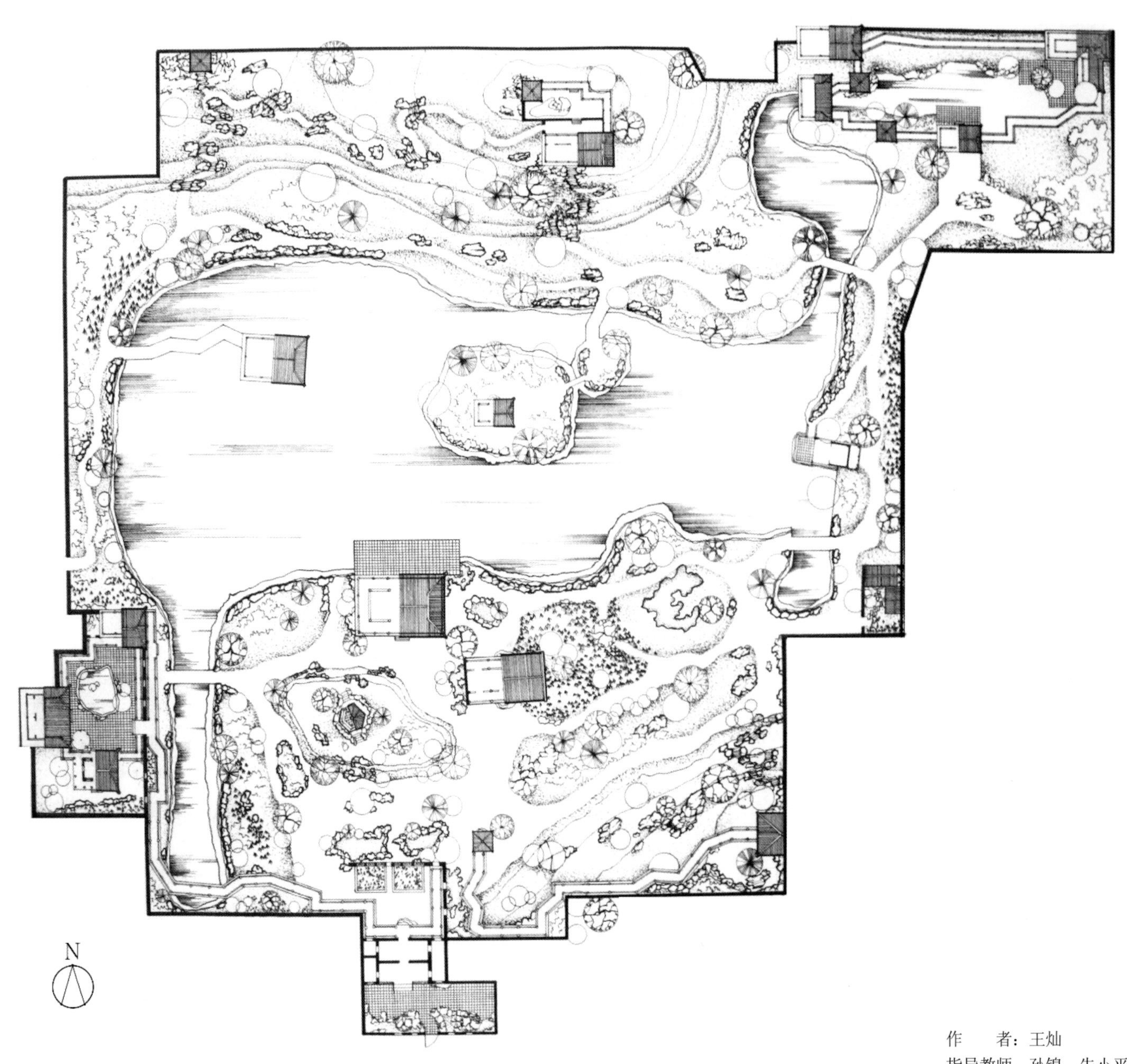

作　　者：王灿
指导教师：孙锦　朱小平

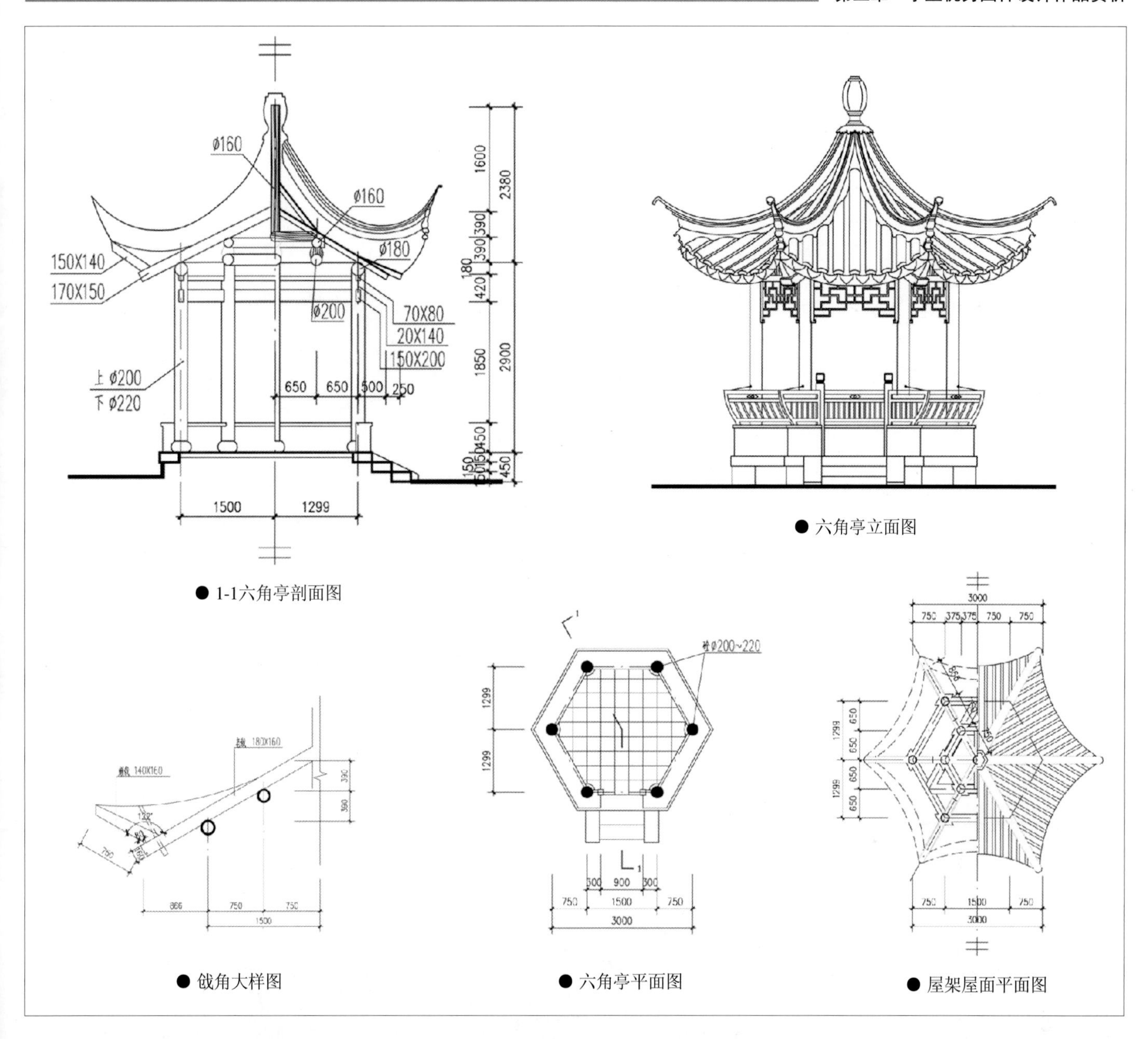

● 1-1六角亭剖面图

● 六角亭立面图

● 戗角大样图

● 六角亭平面图

● 屋架屋面平面图

● 鸟瞰图

琦园　郭晓红

设计说明

意境的营造是中国古典园林的主要特征，本园林取名“琦园”，其寓意为留住珍琦、美好的事物。明代造园专家计成在《园冶》的首篇就提出了“虽由人作，宛自天开”，而琦园中的风景以自然山水地貌为基础，经过设计师的改造、调整，展现出一个宜人的自然园林。

园中有错落有致的大、小不同布局的院落，院落之间的穿插闭合非常自然，让游人有柳暗花明又一村的感觉。院内有轩榭、船舫、厅堂等不同的建筑单体或建筑群，每一个建筑都有其自身的功能和性质，但无论其性质、功能如何，都力求与山、水、花木这三个造园要素有机地组织在一起，形成了古典园林中对景、借景等独特的艺术手法。

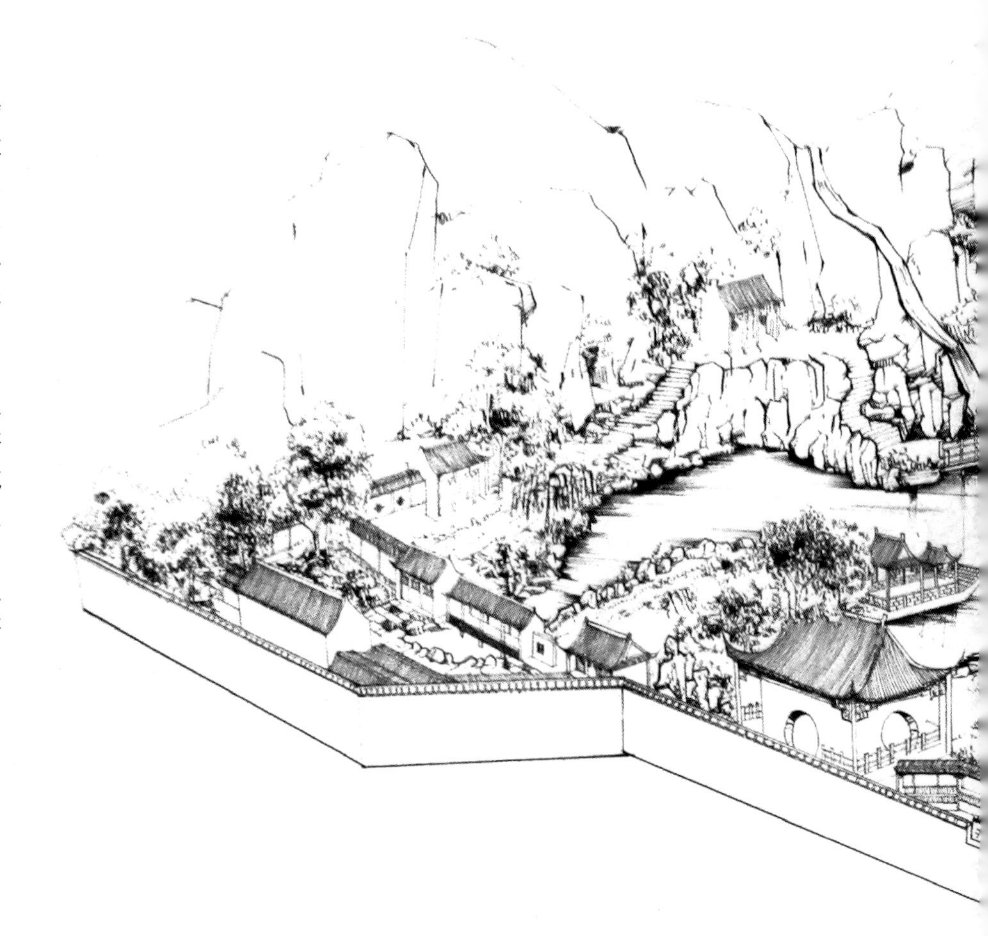

作　　者：郭晓红
指导教师：孙锦　朱小平

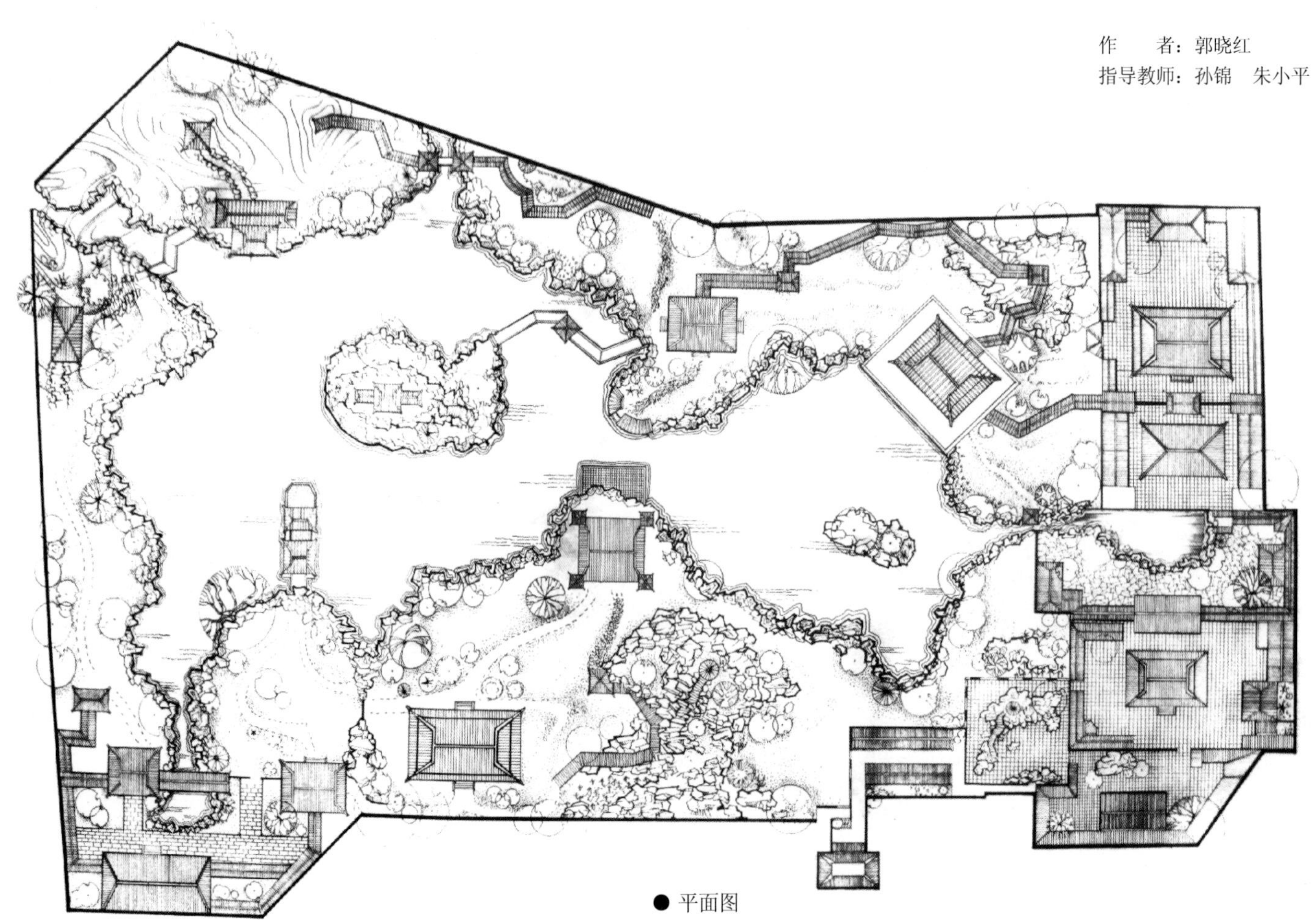

● 平面图

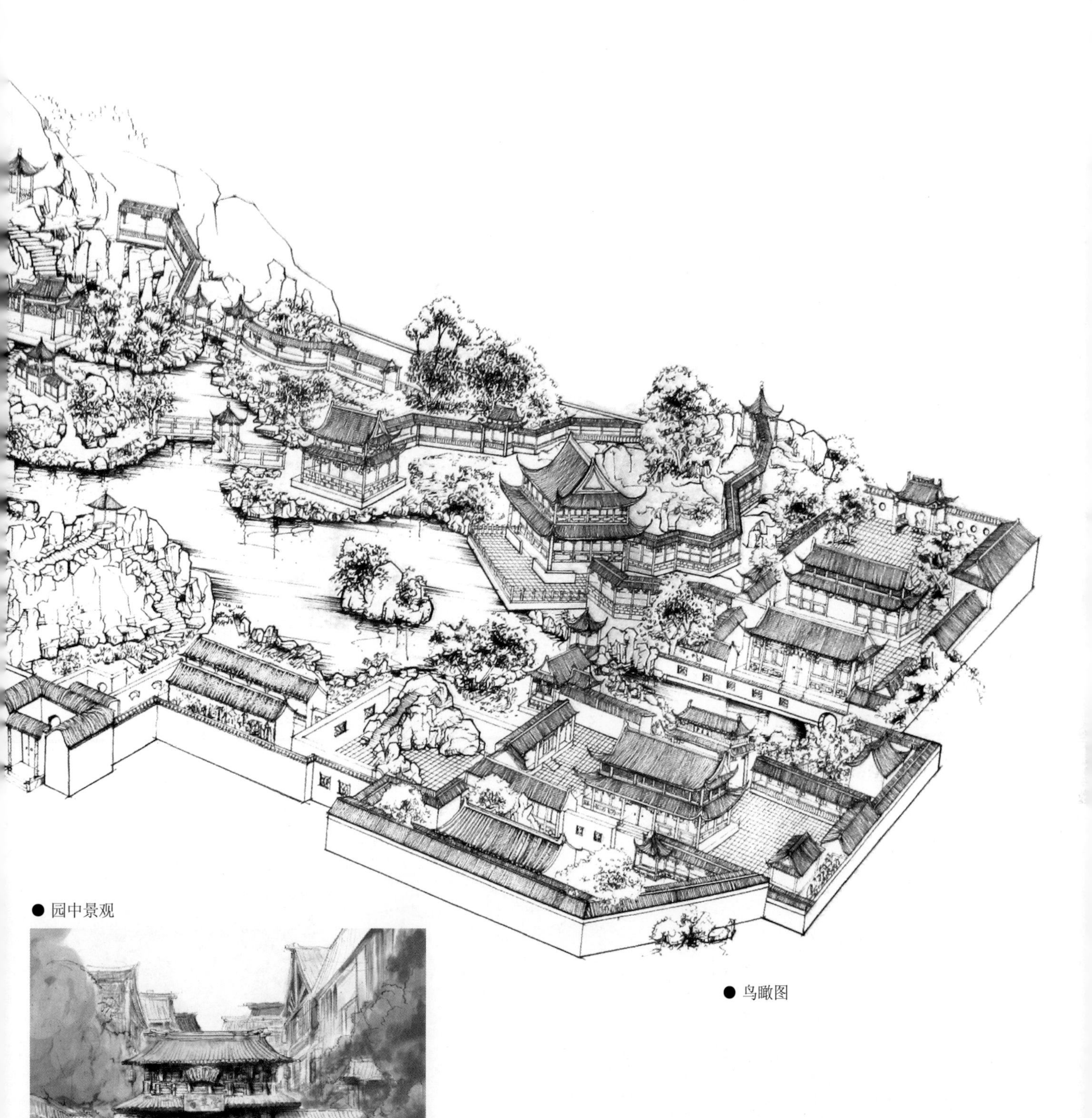

● 园中景观

● 鸟瞰图

琦园中意境的创造也有独特之处，游人通过视觉的感受或者借助于文字、神话传说、历史典故等，例如园中的“照山楼”，徒步登上这个楼阁可以眺望远处的山景和近处的水泉，四周景物尽收眼底，产生”画中游”之感。

琦园面积约为1.8万平方米，依山而建，园内有假山石、湖水等自然形态的景致。入口处为静区，狭小闭合的空间配有天井等小型建筑群，言志馆为闭合式书房，静心斋两侧配有琴室，院内植物以竹、菊等灌木为主。志琦堂是园中的主要院落，为重檐歇山建筑形式。到达动区主要景点依次是贤志堂、尚意楼、青益亭、心斋、娱溪、盈满厅等，整个园内动线呈“O”形，配有辅助路线，避免游览的徘徊。游人靠山临水，可以登高俯视景观，更可在湖中央的小岛上休憩。此时你装饰了别人的景致，别人也成了你眼中流动的景致。

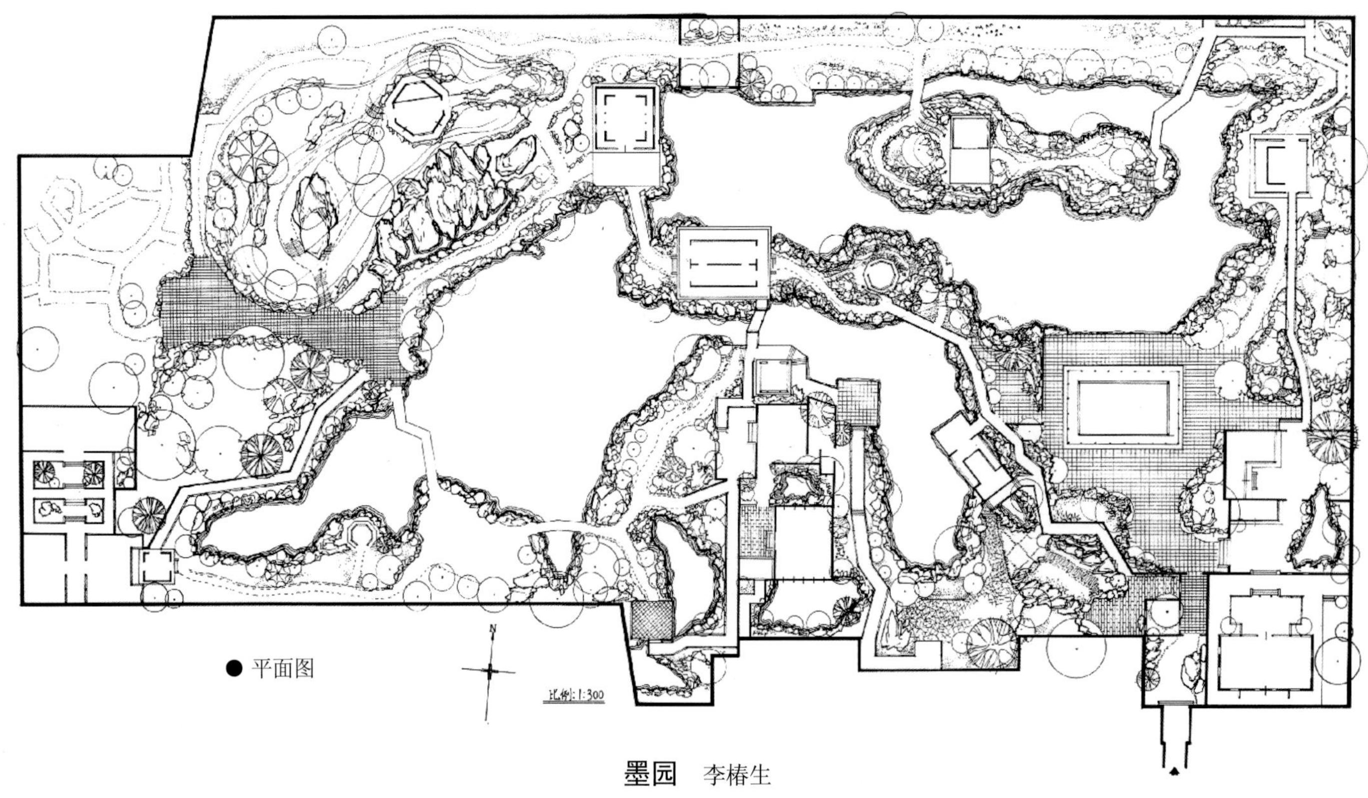

● 平面图

墨园 李椿生

设计说明

江南画坛中有“吴门四家”，其风格既具有南派秀润的特色，又有北派笔意，独树一帜，有着很重的文人画风格。其中唐寅的作品潇洒超逸，兼具水墨渲染和细笔精写两者之长，运用秀润的笔墨皴擦点染，雄伟险峻，布局疏朗，风格秀逸清俊。水墨文化是中式传统的经典元素，由此导出了以“墨”为主脉络的园林设计构想。深入墨园的“墨文化”是我设计该古典园林的不可或缺的元素，同时包含着江南文人雅致与现代人对宜居生活的全新构想。

在整个园林设计中坚持以局部寓意全景，叠石造山所表现的局部景观效果越突出，就越能激发起观山者“山外有山”的感受。因此，山环水抱的感受贯穿始终，入园如入自然山林之中。另外以有限表现无限，围墙作为景观的延伸，利用各种建筑形式将园林分成若干景区，园中有园，以小见大。

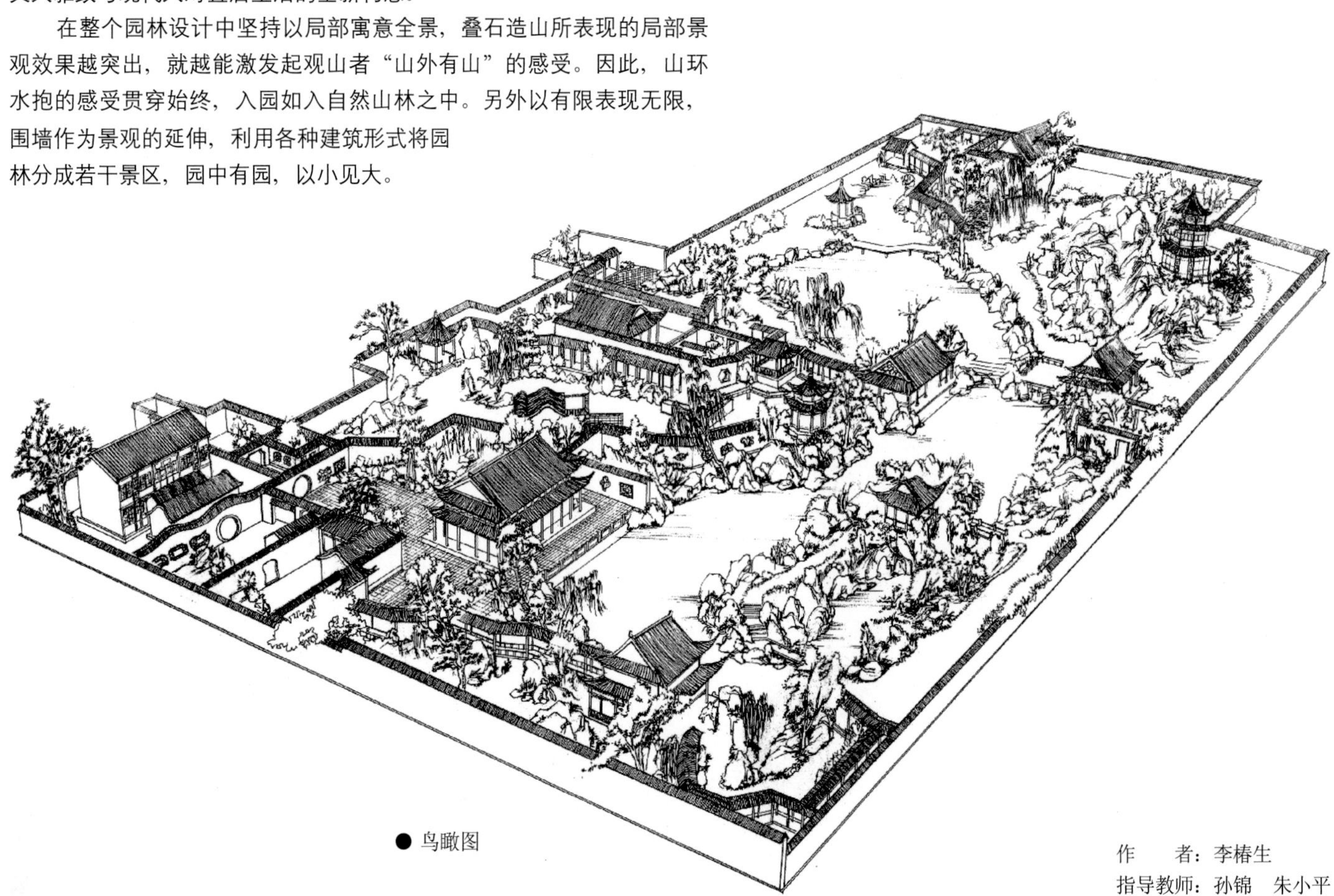
● 鸟瞰图

作　　者：李椿生
指导教师：孙锦　朱小平

夕园 赵雪

设计说明

此园林设计以水中庭园为主，其东南角环以走廊，临池置有各种式样的漏窗、敞窗，使园景隐露于窗洞中。当游人在此游览时可以左观右望，目不暇接，妙趣横生。中国社会向来有“长幼有序，内外有别”的规矩，家中的长辈或主要人物往往生活在居中往里的庭院里，这样就形成了一院又一院、层层深入的空间组织，此园林布局亦是如此。

中国古典园林用种种办法来分隔空间，以达到曲径通幽的效果。园林建筑有堂有廊，有亭有榭，有楼有台，人工的石洞、石阶都显示了自然的美景。所有建筑的形与神都与天空、大地等自然环境吻合，同时又与园内的各部分相接，以使园林体现自然、淡泊、恬静、含蓄的氛围。透过漏窗望去，青竹迷离摇曳，亭台时隐时现，白云远空漂游，让人感受到幽深宽广的境界和意趣。

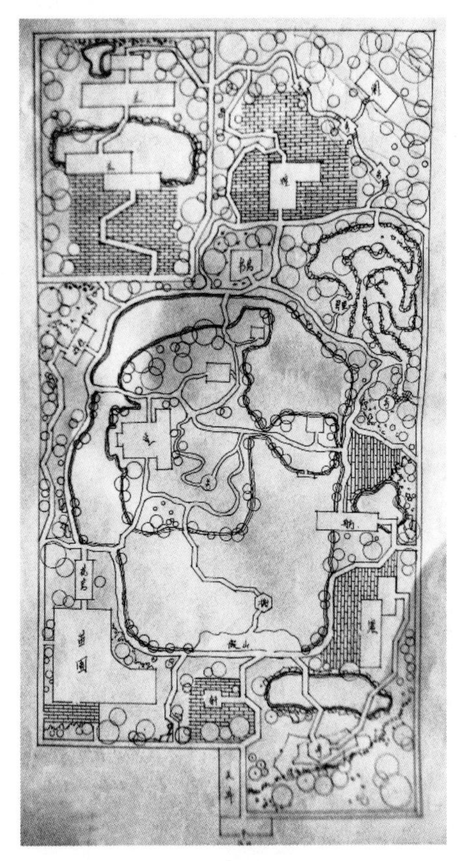

● 平面草图

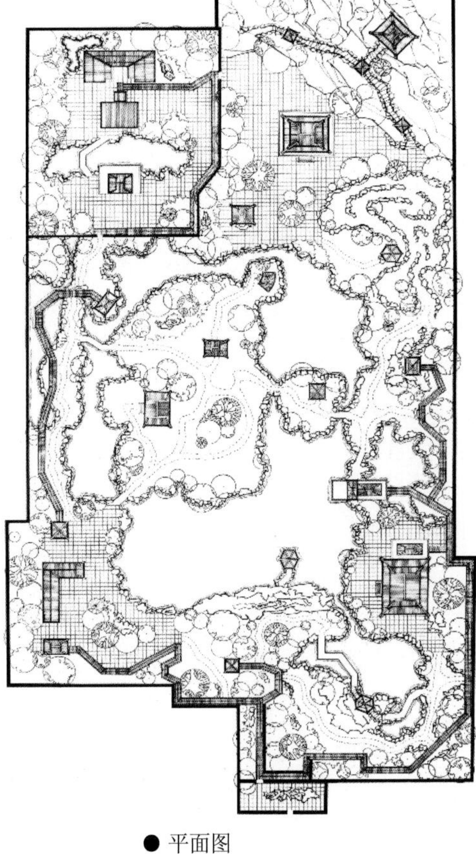

● 平面图

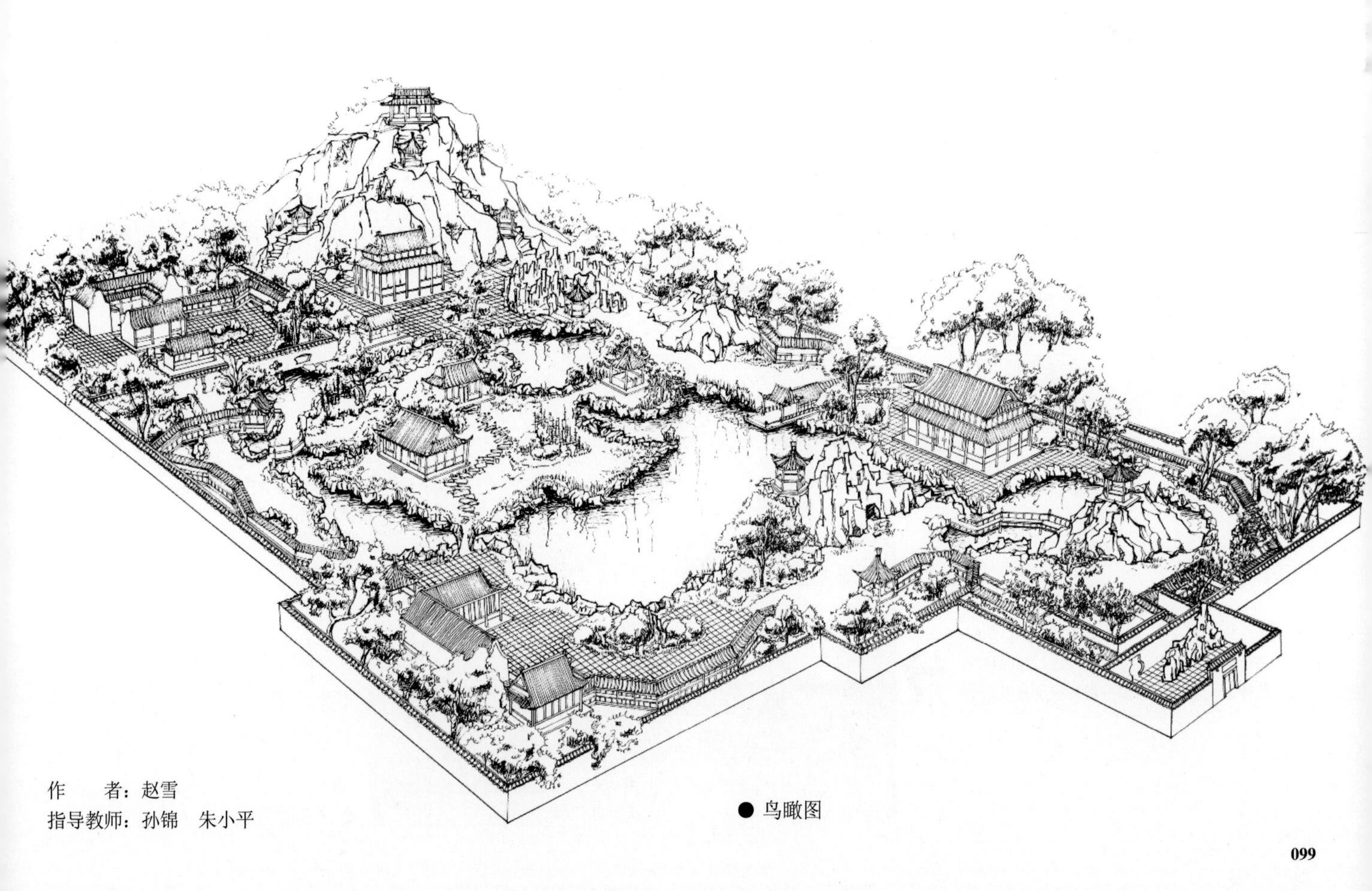

● 鸟瞰图

作　　者：赵雪

指导教师：孙锦　朱小平

古典园林设計

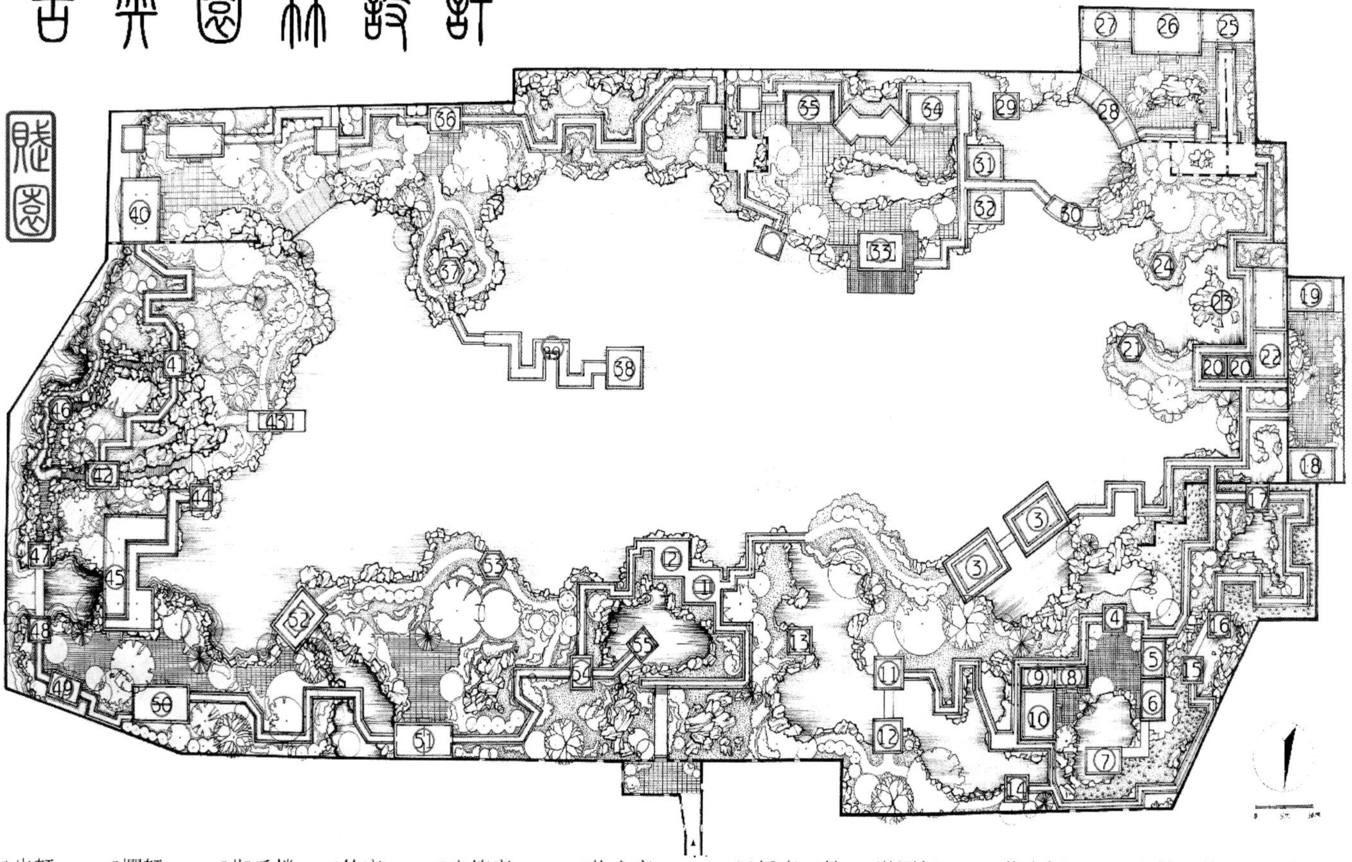

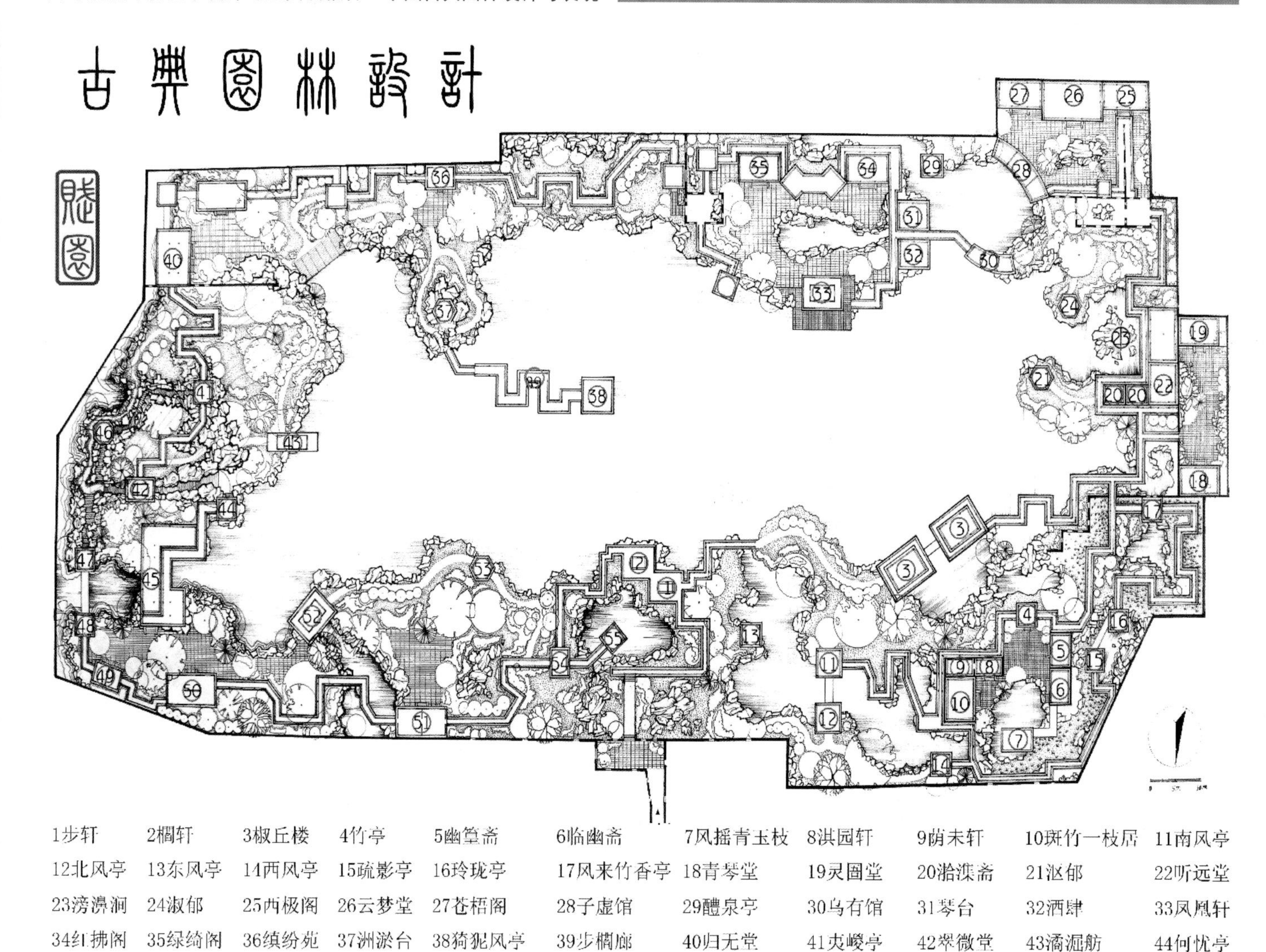

1步轩	2榈轩	3椒丘楼	4竹亭	5幽篁斋	6临幽斋	7风摇青玉枝	8淇园轩	9荫未轩	10斑竹一枝居	11南风亭
12北风亭	13东风亭	14西风亭	15疏影亭	16玲珑亭	17风来竹香亭	18青琴堂	19灵圄堂	20湁潗斋	21沤郁	22听远堂
23滂濞涧	24淑郁	25西极阁	26云梦堂	27苍梧阁	28子虚馆	29醴泉亭	30乌有馆	31琴台	32酒肆	33凤凰轩
34红拂阁	35绿绮阁	36缜纷苑	37洲淤台	38猗猊风亭	39步櫩廊	40归无堂	41夾峻亭	42翠微堂	43滈涸舫	44何忧亭
45上林宫	46疏影亭	47凤栖亭	48凰栖亭	49月照疏星亭	50清风生白轩	51芙蓉圃	52浮香阁	53小香洲	54梦寥居	55影华池

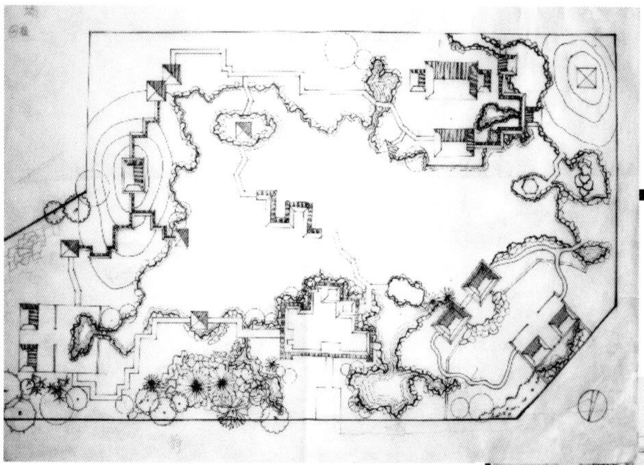

此草稿为刚开始的概念草稿，包括路线的规划和景区的划分，文化内涵贯穿始终。

深入规划后，考虑园林的表现手法，动静划分，疏密划分，进一步完善，按照建筑的体量大小，进一步分析景区与景区的切合。

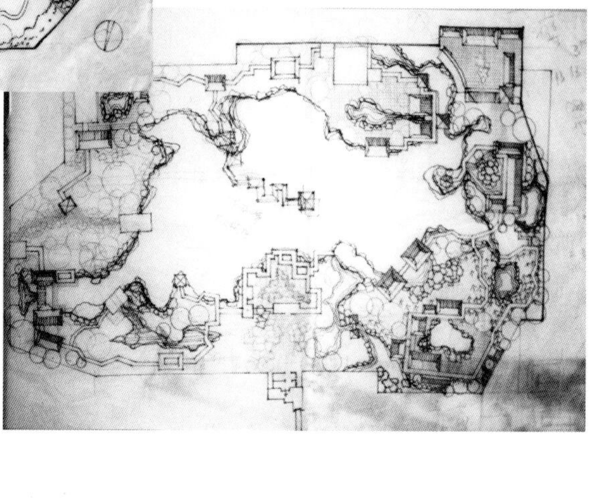

● 平面草图

● 1-1八角亭剖面图

● 八角亭立面图

● 屋架屋面平面图

● 八角亭平面图

赋园 王雁飞

设计说明

此园林叫赋园，由司马相如的《子虚赋》及《上林赋》而来。蜀中园林较注重文化内涵的积淀，一些名园往往与历史上的名人轶事联系在一起。蜀中园林往往显现出古朴淳厚的风貌，常常将田园之景收入园内。另外，园中的建筑也较多地吸取了四川民居的雅朴风格，山墙纹饰、屋面起翘以及井台、灯座等小品亦古风犹存。

赋园设计采用的元素符号主要是垂直的廊，表现出“赋圣”司马相如的性格特征与细腻情感。入园用三座山坡作为给人的第一印象，突出园林的气势。修竹苑主要突出竹林的幽静，是主人读书、练剑之处，滂濞涧为人造假山水，凤凰苑是主要建筑，为主人待客处。以司马相如的《凤求凰》为线索，引出了一系列建筑处理手法。芙蓉圃郁郁菲菲，众香发越，周览泛观。归无堂刻意营造一种静谧感，根据司马相如的《大人赋》，是作者仕进与退隐、出世与入世矛盾心理的流露。夷峻堂是全园的最高处，也是意境营造的高潮处，从这里可以俯视整个园林。整个园林以山体为主，植物环抱。此外，全园的游廊追求《上林赋》中描写的步檐廊，走也走不到尽头，突出了廊的气势。

● 鸟瞰图

作　　者：王雁飞
指导教师：孙锦　朱小平

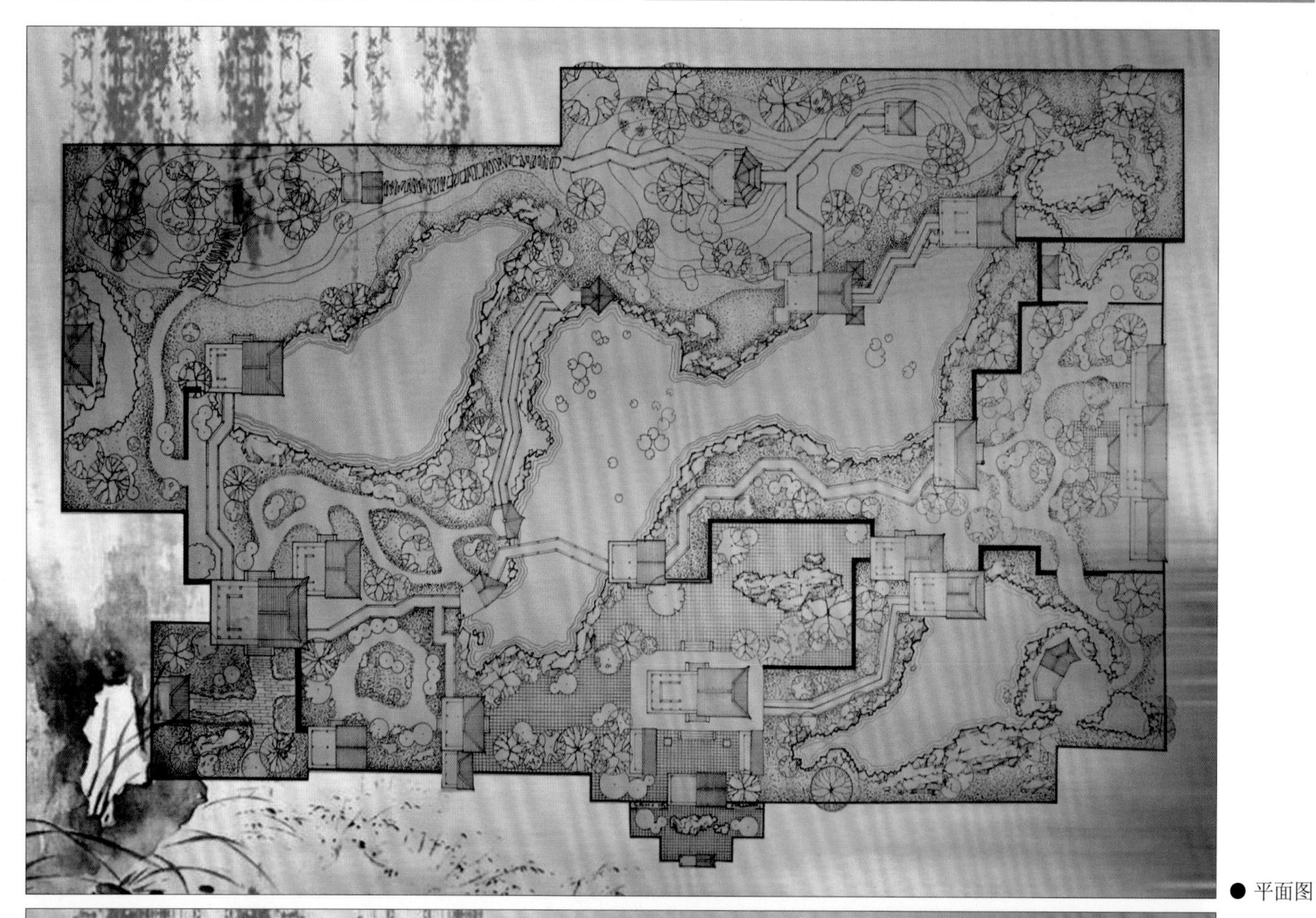

● 平面图

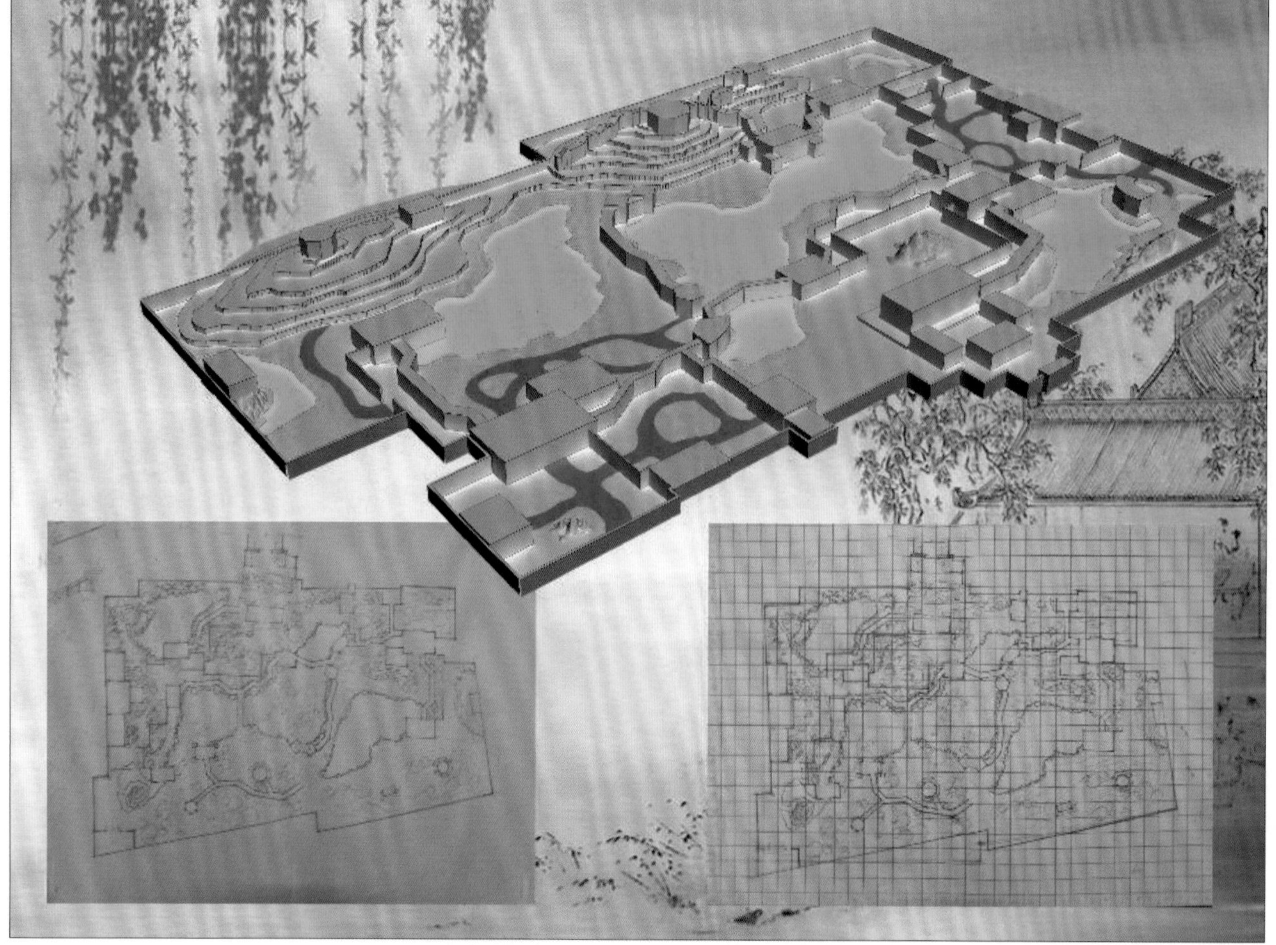

● 规划图

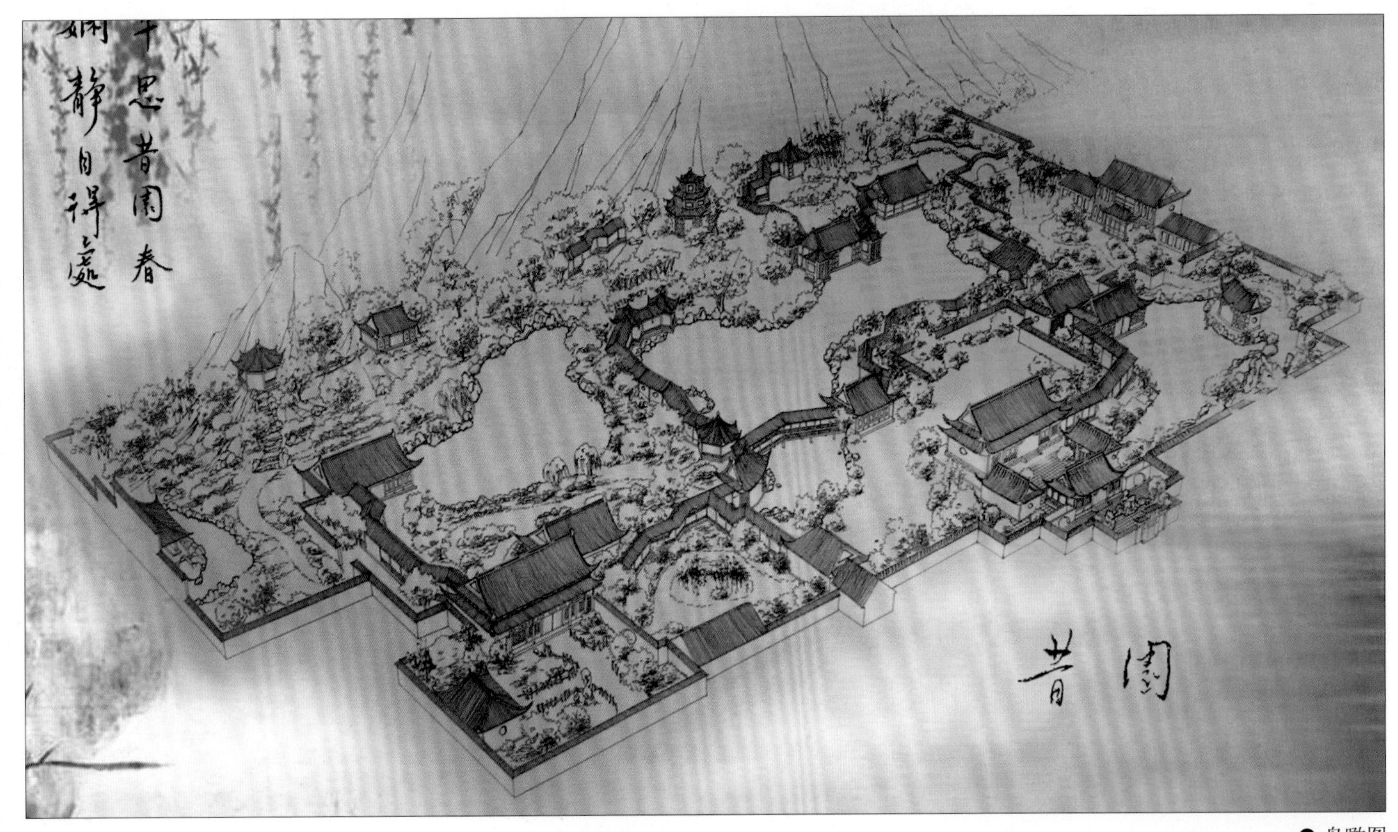

● 鸟瞰图

● 六角亭节点结构图

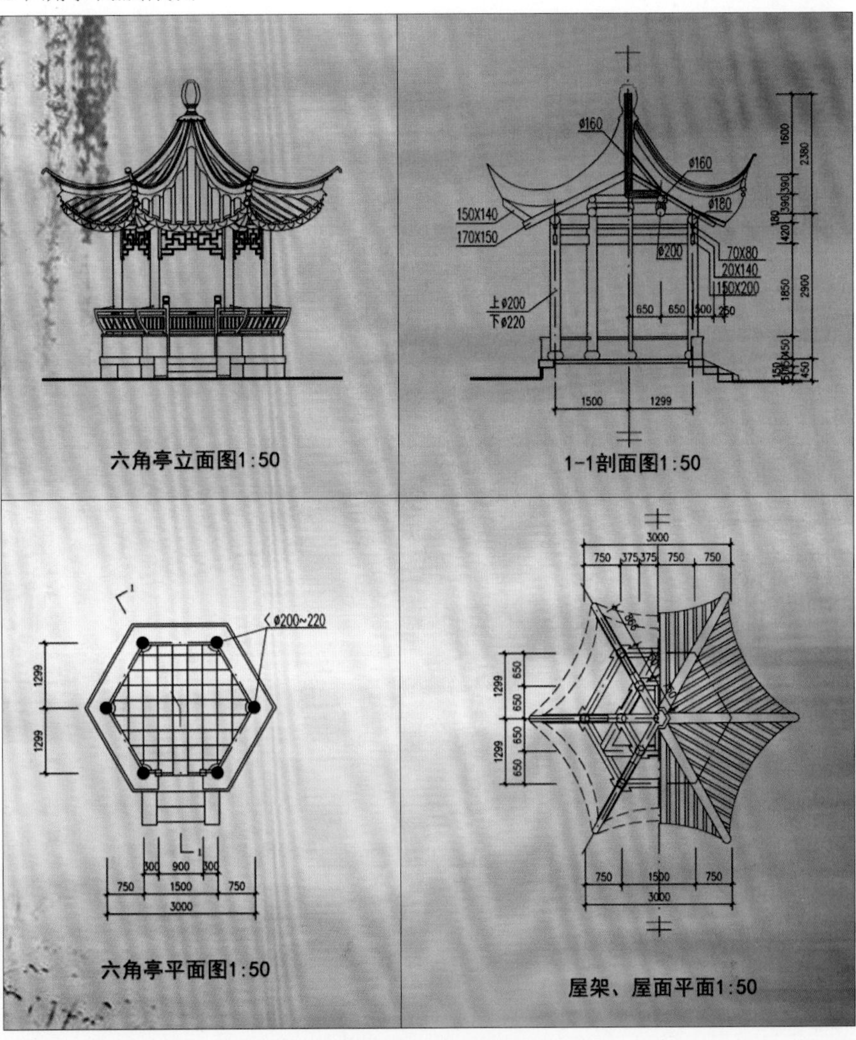

昔园 朱亚希

设计说明

山不在高，有仙则名。水不在深，有龙则灵。昔园分为六景，关山、晓月、风林、玉潭、太液、景园。关山自西北至东北呈狭长之势，高耸端云，玉带缠腰，茂林修竹，清流徐徐，小步于山间可观朝夕，郁林深幽，体味桃源之意。

空谷传音可悟空谷之空，空山人语愈见空山之寂。人语过后，万籁归于俱寂。深林返照，由声及色。

太液晓月亭可独坐、弹琴，全身心融入自然，月夜幽林之景空明澄净，俯仰之间安闲自得，尘虑皆空，情与月扺合无间，融为一体。

书香卷气融于闻魁阁之中，理书事，待佳人。在蒙蒙细雨中缓步走向深院，或漫步或稍坐，品院内景致。茸茸青苔，清新可爱，充满生机，清幽恬静，自生陶醉之情。

玉潭乃中央大湖，全园之景围绕其分布，两亭三轩四廊一室一馆，从各角度皆可观也。湖中荷花丛生，出淤泥而不染，锦鲤跳波，小憩垂钓，湖光山色倒映眼帘，檐廊顺势而走，体味五步一景，变幻莫测。

景园乃园中园，两院合二为一，供休息住宿之用。虽无山无水，但奇峰怪石，堆叠有序，小叶竹林，清风家鹤，有感聘怀，亦有小情调也。

风林位于园中东侧，春夏秋冬各景不同，宁谧娴静，只见郁林奇石，另有天地。

静泊园　付名

设计说明

这个园林叫静泊园，本意是追求陶渊明那种“采菊东篱下，悠然见南山”的田园意境，所以设计师不仅仅是要表达古典园林之美，更要再现古人淡泊安逸的隐士生活，让快节奏的现代人体会到远离喧嚣的田园野趣，使古典园林在当代有一些新的意义存在。

静泊园入口与出口相对，开门两山，一土山，一石山。土山上的六角亭很抓人眼球，故名为“引目亭”。但需进院子才能入亭，由此进入第一个院落，即春景。这里有大片绿竹、鲜翠欲滴，中间有一小路，以卵石铺之。经竹林入第二个院落，中有黄石香樟相映。走过长廊进入桃花源，有稻田，有花草，有农舍，有草廊，一派古代田园风趣。

过桥进入夏景，但见一片绿意，塘里荷花与岸边灌木相映。第三个和第四个院落串联，被绿树围住，屋后还有芭蕉，是一个静谧凉爽的景点。出了夏景是正堂，有卵石铺路，有桂花相迎，矮树环绕，以衬托正堂的气势。

由正堂后的小路一直蜿蜒上山，便是冬景了。路途中的树木逐渐稀少，也由翠绿的落叶乔木换为常青树，沿墙衬有黄石。第五个院落有清饮楼及重檐歇山建筑，在路口抬眼便能看到。冬景院落仅有松树观石，不设院墙，四周都是栏杆，是个凭高观景的好地方。前院可观全园，后院可览群山，视野开阔。

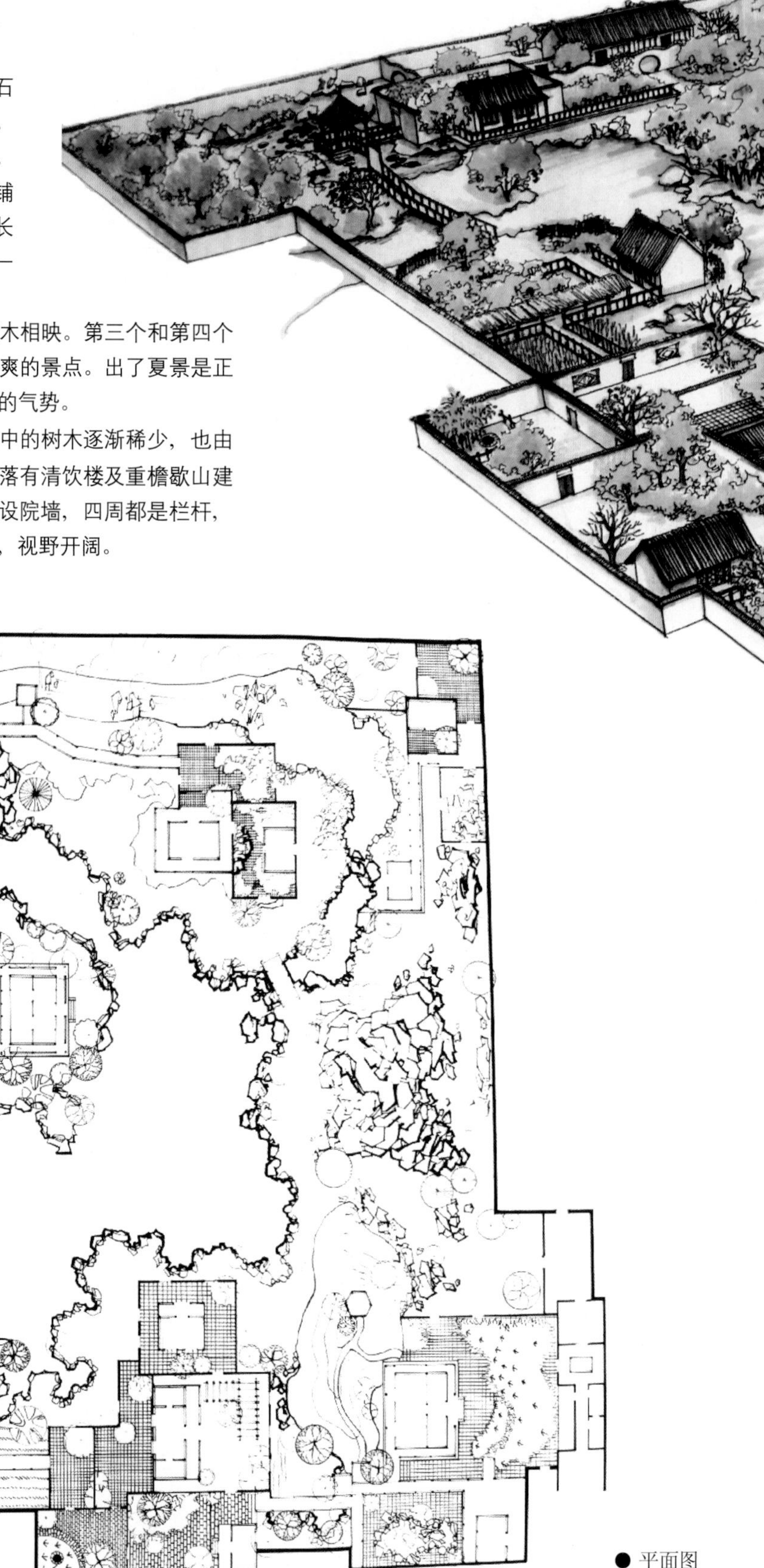

● 平面图

自五院出，经爬山廊入怪松亭，四周有怪松伸展。进入临墙庭院，更有冬日的苍凉，山上的溪涧由此穿过，配有乱石、苍竹，清冽而又高洁。再由爬山廊向下走，溪涧在此会聚流入湖泊，自成一片水域。此地为秋景，有红枫、银杏、香樟、黄石、卵石及太湖石，秋意浓浓，景色各异。

● 鸟瞰图

作　　者：付名
指导教师：孙锦　朱小平

● 静泊园怪松亭草图

● 静泊园秋爽斋草图

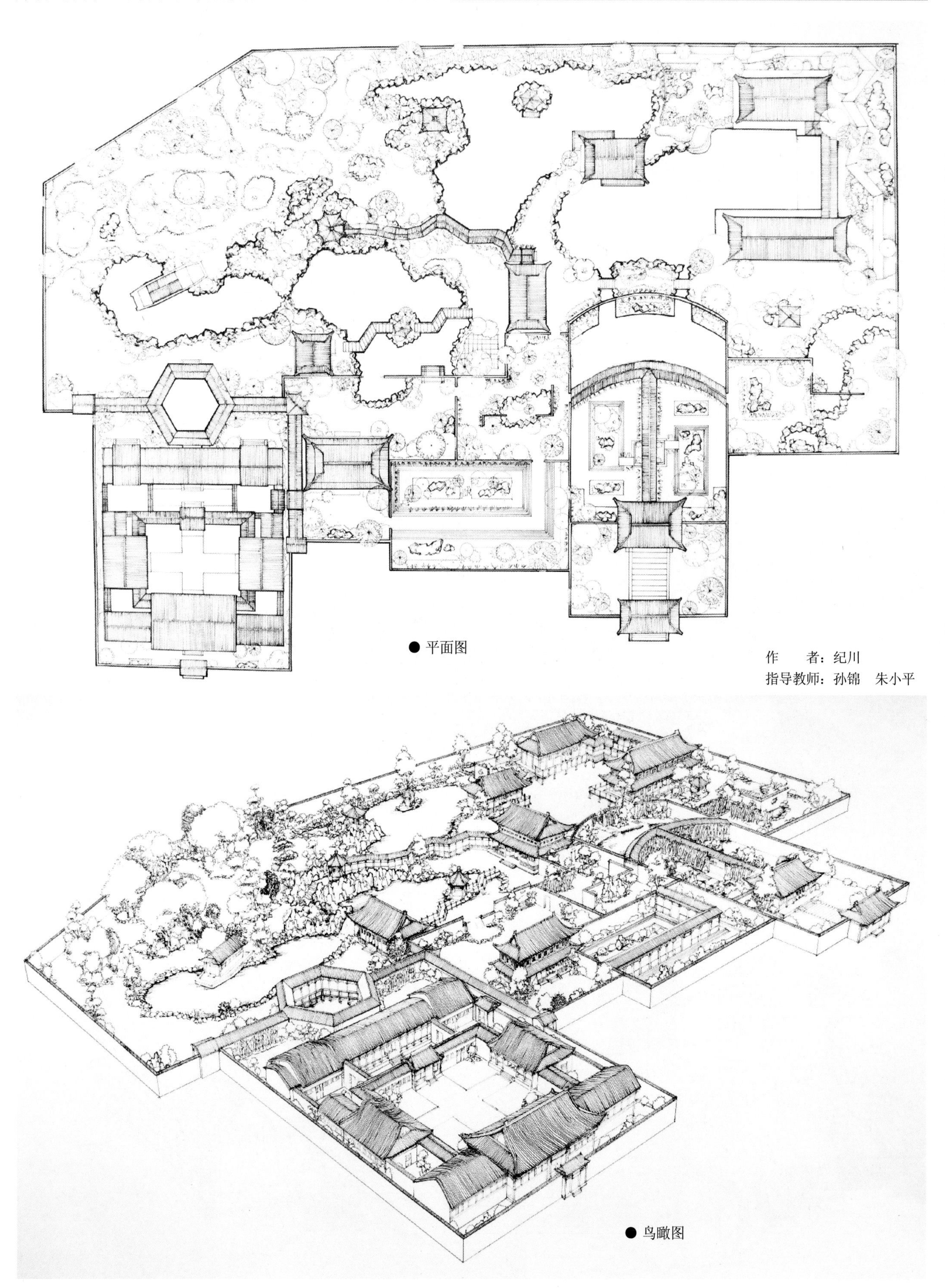

● 平面图

作　　者：纪川
指导教师：孙锦　朱小平

● 鸟瞰图

● 园中景观之一

● 园中景观之二

● 园中景观之三

● 园中景观之四

然雨园　纪川

设计说明

然雨园是“雨然”的倒置，强调的是一种烟雨朦胧的意境，整个园林的设计也是围绕这个词语展开的：以水为主，依水而建，同时，设计的时候让自己心静如水，但是直接表达水过于直白，故为“雨然”。结合整个园子听雨的意境，强调雨水然然的心灵境界，这也是此园林的设计初衷。

这个园子分为11个部分，在进门处的静水廊悠闲观竹、观水的同时，即被引导至君子竹林。竹林旁边的小路通向听雨阁，这里是君子家人共聚一堂、听雨作画的地方。听雨阁旁边是近水楼台的近水阁，出了近水阁顺着廊走下去是六角荷花廊，一边通向住处，一边通向大的自然区域。顺着湖边体会水对人的亲近，就来到了雨船居。绕过雨船居后的树林来到忘水亭，顺廊而下就到了船雨阁。通过船雨阁可以驾船游玩湖心。每逢佳节好友相聚，到湖心亭中喝酒吟诗，是人生几大乐事之一！

继续走下去就到了无名居，它是整个园子最大的与水结合的水居，并配有二层的观赏廊。站在廊上，可以观赏整个园子，其乐无穷。离开无名居，经过田园水径就回到了静水廊，这就是整个然雨园的基本分布。

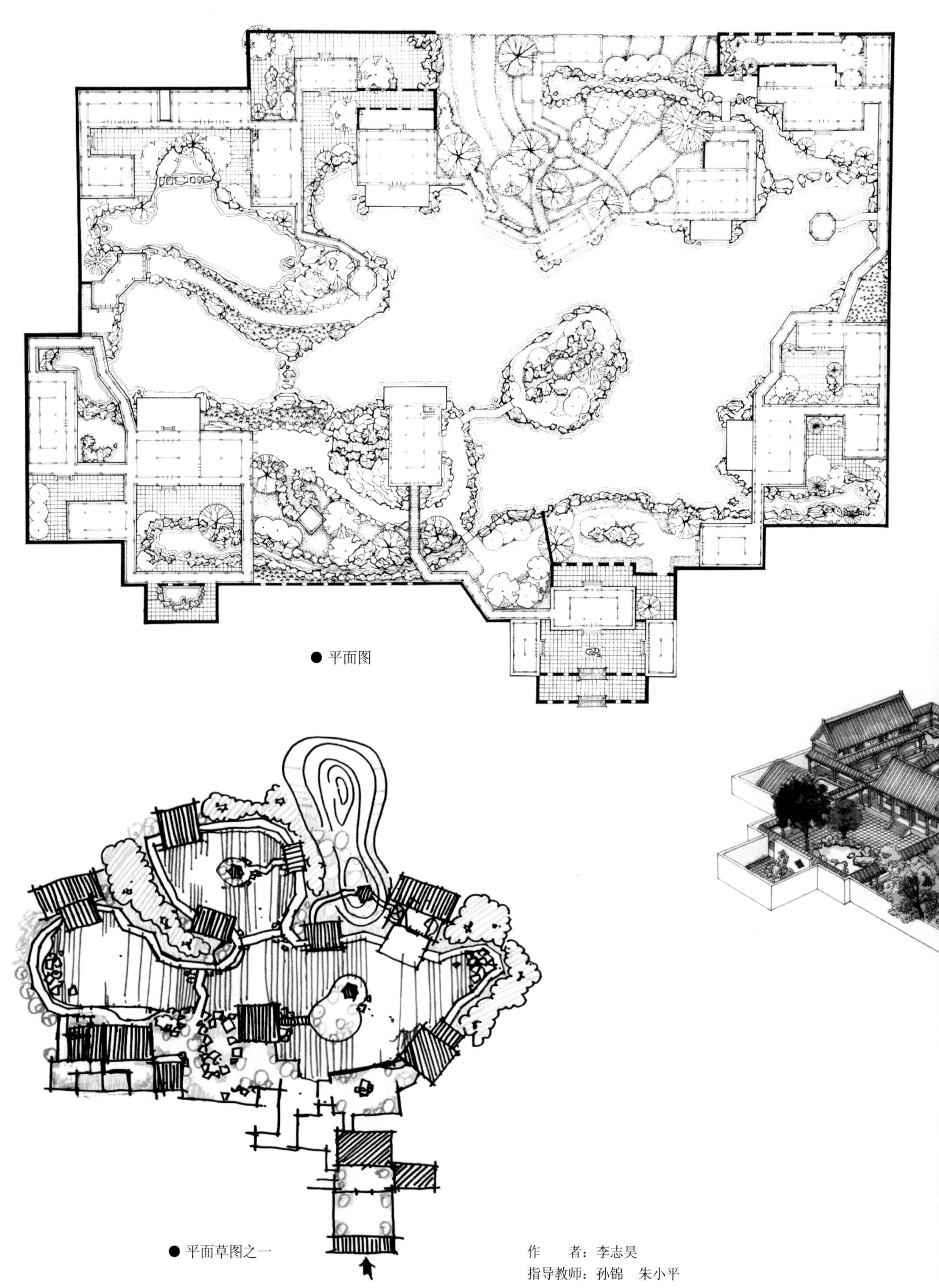

● 平面图

● 平面草图之一

作　　者：李志昊
指导教师：孙锦　朱小平

溯园　李志昊

设计说明

“溯园”取自于“溯源”的谐音。溯源是追本求源之意，人们倾向于去寻找事物的源头和本质，这也符合园林设计中的引导性。用水的流向引导游人行进的线路，使人们在发现的过程中领会园林的意趣。

如平面草图之一所示，大致对园内景点进行了布局，出入口设置在一起，园内呈八字形游览路线。如平面草图之二所示初步确定了建筑的摆放，植物的布局扩充了园内的面积，使水域更有动感。最后的平面图确定了建筑物和植物的配置，从山上流下的溪流体现了“源”的观念。游人在山下不禁被水流吸引，而上山去追寻水的源头，此园名的本意就来源于此。

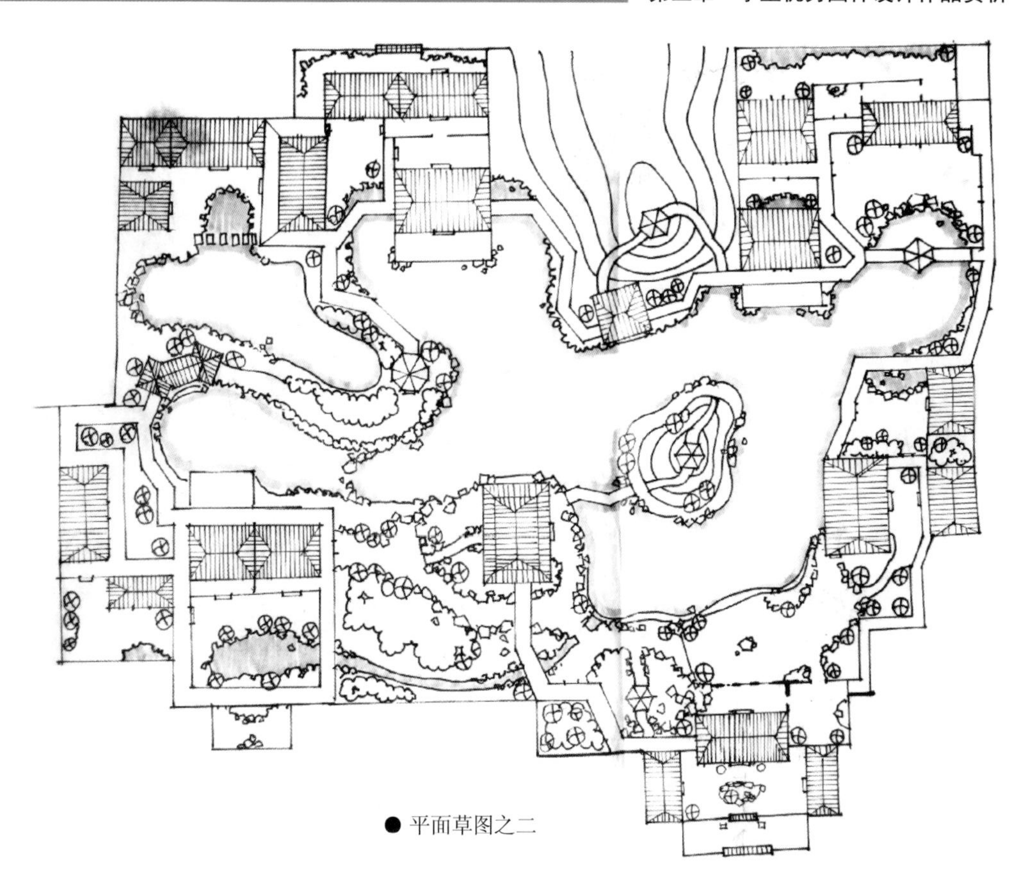

● 平面草图之二

● 鸟瞰图

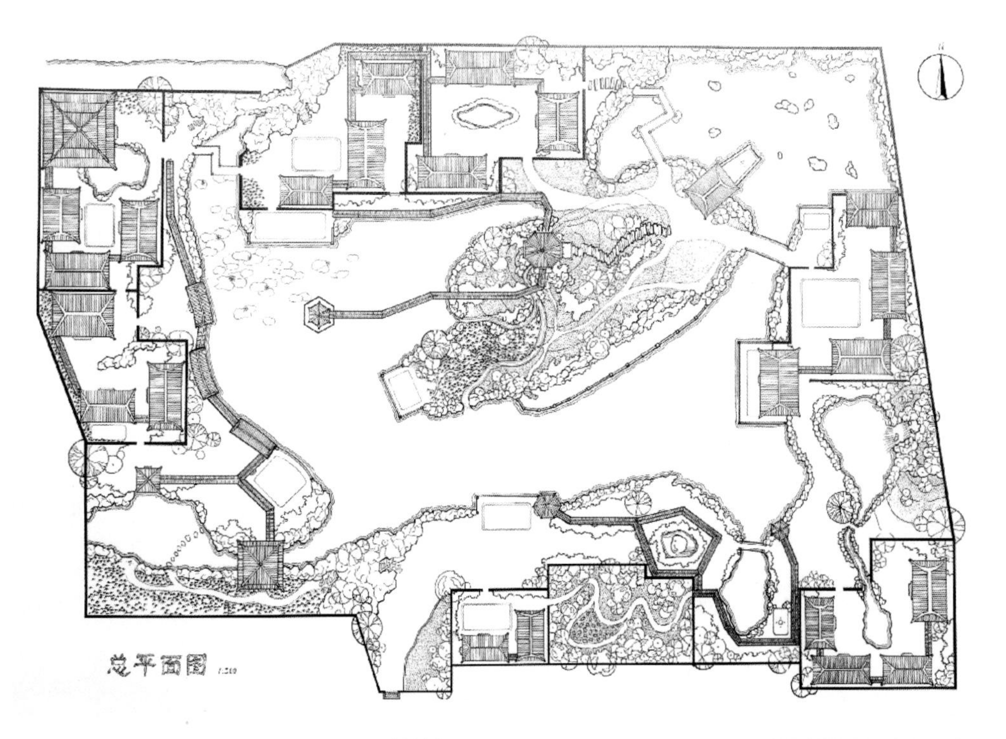

● 平面图

无邪园 张伟建

设计说明

本设计为典型的南方古典园林，力求表现南方园林的静谧素雅和玲珑剔透，使人们体验到古人的生活，营造诗情画意之感。无邪园力求丰富而不复杂，园内院落错落有致，各景点点缀其间，高低不一，体现中华传统的审美观——不规则的美。

设计严格按照制图的标准手绘，包含详细细节分布效果，园区总面积约两万平方米，有零星单个建筑数座，水域占了近一半面积。

鸟瞰图以东北方向为视角俯视全园，尽观每个建筑。鸟瞰图注重细节，上色注意表现质感，抒发情境。局部建筑节点说明为园中六角亭，细致表达了尺寸规格及细部构造。

无邪园整体水域较广，基本上由四周的陆地、中部的水域和大面积的半岛构成。全园一共有七个景观、八个院落，游览路线清晰明了，园内水域与园外自然水域相通，几乎每个院落都注入流水，意在表达古人诗词中的情景交融、水天一色之美。

整个园林结构并不复杂，小景点层出不穷，大景观霸气而不乏内敛。水面与景观、楼阁穿插交融，在春夏秋冬不同的季节具有不同的韵味，带给人不一样的感受。游在无邪园，让人梦回江南……

● 平面草图

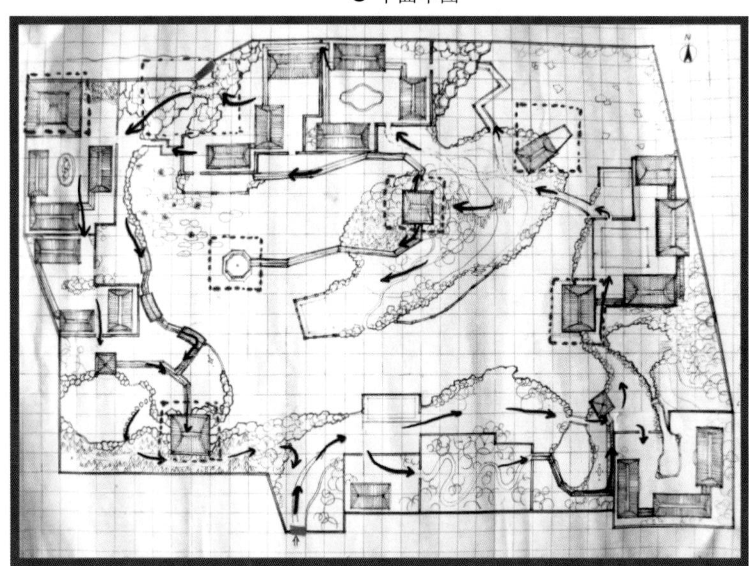

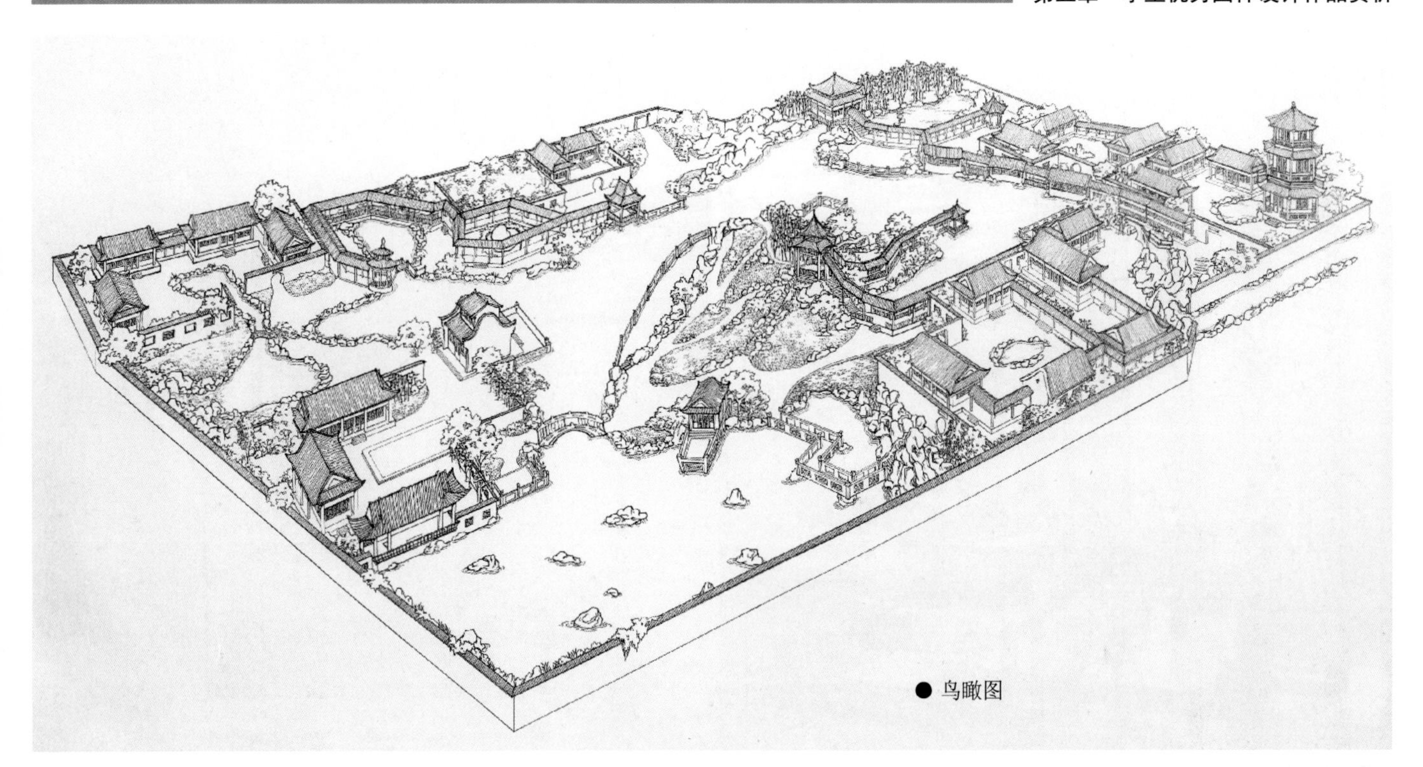

● 鸟瞰图

● 鸟瞰图

作　　者：张伟建
指导教师：孙锦　朱小平

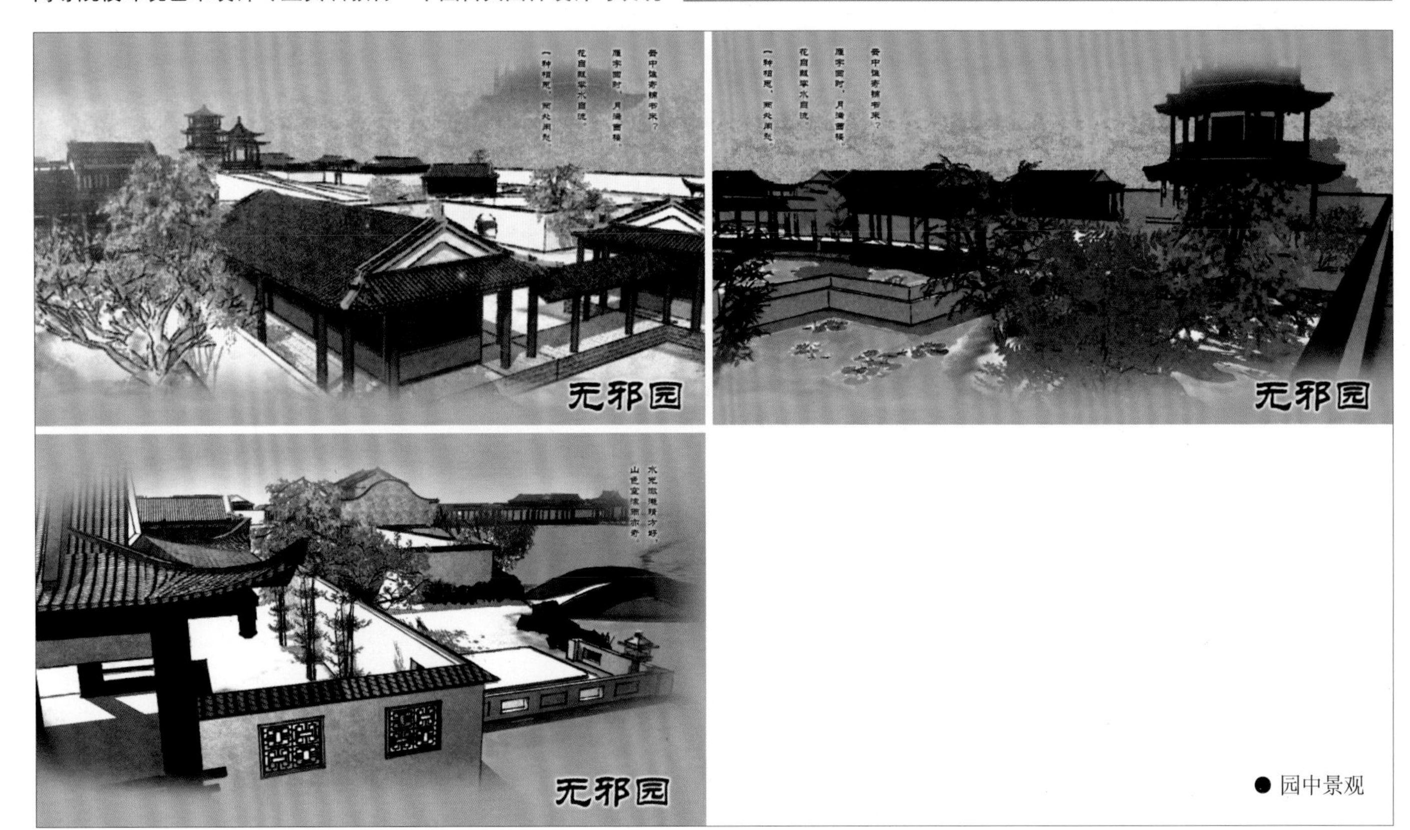

● 园中景观

● 六角亭节点结构图

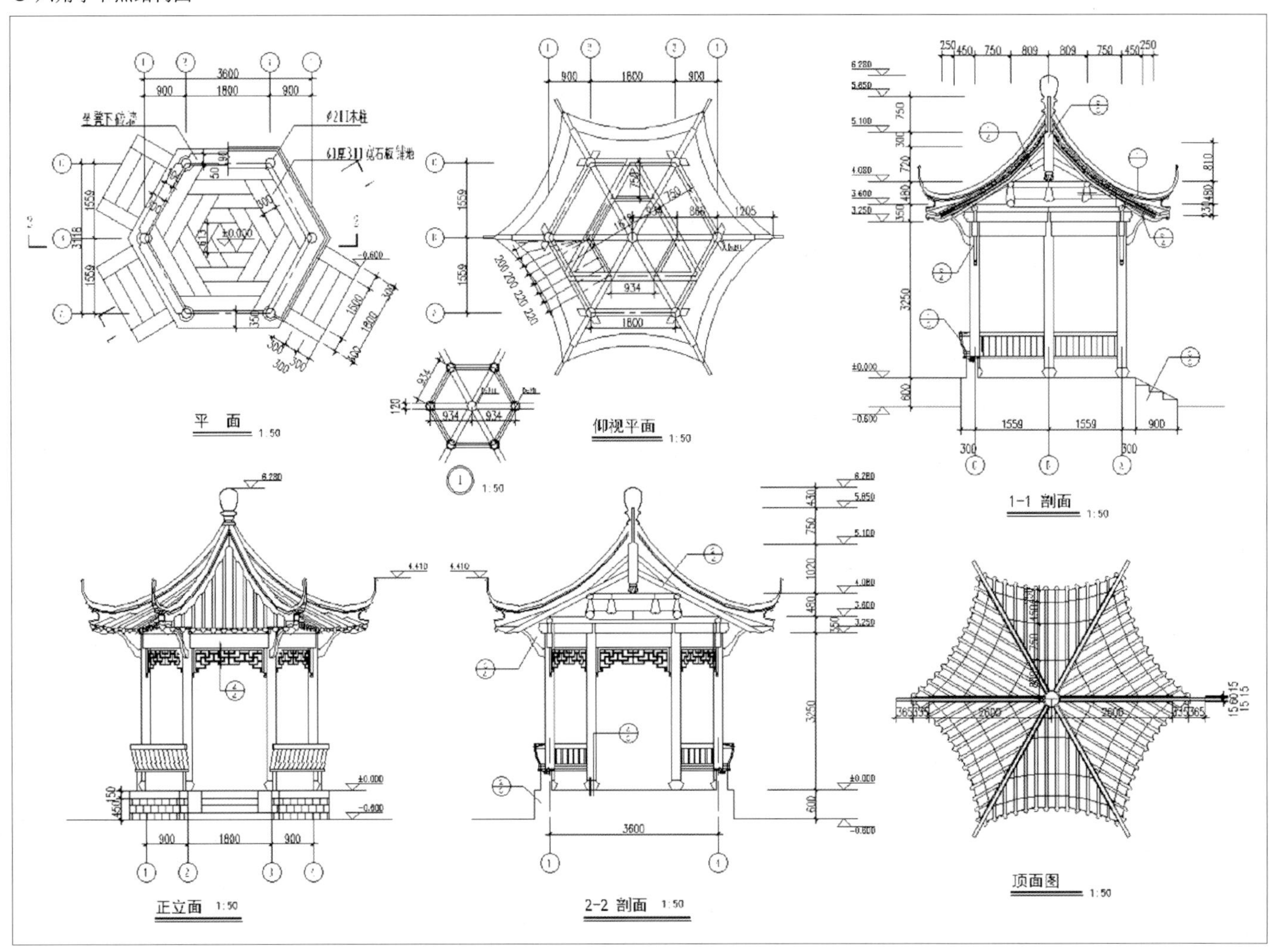

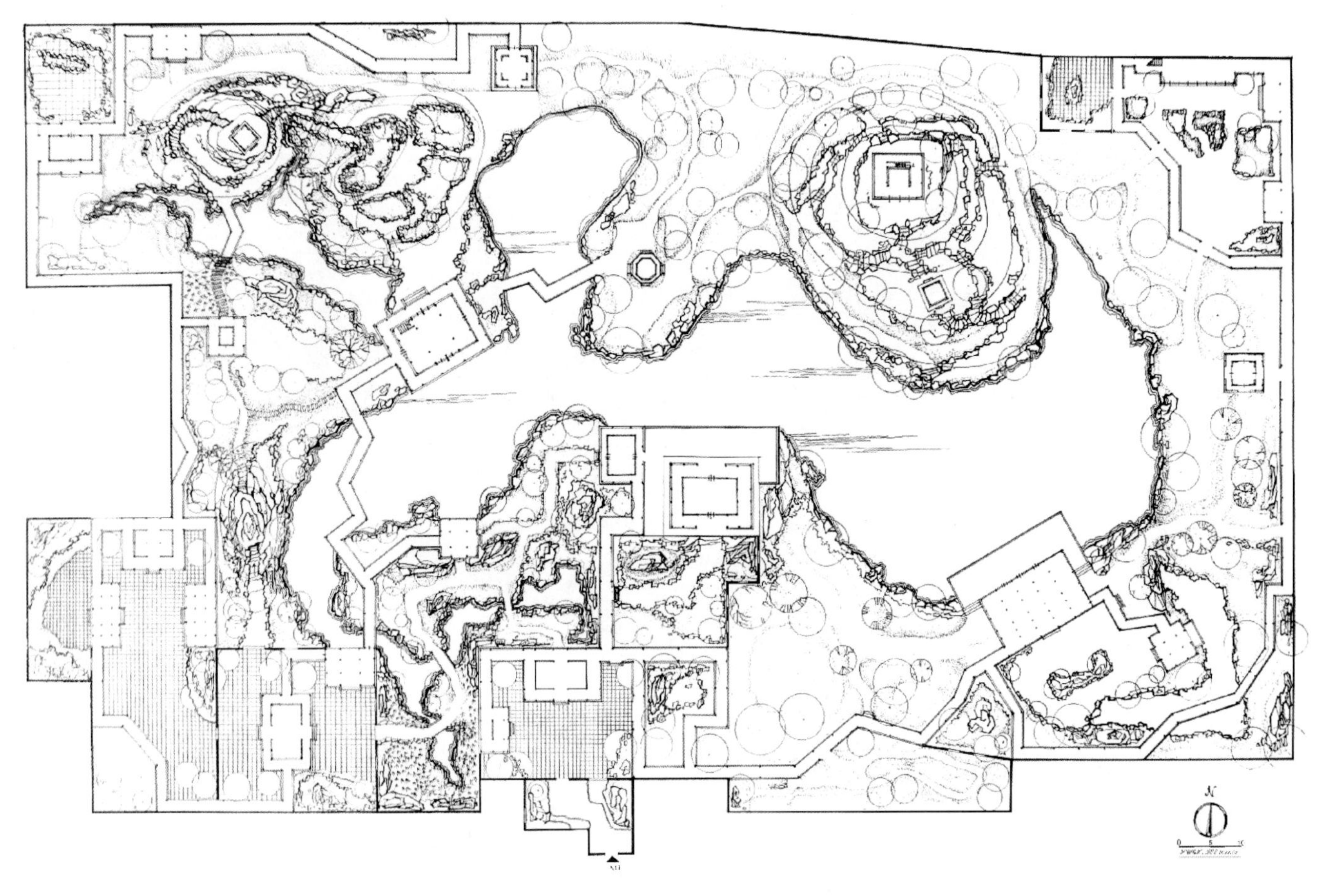

● 平面图

● 园中景观之一

启园 李启凡

设计说明

启园的“启”有“启迪、启发”的含义，置身于园林之中令人身心舒畅，能够在喧嚣中得到静谧，可以更好地思考问题，启迪自己的心智。这也是此园名称的寓意所在。

此园虽缀山不高，但是造型独特，很有趣味，与水景很好地结合在一起。园子以叠石取胜，洞壑曲转，怪石林立，水池萦绕。依山傍水有沁心居、听雨楼、兰启堂、蔚云阁等建筑。主厅兰启堂结构精美；宜然亭东对假山，下临小池，景色幽静，如置画中；听雨楼可览群峰；竹雪堂庭院幽雅、安静；暗香阁、紫藤幽居等各有特色，耐人观赏。

园内四周长廊环绕，花墙漏窗变化繁复，丰富了院内的景色，使人流连忘返。植物配植基调是以落叶树为主，常绿树为辅，用竹类、藤萝和草花作点缀。采用孤植和丛植的手法，选择枝叶扶疏、体态潇洒、色香清雅的花木，按照作画的构图原理进行栽植，使树木不仅成为造景的素材，又是观景的主题。许多树木的种植与园林建筑及匾额相呼应，寓情于草木。

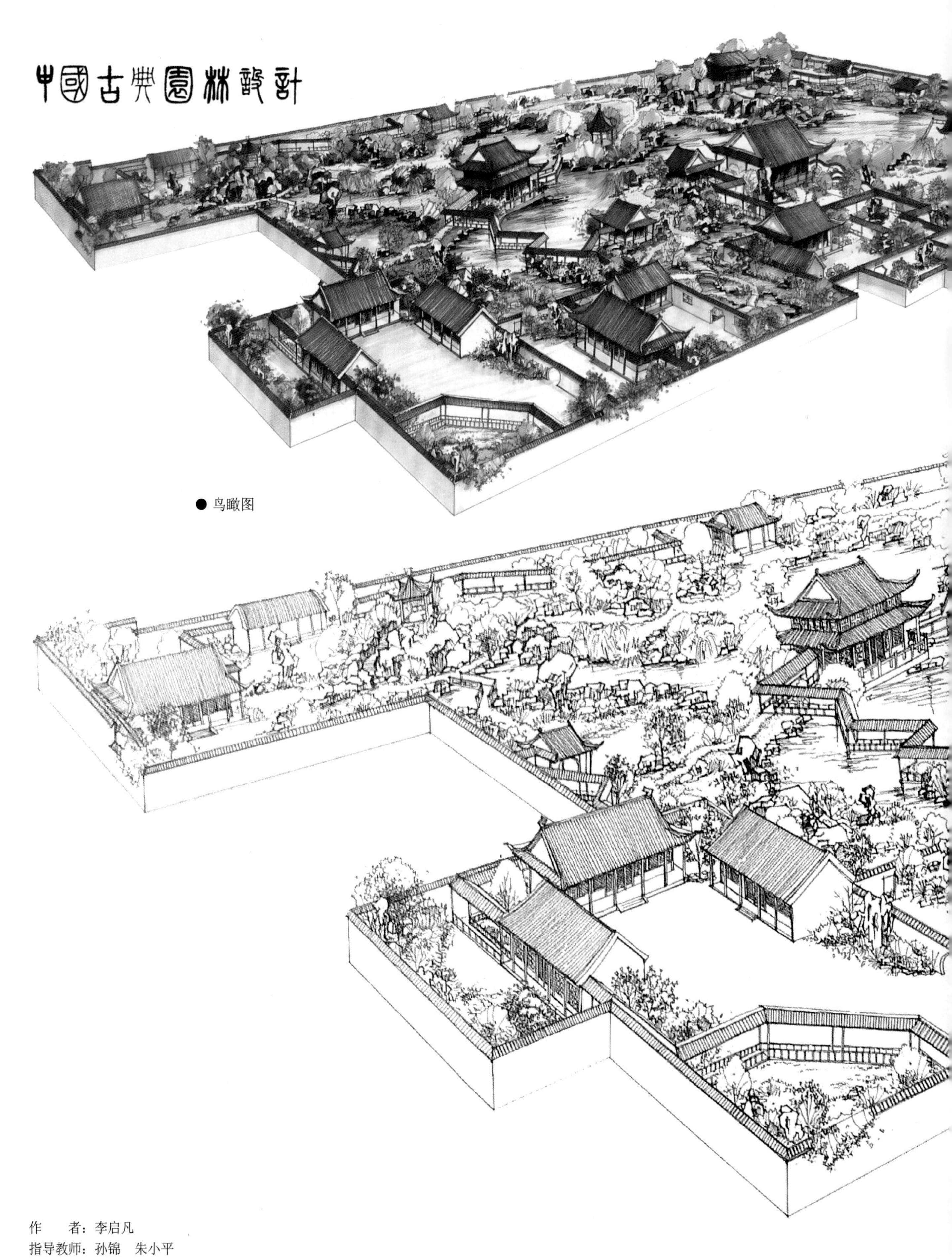

● 鸟瞰图

作　　者：李启凡
指导教师：孙锦　朱小平

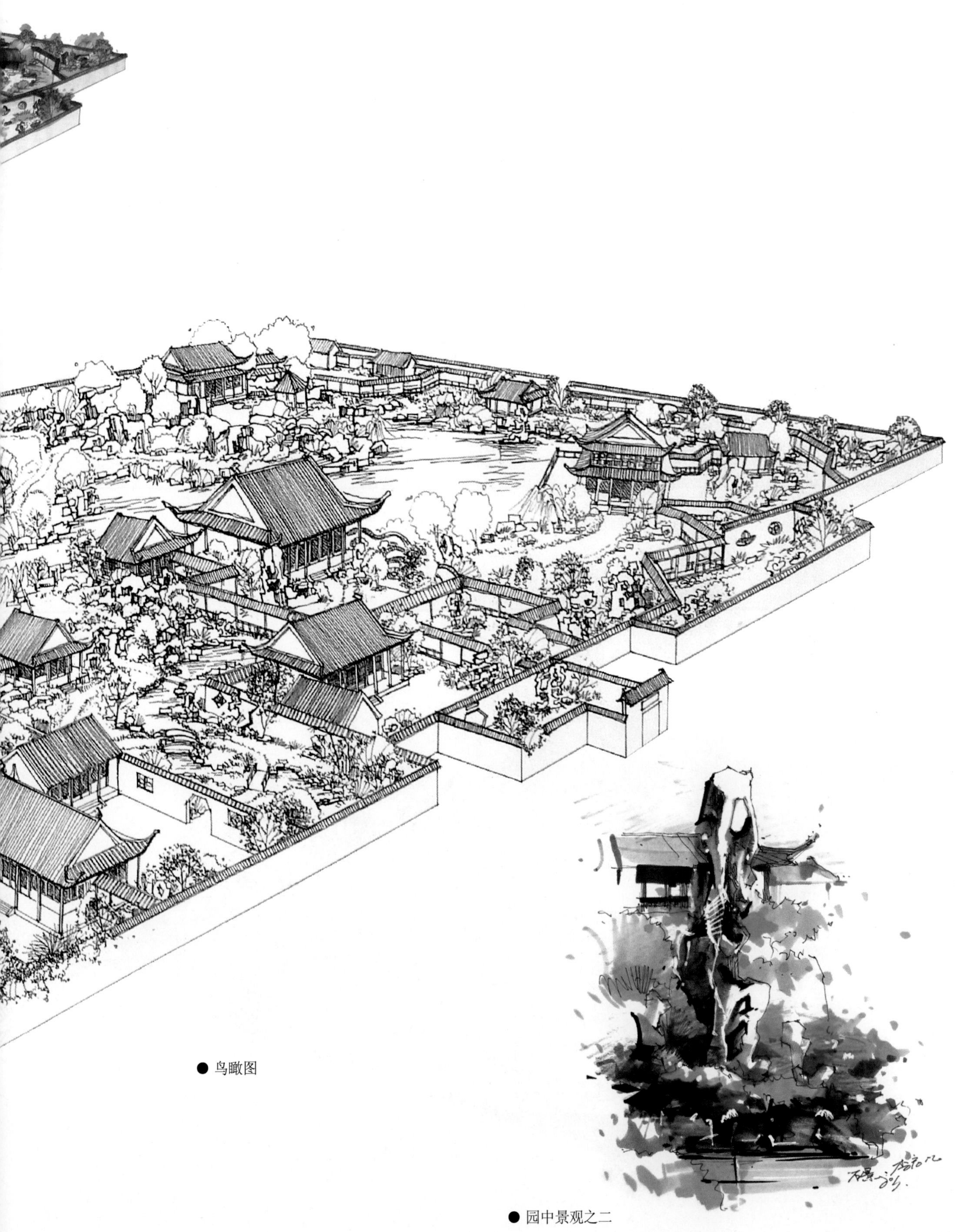

● 鸟瞰图

● 园中景观之二

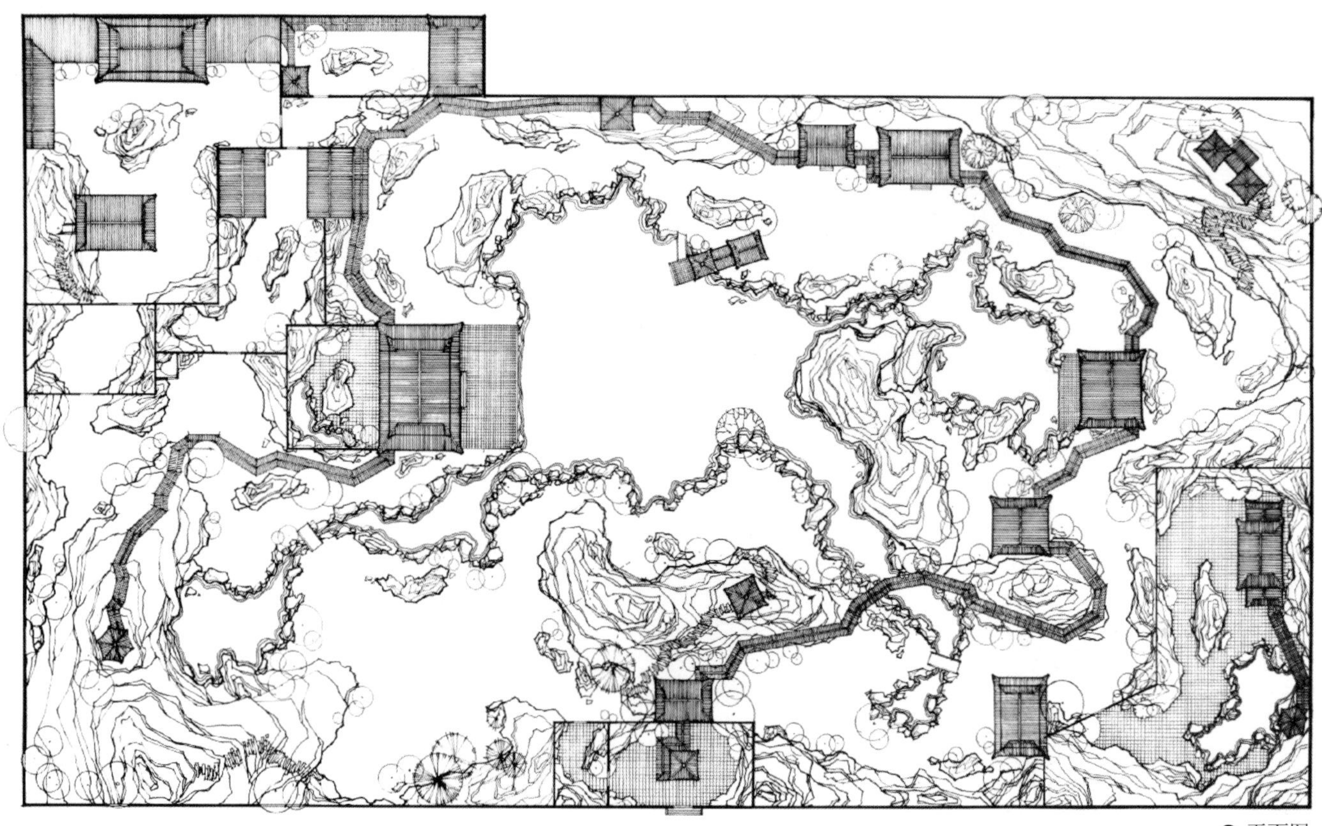

● 平面图

嵯峨园 刘文敬

设计说明

“故园不可见，巫岫郁嵯峨。”是杜甫《江梅》中的诗句，“嵯峨”有山峦高耸及坎坷不平之意。本设计以叠石理水为主，通过植物造景、花木配植、园林小品对过于散漫的空间进行分隔，“俗则屏之，佳则收之”。在规划布局中始终贯彻“以人为本”的宗旨，力求营造出一处宁静、舒适、恬淡、幽雅的古典园林。

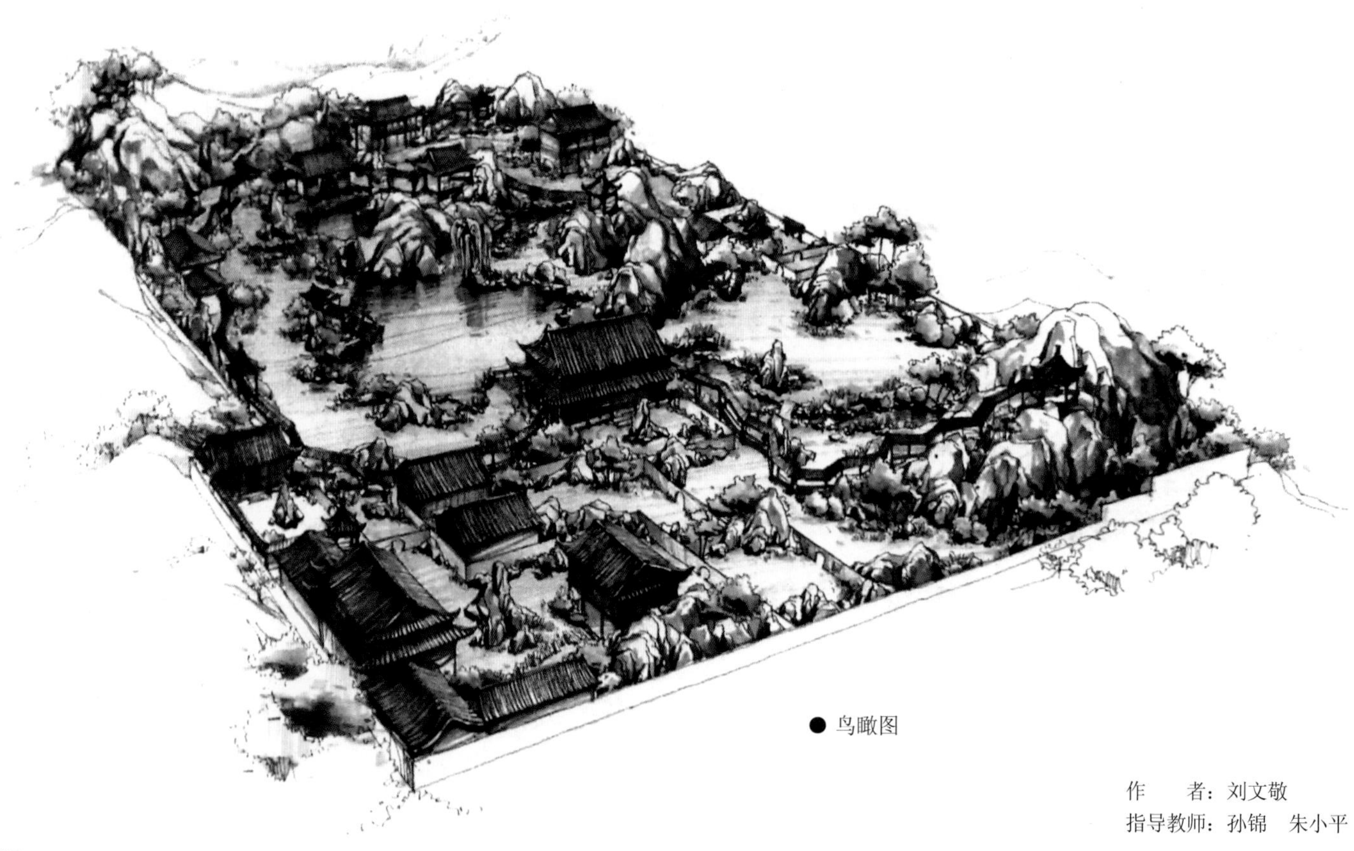

● 鸟瞰图

作　　者：刘文敬
指导教师：孙锦　朱小平

● 园中景观之一

● 园中景观之二

在植物种植方面一是要达到植物生长与环境和谐统一的要求以及植物群落的丰富性等特点，二是要提供特殊的阻隔、除尘、遮荫等防护性功能，并与水面、台地、置石、小品、道路等空间造景元素在空间上进行良好协调，达到植物生态习性、景观审美要求和整体空间意境的完美结合。强化四季景观效果，注重人们在不同空间场所中的心理感受与变化，利用各种造景要素创造富有生命力的植物景观。选用具有较高观赏价值的树种，配以各色花灌木及草坪，体现出植物种植文化的内涵。

● 园中景观之三

● 园中景观之四

祥宁园 王家宁

设计说明

祥宁园属于私家园林，在设计中力求体现园主人细微的思想变化。祥宁园高低起伏不定，布局十分有层级感，正如外表冷峻，内心却充满远大理想的园主。园主解甲归田，远离世俗的尘埃，一心隐居的情怀得以释然。园主人的起居场所以及爬山廊的巧妙设计，体现了园主人心中无限的情怀。爬山廊围合成的院落有假山叠水，交相呼应，引水入园的手法在此得到了升华。在林木之后，假山上的长廊若隐若现，园主人通过这条长廊可以到达下一个园中园。祥宁园的正门体现了园主人的豁达胸襟，亭台楼阁的分布、外水内引的巧妙让人叹服，假山的巧妙阻挡使得祥宁园正门的空间松弛有度，器宇不凡。

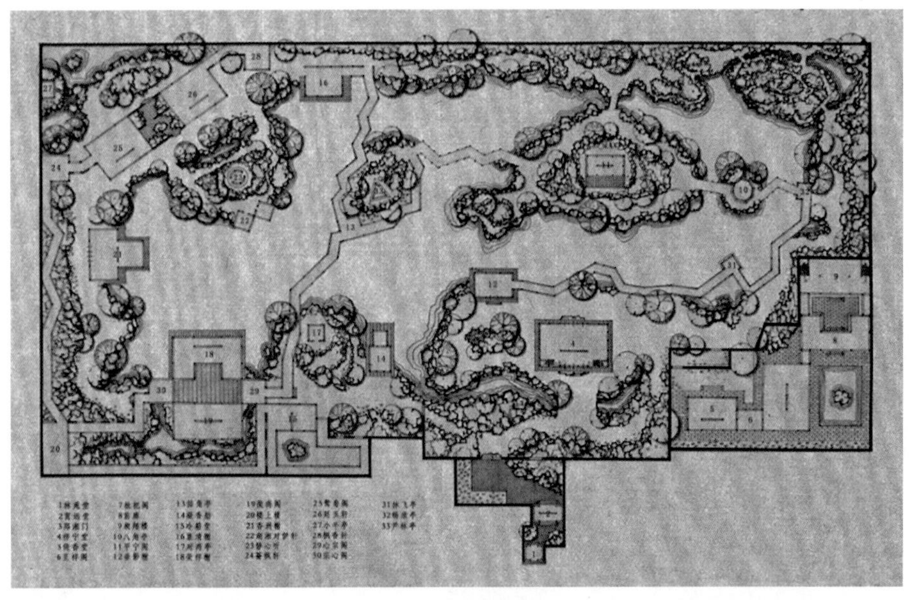

● 平面图

● 园中景观之一

● 园中景观之二

作　者：王家宁
指导教师：孙锦　朱小平

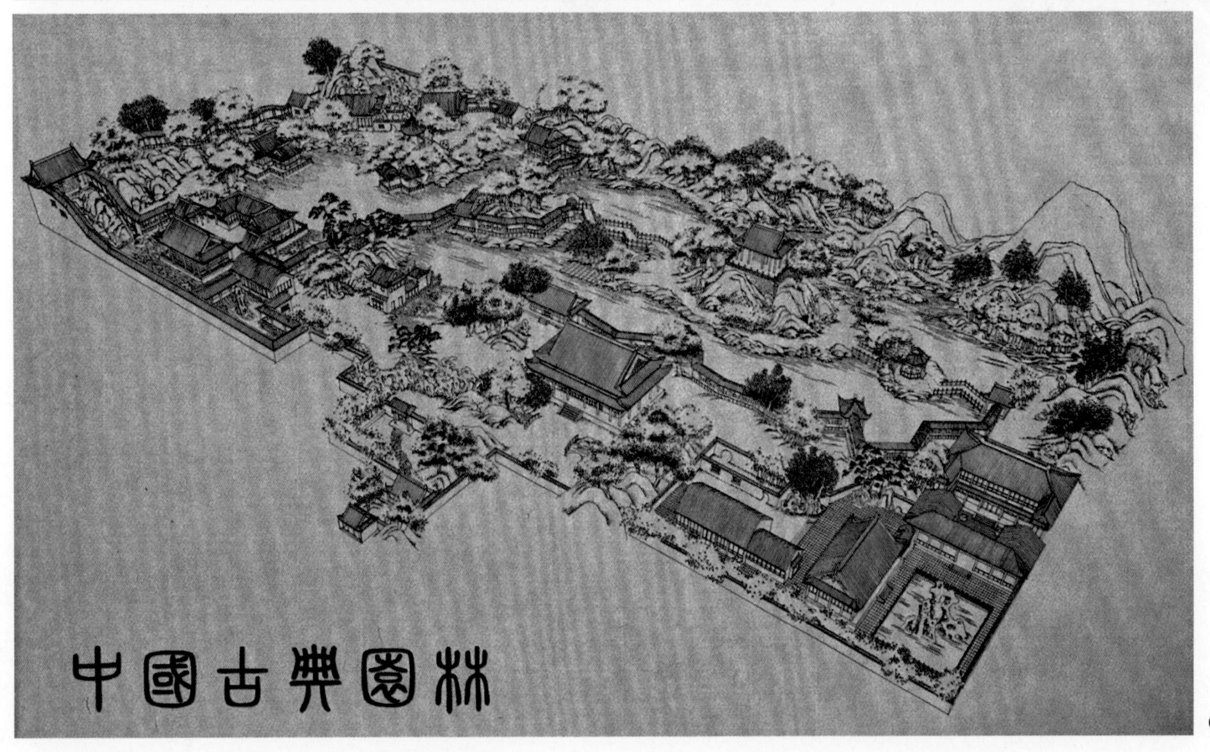

● 鸟瞰图

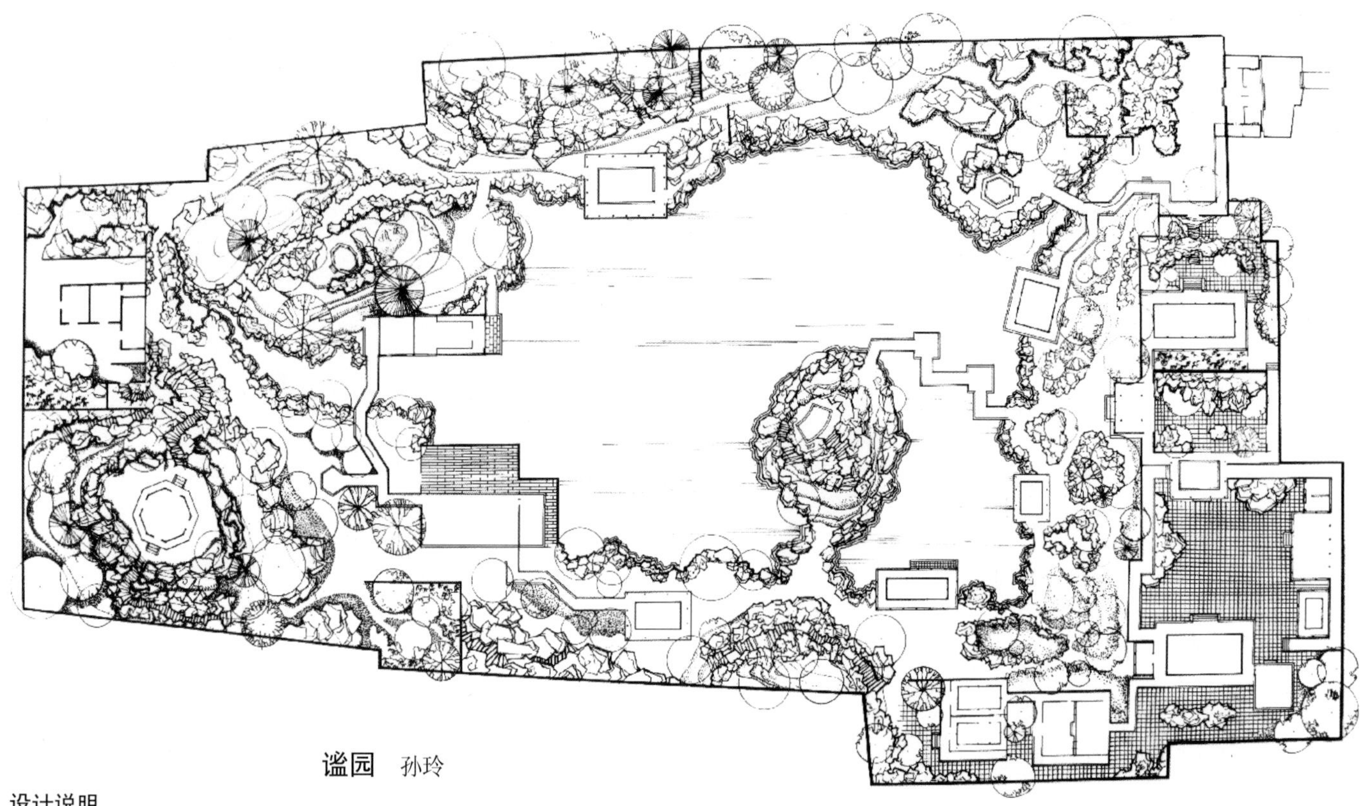

谧园 孙玲

● 平面图

设计说明

中国古典园林历史悠久，源远流长，其独树一帜的艺术风格极大地丰富了人类文化的宝库。本园林设计本着源于自然、高于自然的原则，力求达到“虽由人作，宛自天开”的效果。设计中始终贯穿“人、健康、环保”三大主题，通过植物造景、花木配植、园林小品等手法对自然空间进行改造、调整，营造出一种宁静、舒适、恬淡、幽雅、柔美的环境氛围。

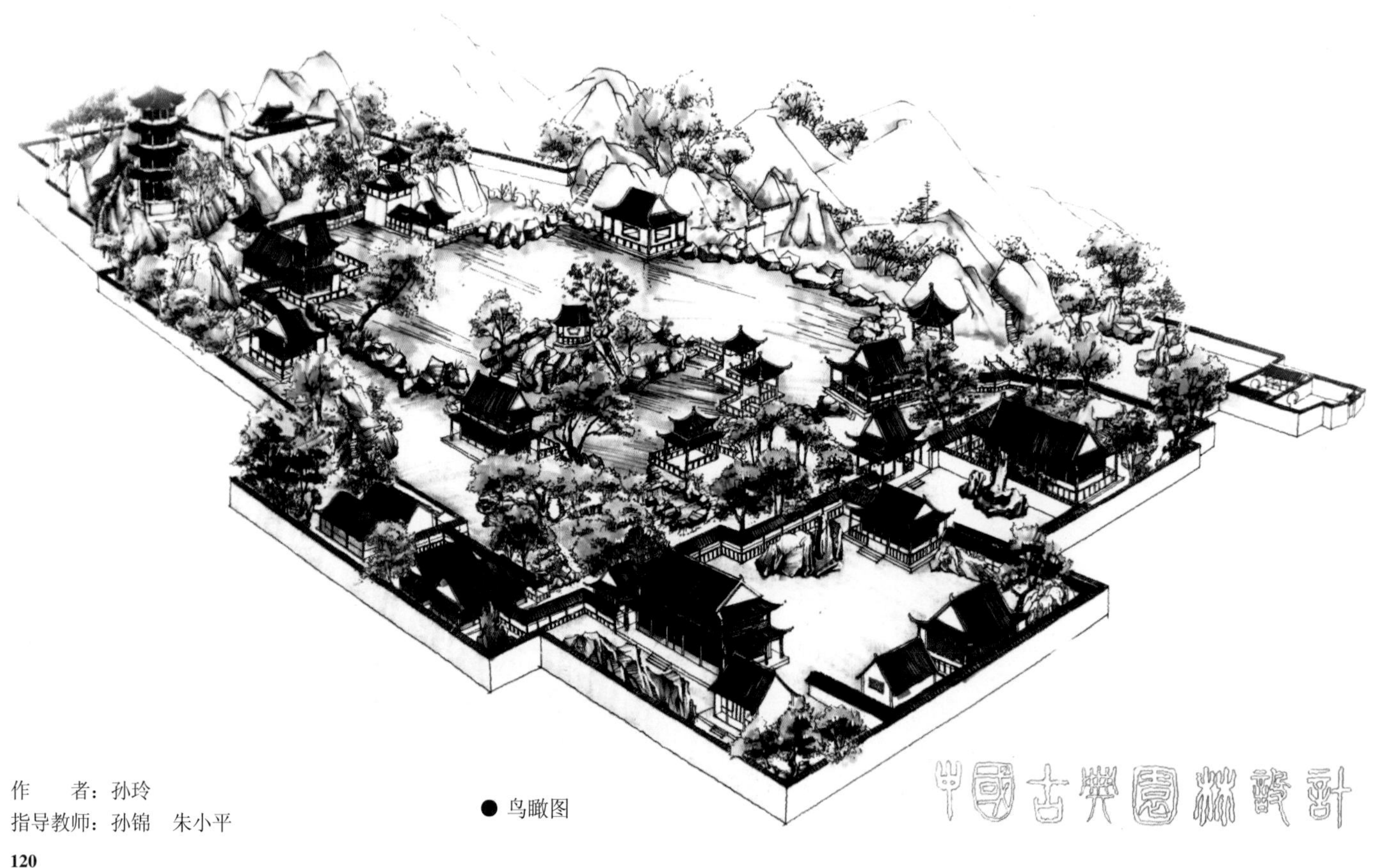

● 鸟瞰图

作　　者：孙玲
指导教师：孙锦　朱小平

此园在设计上追求清静悠远与舒适自然，故被称为“谧园”。分别在纵向和横向上进行分隔，横向上分三个阶段，纵向上分三个阶段。地势自东向西依次升高，呈阶梯式布景，在分散中求得统一，步移景异，自然静谧。

水是富有生气的元素，无水不活，因此园林设计一定要造池引水。在这方面，采用“掩、隔、破”三种基本手法：掩就是以建筑和绿化将曲折的池岸加以掩映；隔就是或筑堤于水面，或有隔水浮廊，或架曲折的石板小桥，或涉水点以步石。正如《园冶》中所说“疏水若为无尽，断处同桥”。若水面很小可用乱石为岸，配以细竹叶草，那么虽是一注水池，却可令人感受到山野风致。

在园林设计中，植物是另一个重要的元素。自然式园林着力表现自然美，对花木的选择很是严格。一讲婆娑美，树冠的形态，树枝的疏密曲直、树皮的质感等都追求自然美。二讲色美，红色的枫叶、青翠的竹叶、斑驳的狼榆、白的广玉兰、紫色的紫薇等，力求一年四季园中自然之色不衰不减；三讲味香，要求植物淡香清幽，不可过浓，有娇柔之嫌；也不可过淡，有意犹未尽之防。四讲境界，花木对园林山石景观的衬托作用往往和园主的精神境界有关，如竹子象征人品高洁，松柏象征坚强和长寿，莲花象征洁净无瑕，兰花象征幽居隐士，石榴象征多子多孙等。

在空间的分隔上，力求达到曲径通幽的效果。主要利用各种建筑构件，如漏窗让空间既不是一览无余，又不妨碍视觉流畅。在漏窗里看，玲珑剔透的雕花，丰富多彩的图案，有浓厚的民族风味和美学价值，园中的堂、廊、石、台阶都显示着自然的美。

所有建筑其形与神都与天空、大地等自然环境相吻合，同时又使园内各部分相接，以使园林体现自然、淡泊、恬静、含蓄的自然特色，并达到移步换景、渐入佳境、小中见大等观赏效果。师法自然，融于自然，顺应自然，表现自然，这是中国古典园林“天人合一”的民族文化之所在，是其独立于世界之林的最大特色，也是其永具艺术生命力的根本原因。

● 园中景观

暄园 张炫

设计说明

“叙温郁则寒谷成暄，论严苦则春丛零叶”。本方案取名为“暄园”，顾名思义是让人们游园时感受到暄妍的温暖静宜之感。全园景区沿水域依次展开，水域部分分为主水域与两片相辅相成的次水域。园区东面为主要建筑群，各景按不同寓意来命名，如风松亭就是由于微风出入松林所形成的景象而得名，正如诗中所述：“云卷千松色，泉如万籁吟”。又如明月亭的由来则是引用了苏轼的“谁与同坐？明月，清风，我”的佳句，显得诗意盎然，宛若置身于美丽的景色之中，伴随着清吟的诗歌，诗中有画，画中有诗。

● 幽合居亭草图

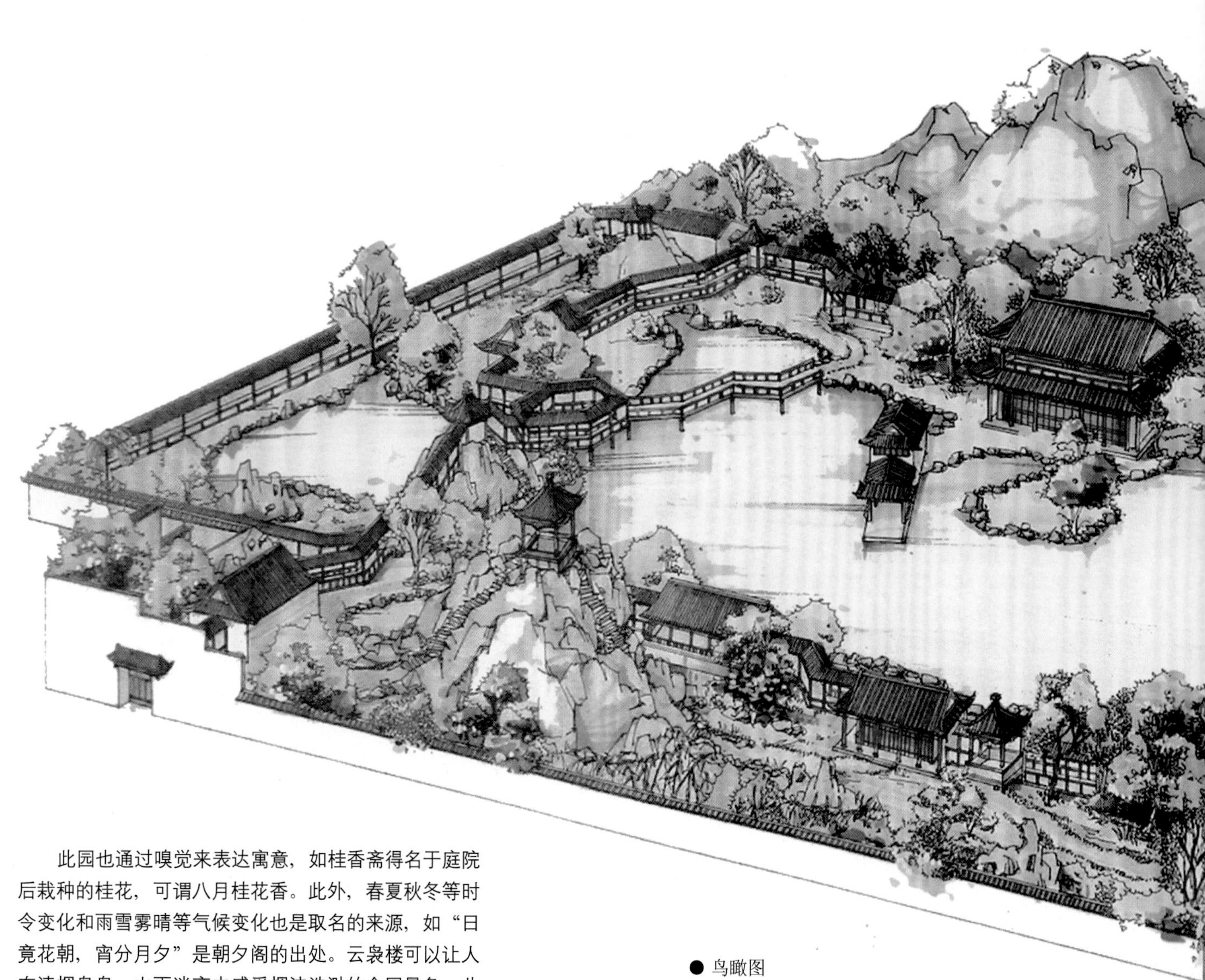

● 鸟瞰图

此园也通过嗅觉来表达寓意，如桂香斋得名于庭院后栽种的桂花，可谓八月桂花香。此外，春夏秋冬等时令变化和雨雪雾晴等气候变化也是取名的来源，如“日竟花朝，宵分月夕”是朝夕阁的出处。云袅楼可以让人在清烟袅袅、山雨迷离中感受烟波浩渺的全园景色。此处是全园的主要观景位置，站在楼上，全园景色尽收眼底。

园中大量运用框景、借景的手法，内外相结合，借助引水叠山、植木等方法追求自然情趣。

一期方案草图：

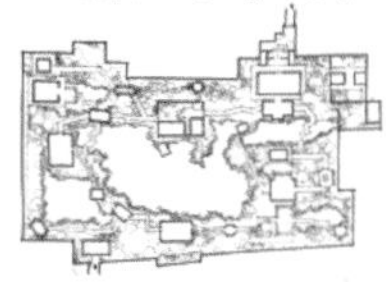

二期方案草图：

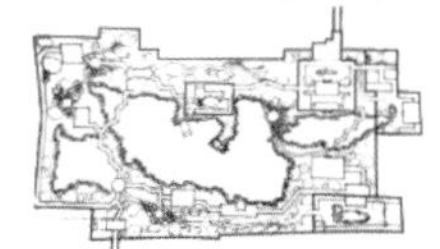

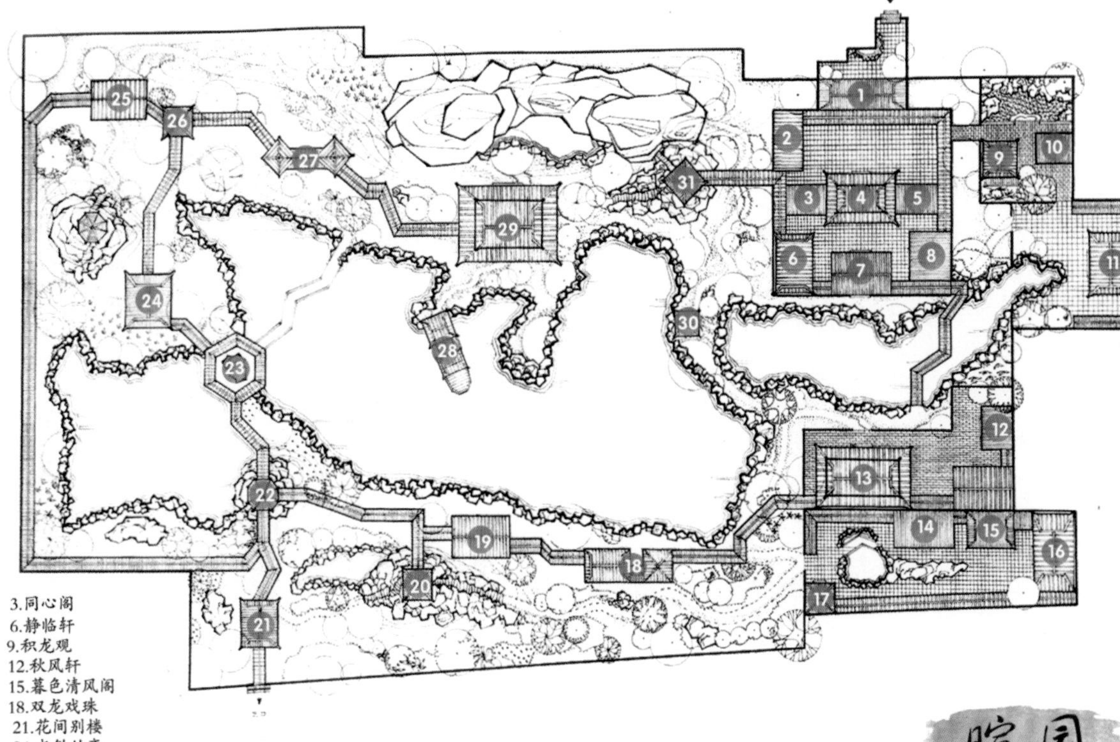

1.暄和妍　2.虚日轩　3.同心阁
4.迎趣楼　5.从景阁　6.静临轩
7.暄零堂　8.方阁　9.积龙观
10.桂香阁　11.观海阁　12.秋风轩
13.乐暄楼　14春草堂　15.暮色清风阁
16.万里晴　17.徽澈亭　18.双龙戏珠
19.满园轩　20.风松亭　21.花间别楼
22.汇风亭　23.举石阵　24.老敏竹斋
25.清乐轩　26.仙银亭　27.幽合居亭
28.暄鱼舫　29.云袅楼　30.石林亭

● 平面图

暄园

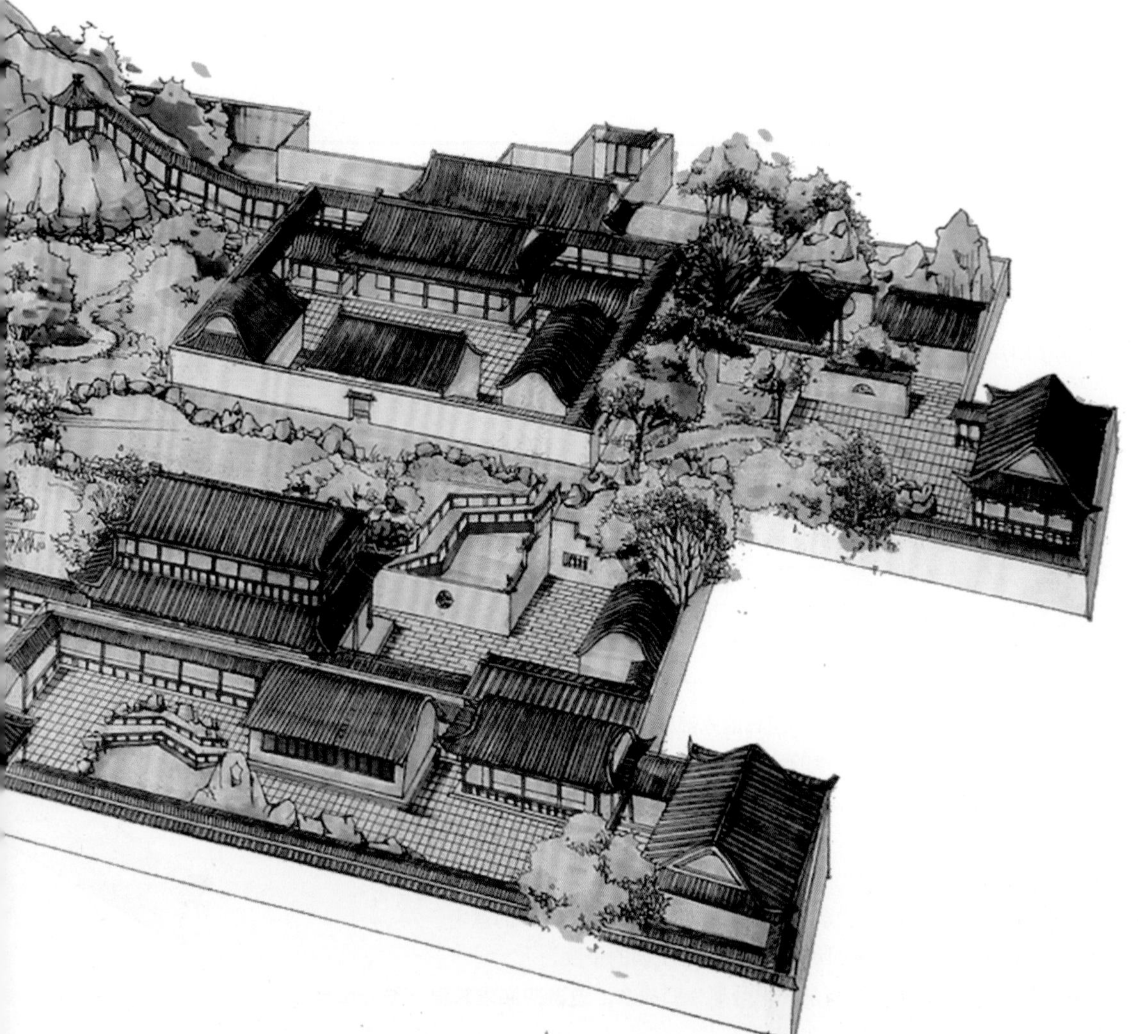

作　者：张炫
指导教师：孙锦　朱小平

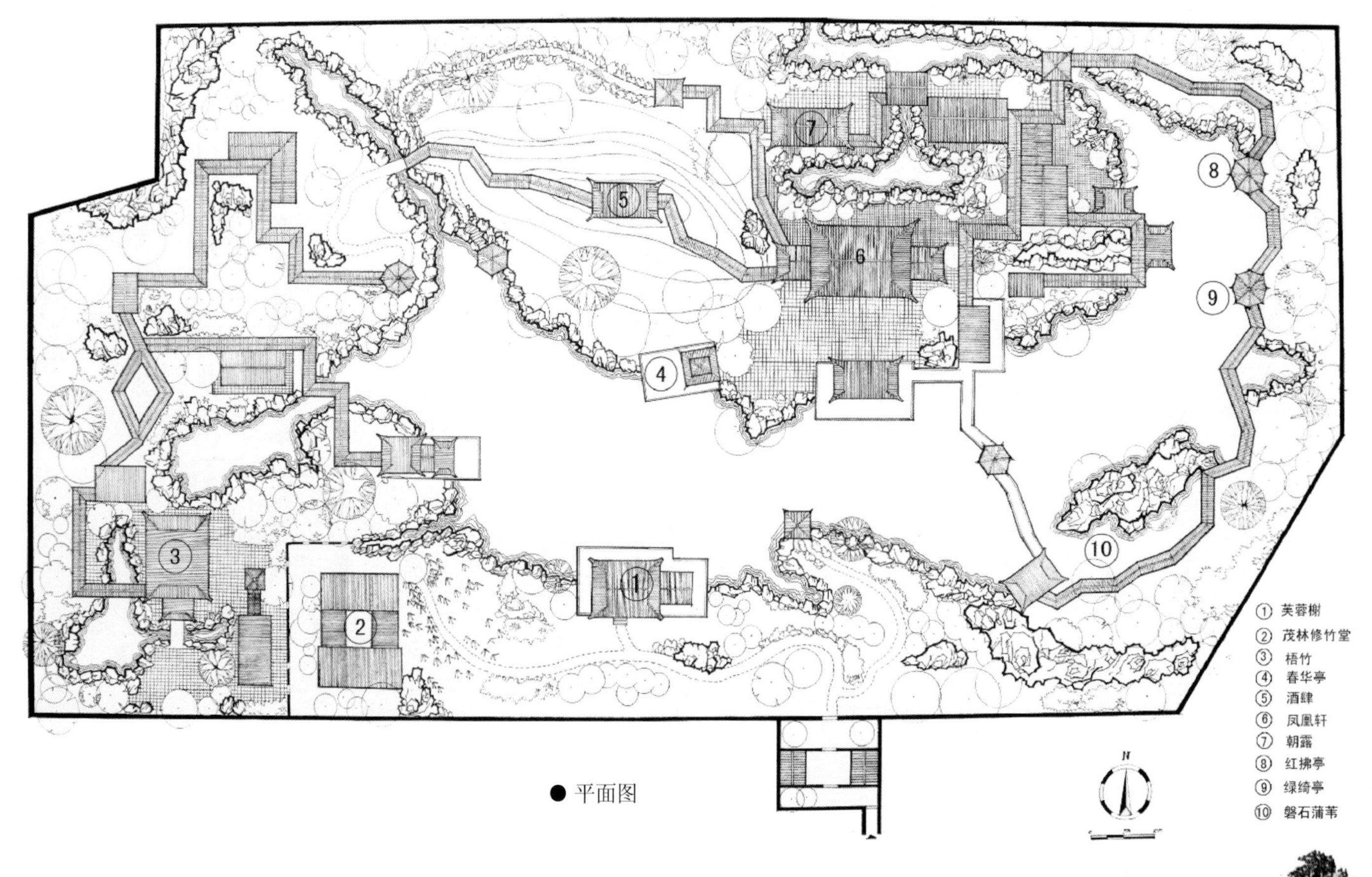

● 平面图

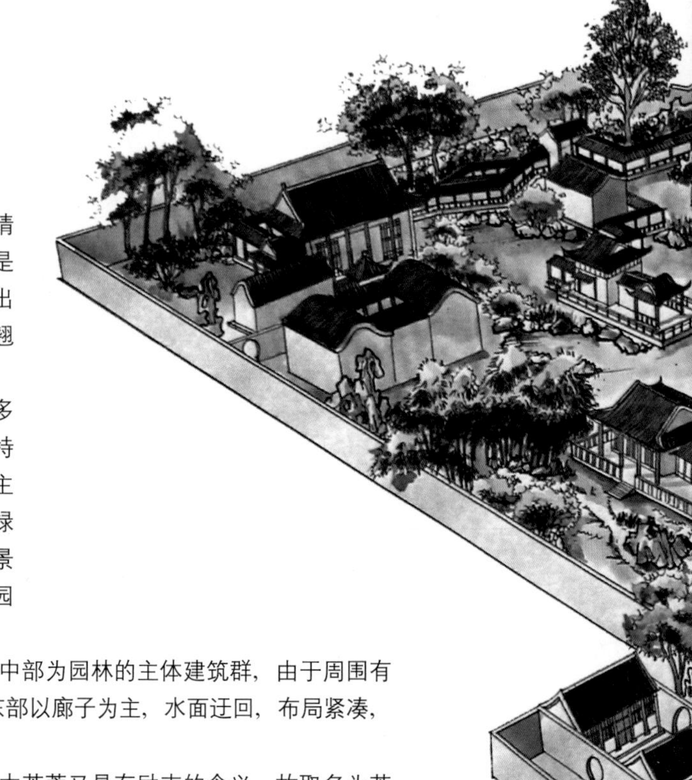

连理园 王伟

设计说明

本园林命名为“连理园”，是以历史人物司马相如和卓文君的爱情故事为背景设计的。园子选址于其故乡四川成都，园中的主要景点都是与两人的爱情故事联系在一起的，使院内具有浓厚的文化氛围，显现出古朴淳厚的风貌。园中建筑也吸收了四川当地的建筑风格，高挑的起翘及山墙的纹饰，古风犹存。

园子的布局疏密自然，亭台楼榭皆临水而建，建筑类型形式丰富多样，有的亭榭直出水面，具有江南水乡的形式，又不乏蜀中园林的特色，池广树茂，景色自然。临水布置了形体不一、高低错落的建筑，主次分明。各个建筑之间有漏窗，用回廊相连，院内的山石、古木、绿竹、花卉等构成一幅了悠远宁静的画面。院内的湖、池、涧等不同的景区，把风景诗、山水画的意境和卓文君与司马相如的爱情故事再现于园中，富有诗情画意。

园林西部有一座小的庭院坐落于竹林中，茂林修竹，溪涧环绕。中部为园林的主体建筑群，由于周围有一些大小不等的院落空间对比，主体空间显得更加疏朗开阔。园林的东部以廊子为主，水面迂回，布局紧凑，依水而建的亭阁起伏曲折，凌波而过的水廊是欣赏园中水景的佳处。

（1）芙蓉榭。芙蓉为四川成都的市花，司马相如是四川成都人，木芙蓉又具有励志的含义，故取名为芙蓉榭。

（2）茂林修竹堂。位于园林的西部，是一个僻静的小院落，其环境极为清幽。

（3）琴台。是一块位于溪涧中的大石头，颇有“井上疏风竹有韵，台前古月琴无弦”的意境。

（4）酒肆。处于园中最高的位置，在这里可以俯瞰全园的景色，领略全园的景致。

（5）凤凰轩。是园中的主体建筑，为两层建筑形式，从“凤兮凤兮归故乡，遨游四海求其凰，凰兮凰兮从我栖，得托孳尾永为妃”中得名。

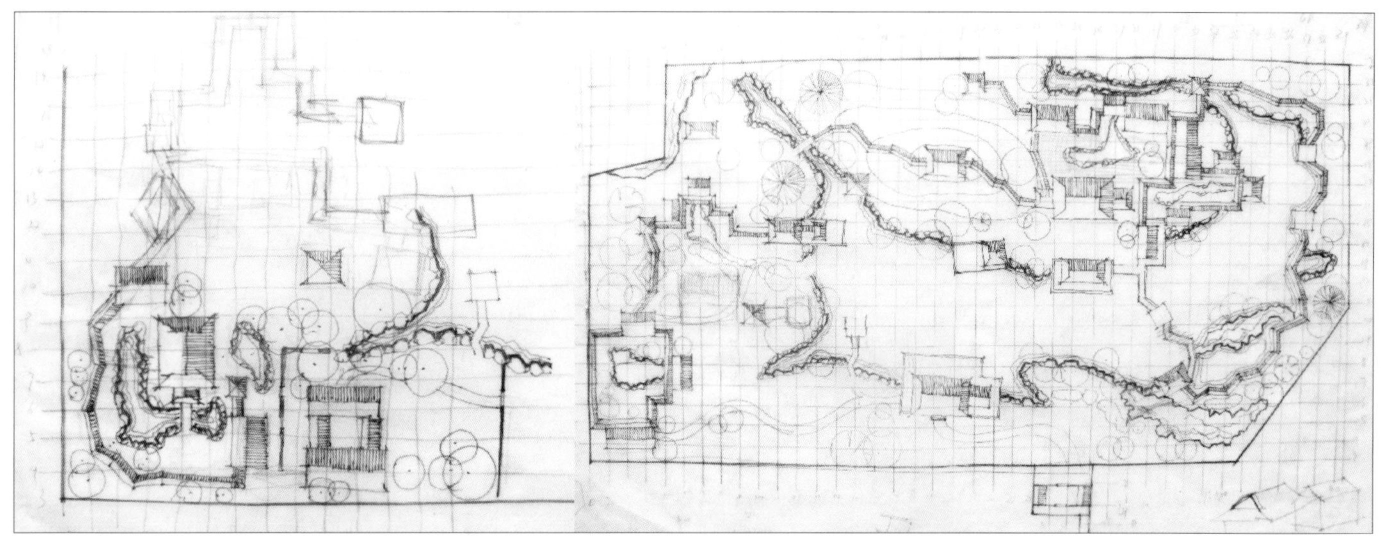

● 前期平面草图

（6）红拂绿绮亭。绿绮是一架传世的名琴，琴内有铭文曰“桐梓合精”。成语“红拂绿绮”中的“绿绮”即指司马相如以绿绮挑卓文君的典故。在园中，红拂、绿绮是两个八角攒尖的亭子，有廊子连在一起，寓意两人的爱情。

（7）磐石蒲苇。“君当做磐石，妾当做蒲苇，蒲苇韧如丝，磐石无转移”。这一段廊子较为曲折，暗示两人爱情道路的坎坷。

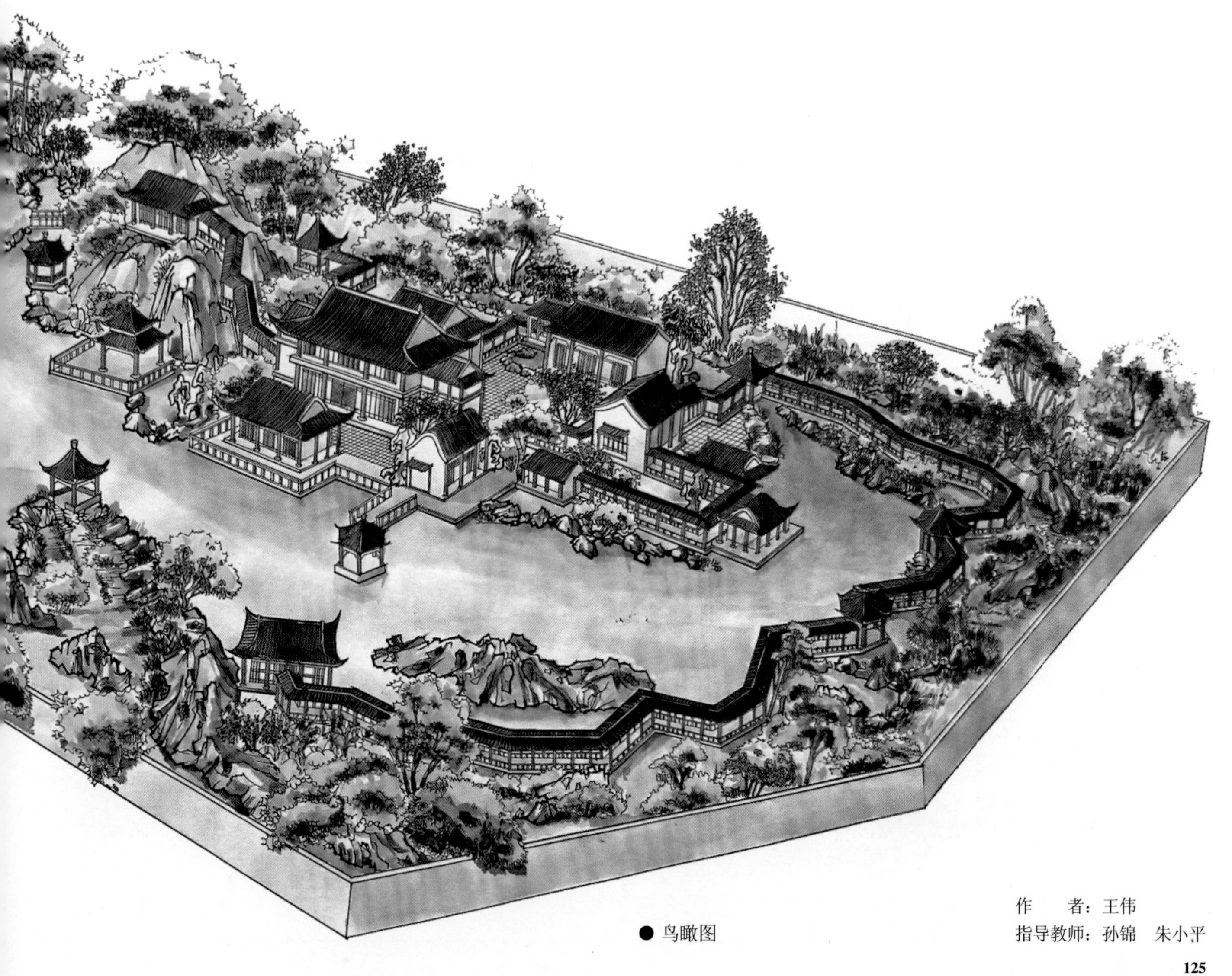

● 鸟瞰图

作　　者：王伟
指导教师：孙锦　朱小平

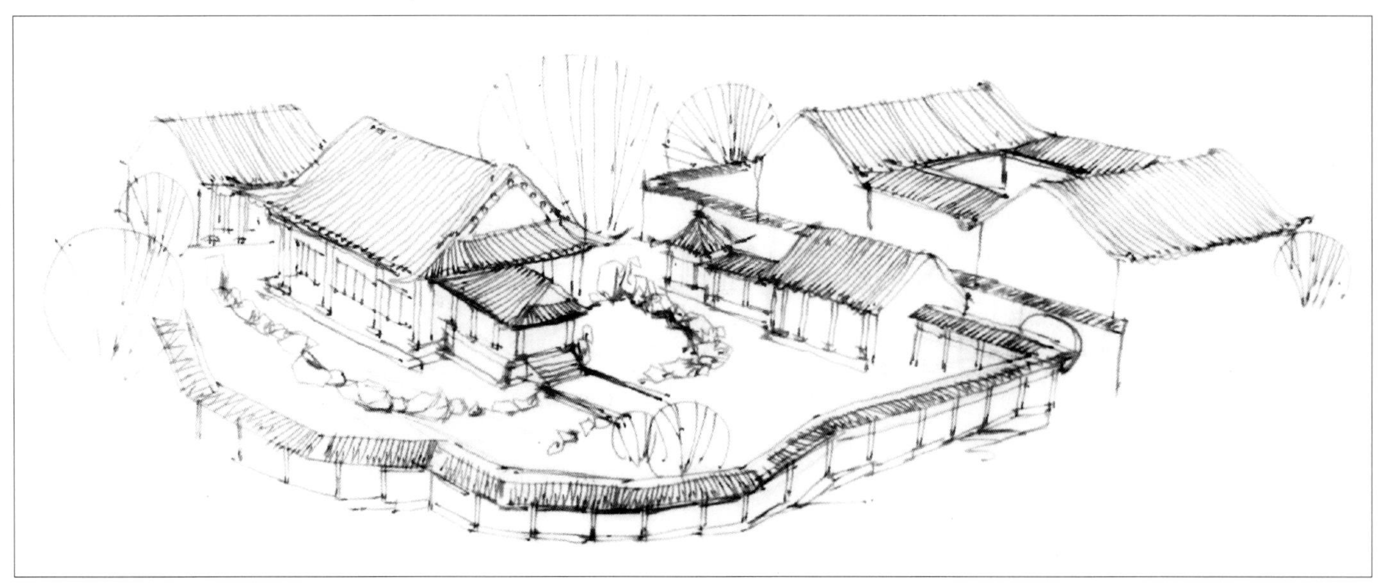

● 园中景观草图之一

● 园中景观草图之二

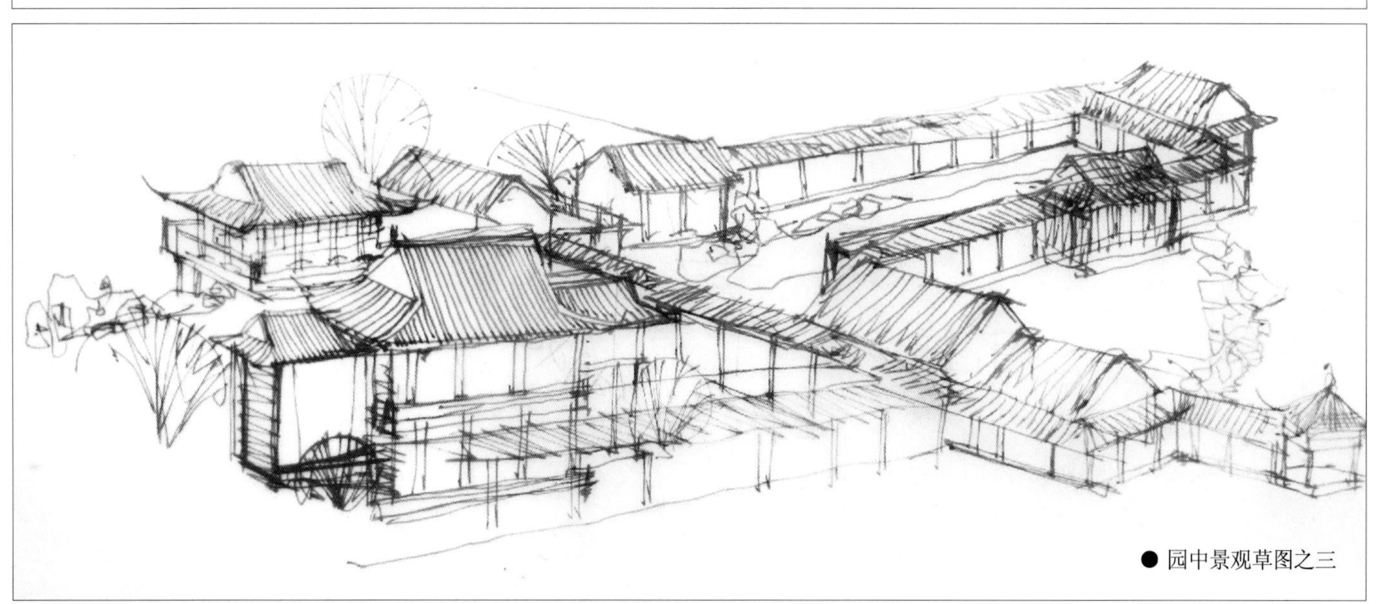

● 园中景观草图之三

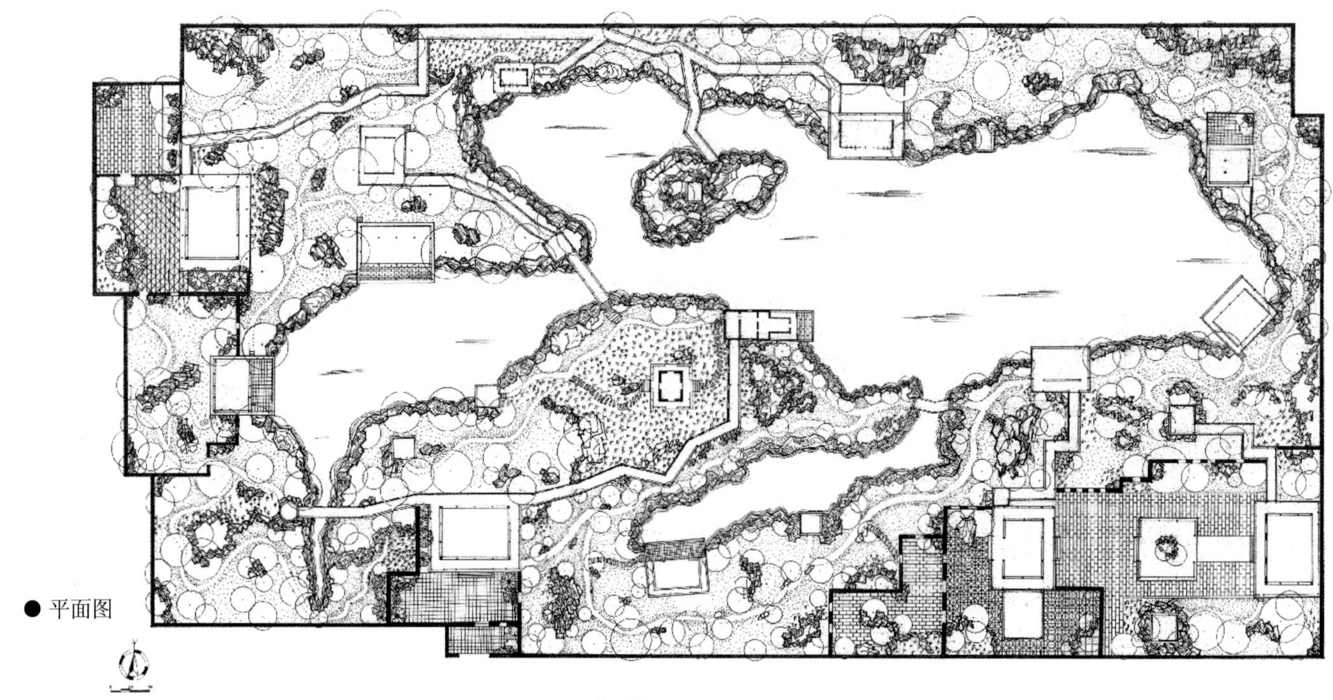

● 平面图

知园 张成

设计说明

此方案是南方私家园林，取名为“知园”，设计方法以写意为主，十分注重园林的人工因素与自然要素的和谐统一，在叠山、理水、树木花卉的布置以及建筑经营中无不体现着这种思想。采用以小托大、典雅含蓄的造园手法，整个园林的布置极具诗情画意，力图表现文人写意园林的风格。整个园林自由、精致、淡雅、写意，注重文化和艺术的统一。园林南北风格兼具，雄伟与秀美并收，构思精巧，讲究人文与自然的巧妙结合。

此方案布局灵活，朴素典雅，构筑物显示出轻巧纤细、虚幻空灵的风格，其用色总体上崇尚淡雅朴素，忌浓艳绚烂。随园林所处地域的自然环境不同，亦有一定的差异。园中建筑多采用冷色，屋面为灰色或素色，梁枋柱头用栗色，灰白色粉墙，都是一些冷色调，既与近旁传统民居色调相谐，又与江南多见的灰白天色和谐。秀茂的花木，玲珑的山石，柔媚的流水，都形成了良好的过渡，给人以淡雅幽静的感觉。这种粉墙黛瓦的景色曾令无数人心醉，为深沉的山石与苍郁的林木提供了洁净的背景，在山石林木所交结的空隙中闪动着点点的空白。特别是在多雨的江南，迷蒙的细雨中，粉墙的白色已经收敛住它的光芒，几乎溶化入银灰色的天空中。园境之淡泊，园意之深邃，非身临其境无以形容。

● 鸟瞰图

作　　者：张成
指导教师：孙锦　朱小平

怡园 王亚楠

设计说明

本设计名为“怡园”，顾名思义就是愉快和悦、怡然自在的样子，意指园主人超然脱俗、摒弃世俗的喧哗，可以安然自得地在大自然中栖息。此园分为两部分，境界各异。西部为宅院，大小不等的院落对比衬托，主体空间显得更加疏朗、开阔；东部为主园，以水为中心，环池有亭阁错落映衬，疏朗雅适，移步换景，诗意天成。树木花卉也以古、奇、雅、色、香、姿见长，并与建筑、山池相映成趣，构成主园的闭合式水院，集中了春、夏、秋、冬四季及朝、午、夕、晚一日中的景色变化。所以人们在游园时宜坐、宜留，以静观为主。绕池一周，可临水细数游鱼，可亭中待月迎风。花影移墙，峰峦当窗，宛如天然图画。

园林布局疏密自然，以池水为中心，楼阁轩榭建在池的周围，其间有漏窗、回廊相连。园内的山石、古木、绿竹、花卉相映成辉，湖水、池岸、涧洞形成不同的景观，富有诗情画意。整个园林仿佛浮于水面，加上木映花承，在不同时令产生不同的艺术情趣，如春日繁花丽日，夏日碧水蕉廊，秋日红蓼芦塘，冬日梅影雪月，四时宜人，余味无尽。

● 鸟瞰图

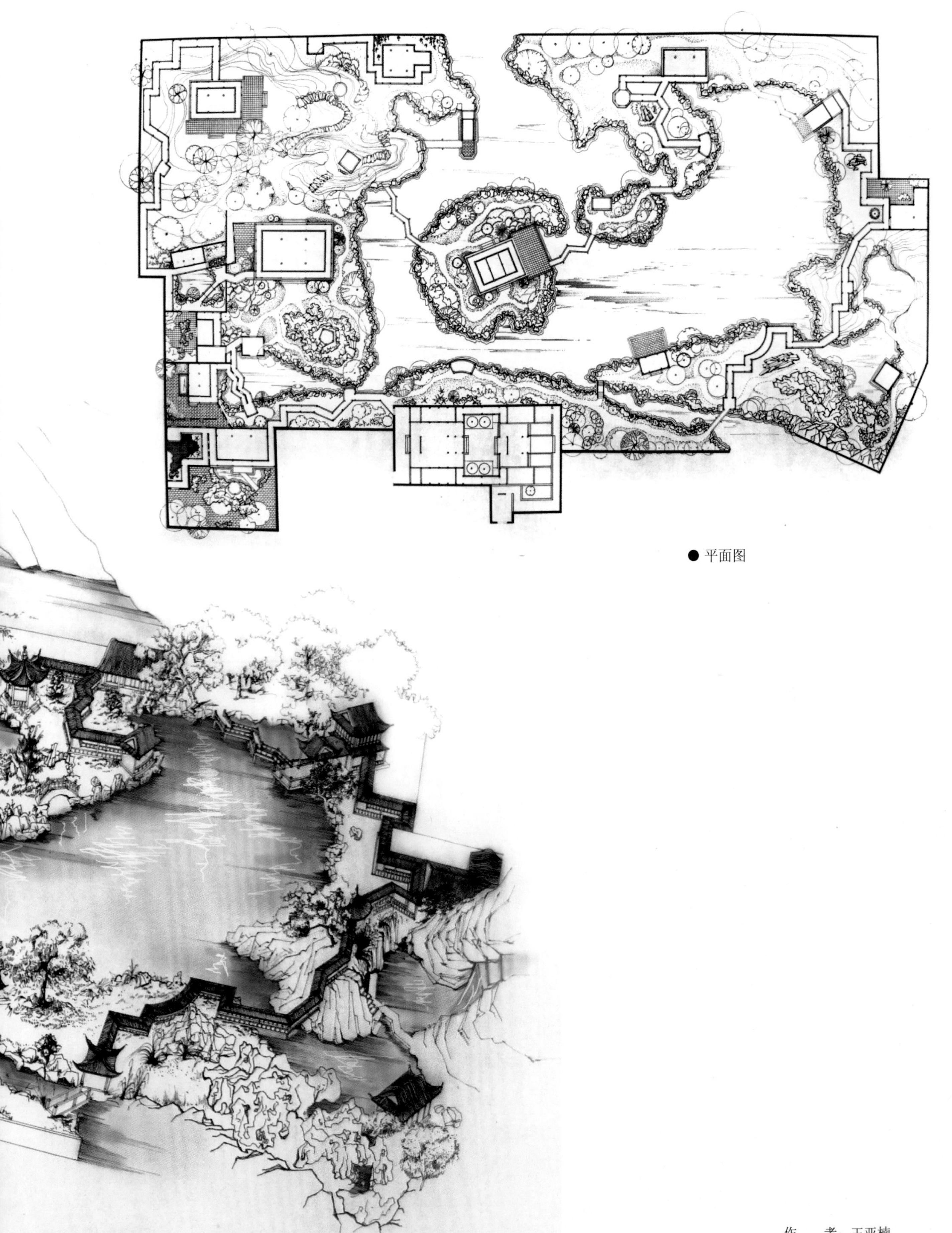

● 平面图

作　　者：王亚楠
指导教师：孙锦　朱小平

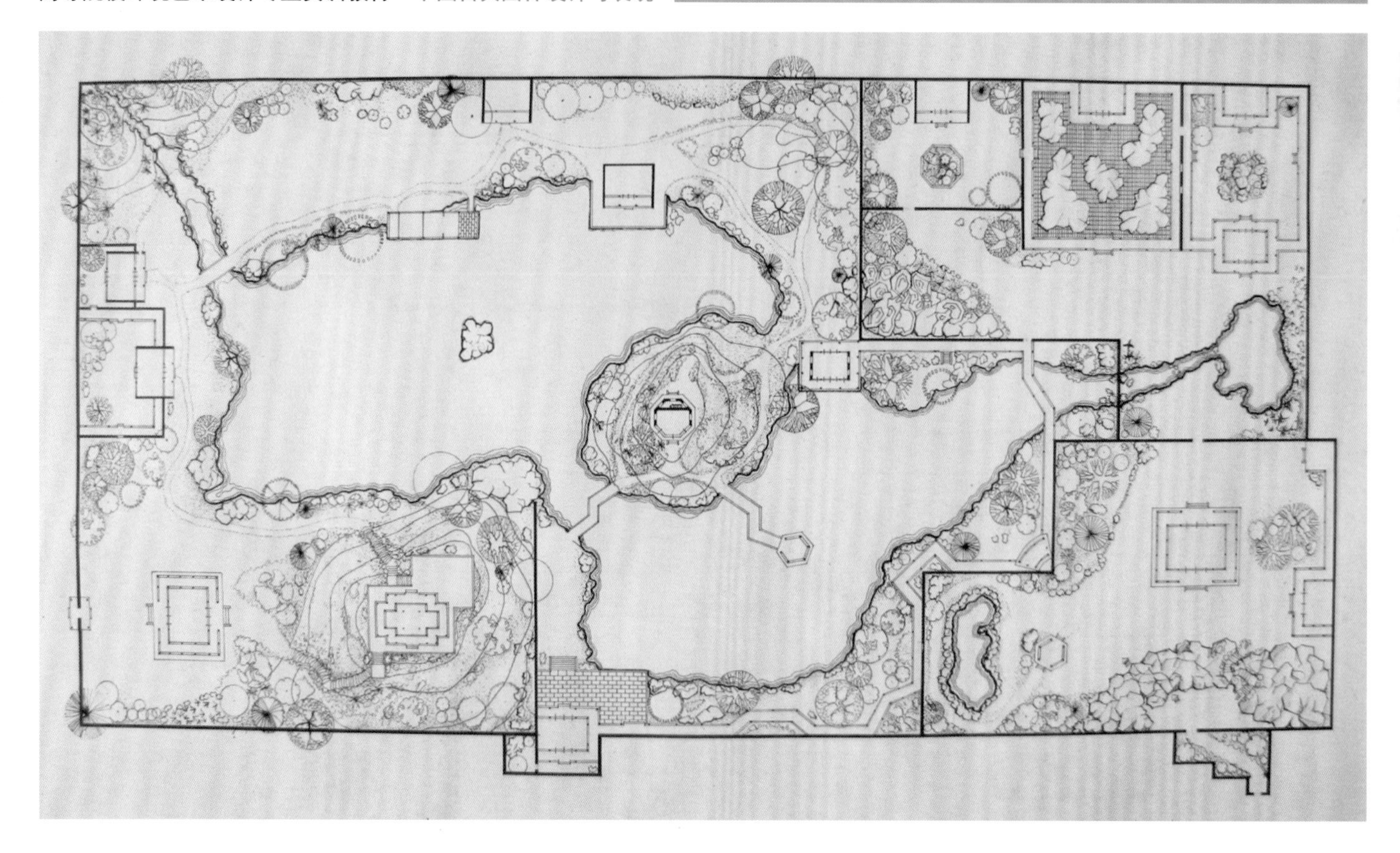

● 平面图

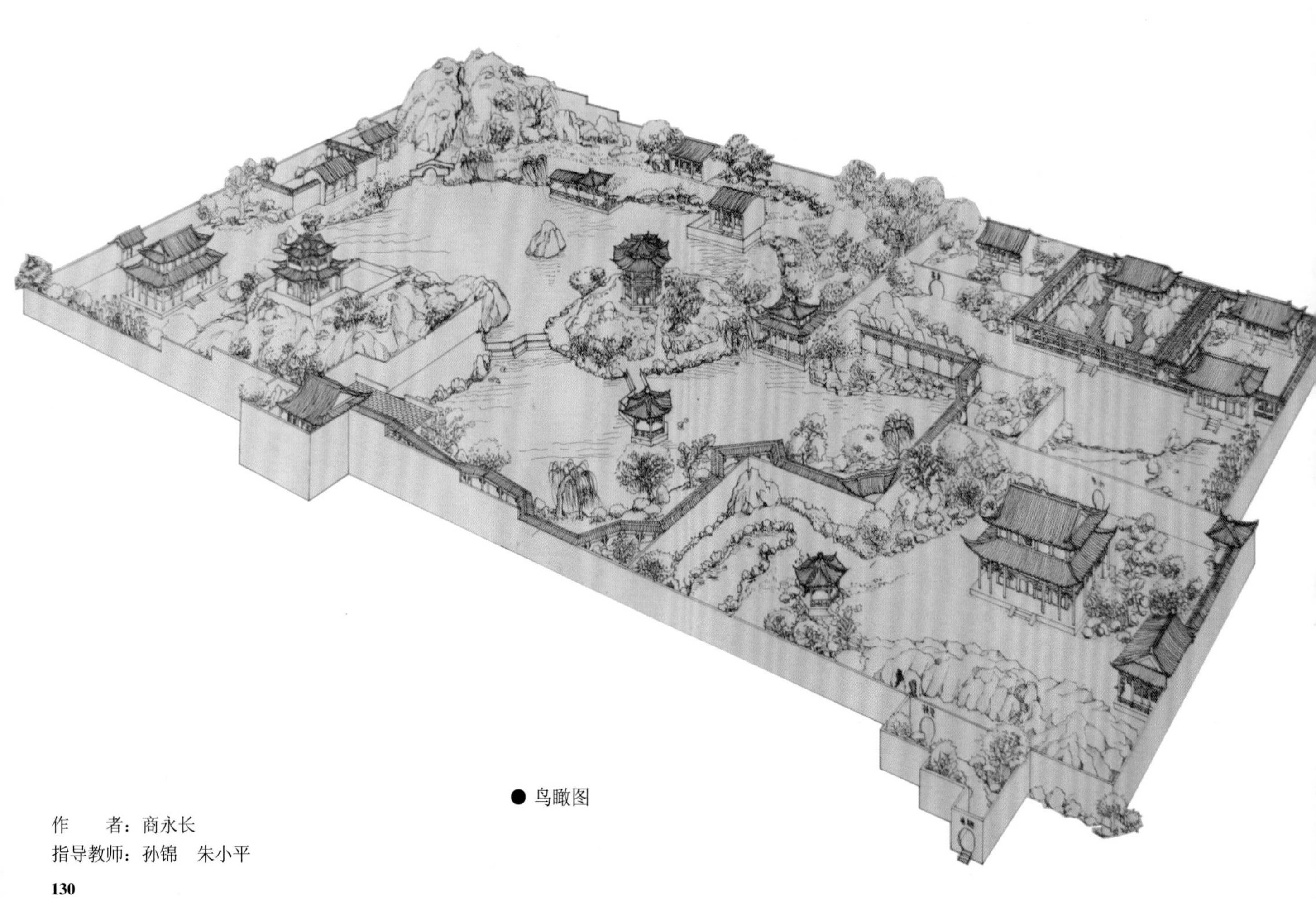

● 鸟瞰图

作　　者：商永长

指导教师：孙锦　朱小平

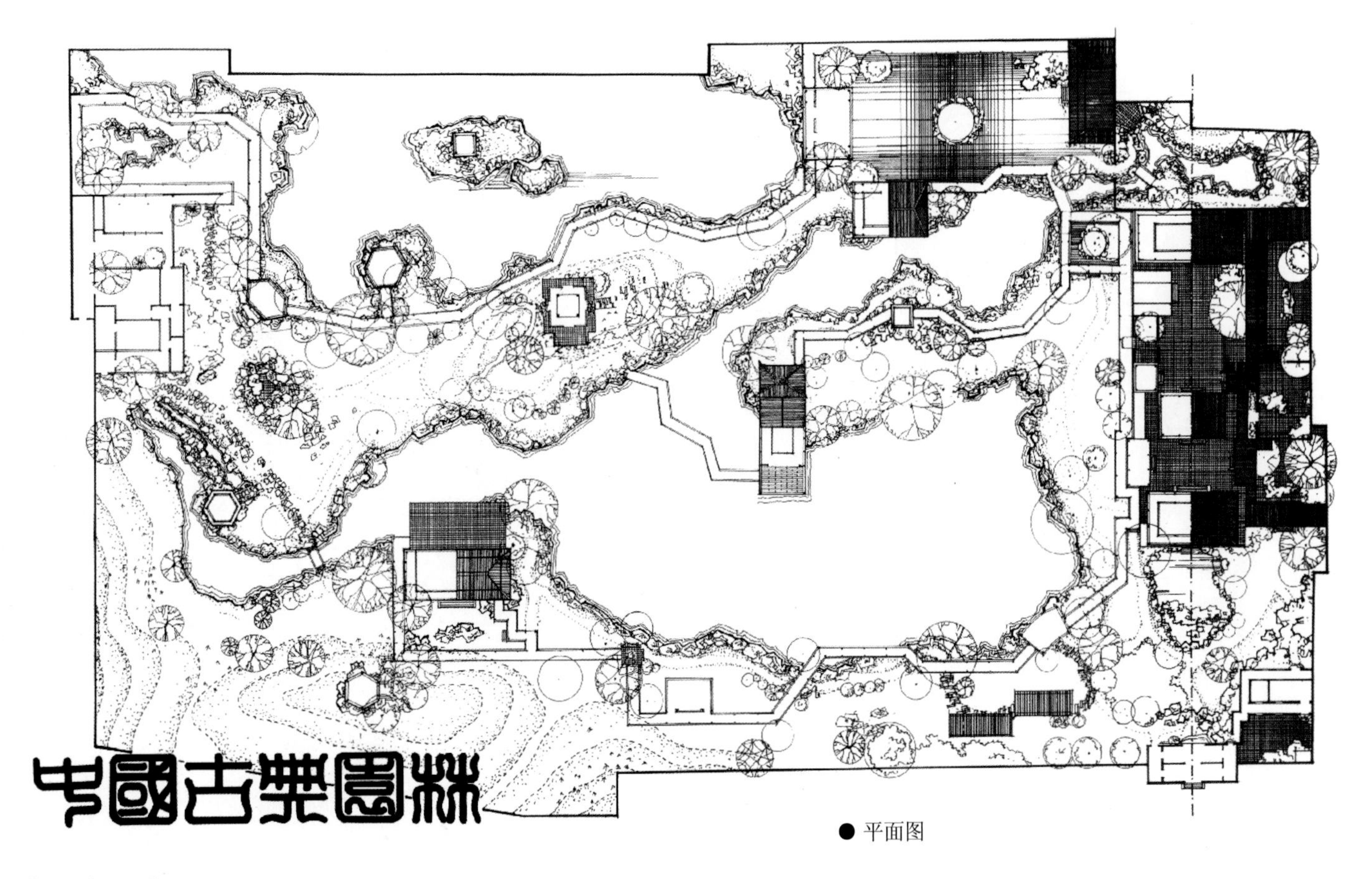

● 平面图

作　　者：王璐

指导教师：孙锦　朱小平

● 鸟瞰图

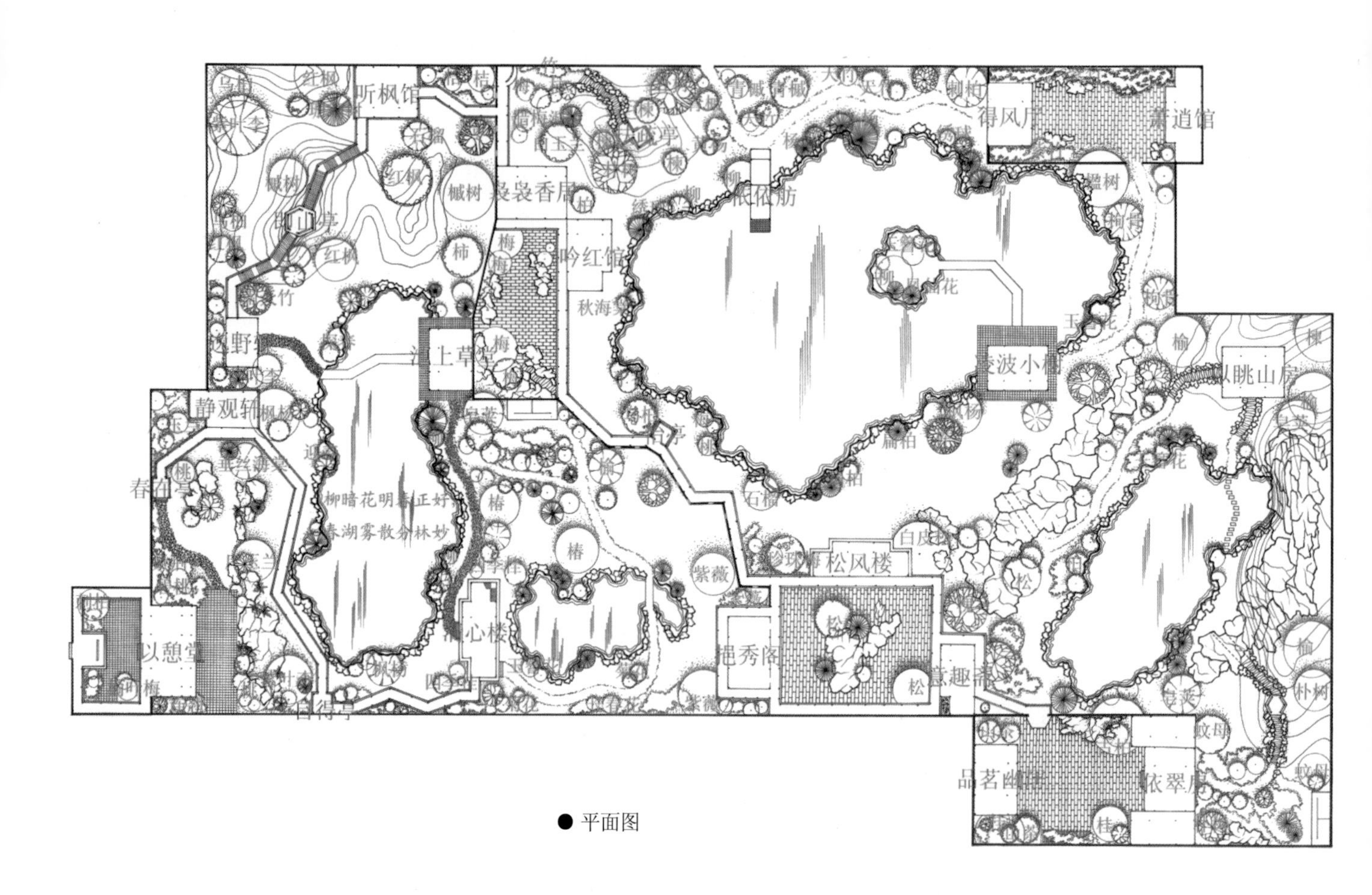

● 平面图

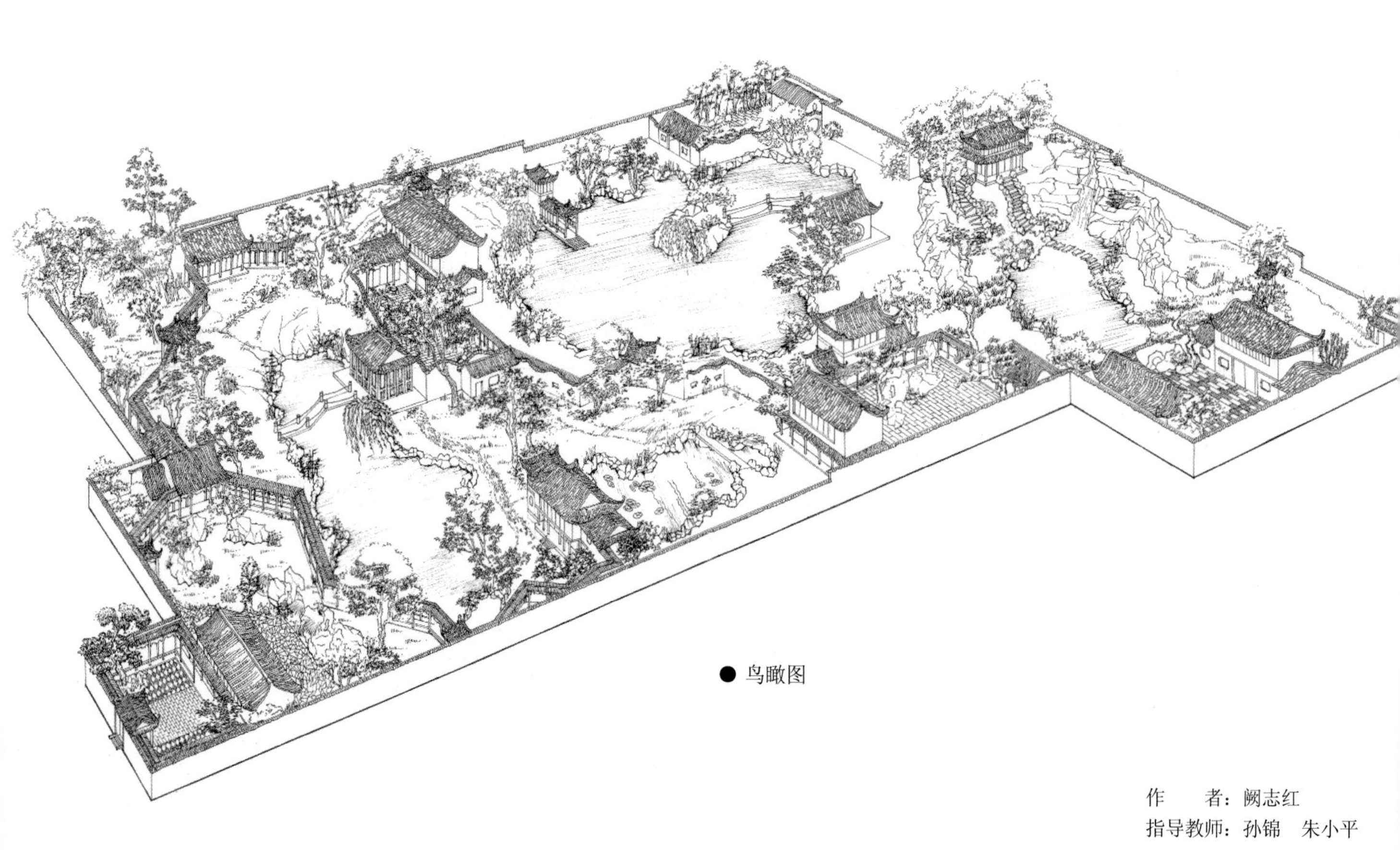

● 鸟瞰图

作　　者：阙志红
指导教师：孙锦　朱小平

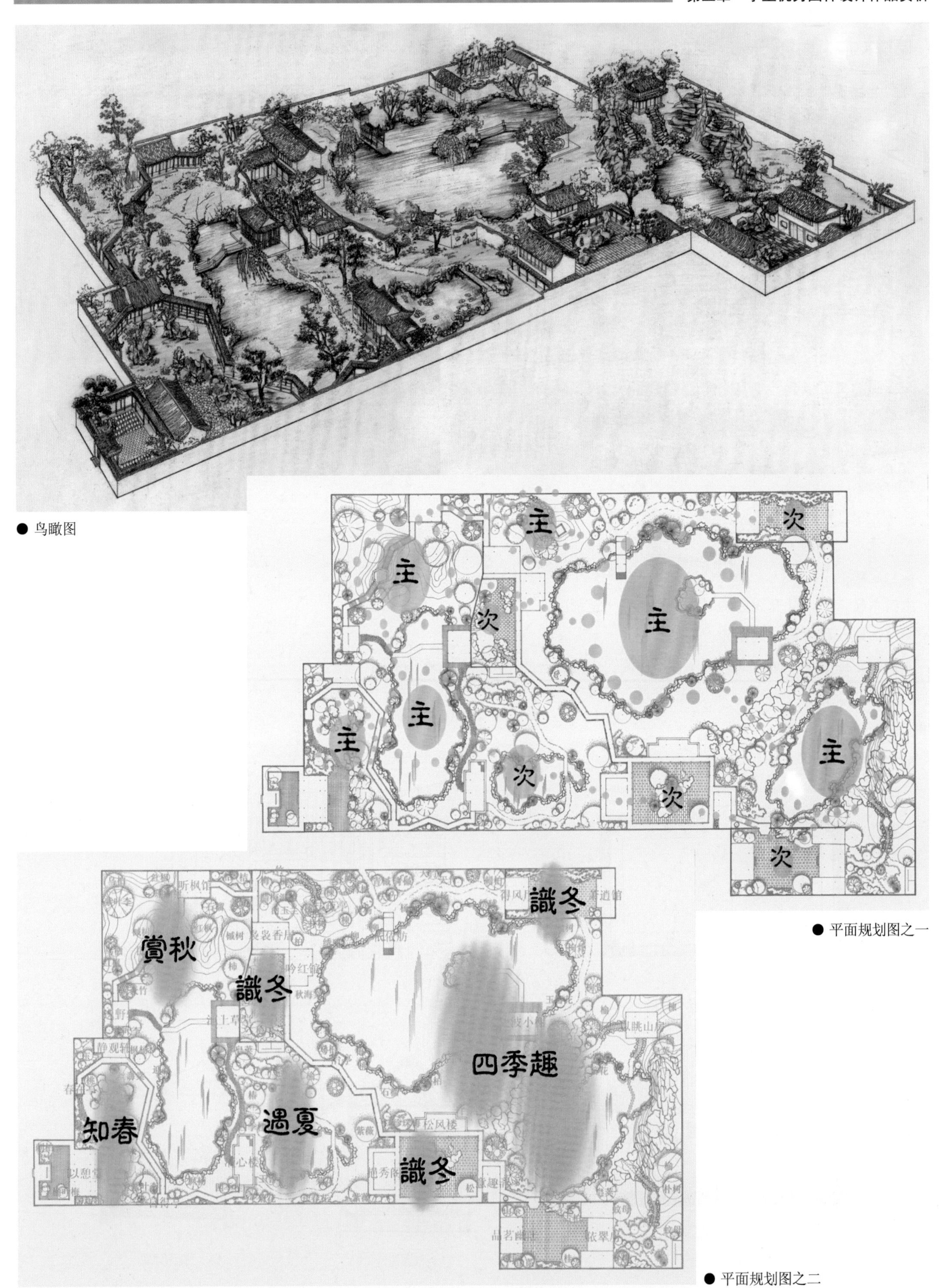

● 鸟瞰图

● 平面规划图之一

● 平面规划图之二

園林中植物造景藝術分析

绿植与园林景观的形成

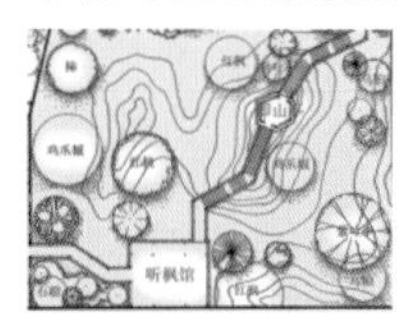

园林不单是一种视觉艺术，而且还涉及到听觉　嗅觉

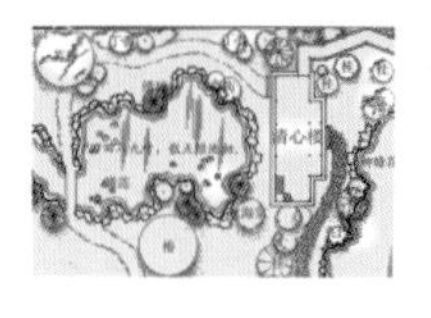

园林中的树可以起　丰富空间层次变化和加大景深的作用

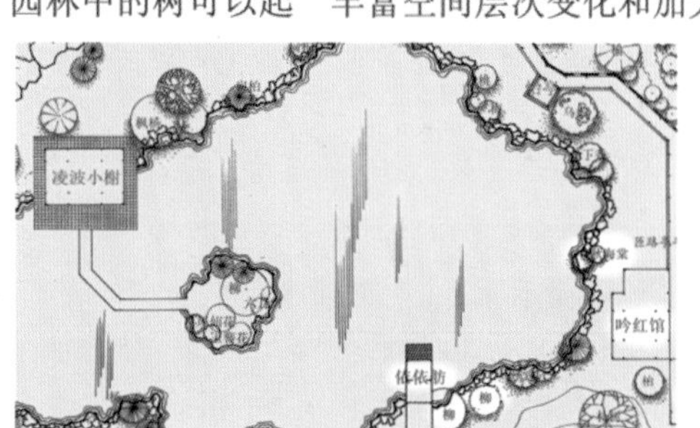

由树木枝，干，叶交织成的网络如稠密到一定程度，
便可形成一种界面，起限定空间的作用。
如该园中部四个界面　密实程度各不相同，由此围合的空间自然会有围有透

点种乔木，　陪衬建筑，
保持均衡构图的分析示意

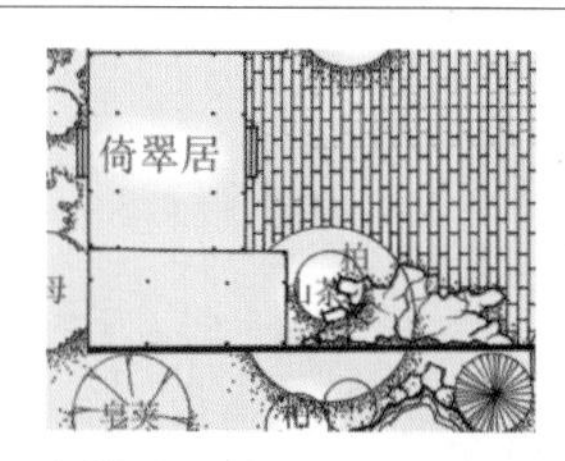

点植或孤植可　以点缀空间，
树种或名贵或挺拔或苍劲或古拙
或袅娜多姿或盘根错节

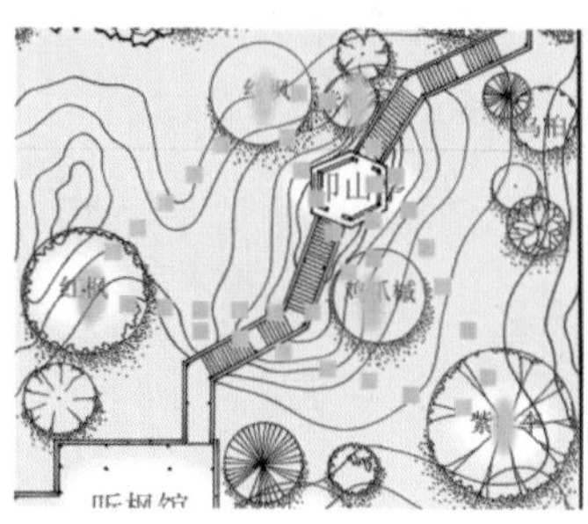

即山亭位于山石之上，
较大的五株乔木按照近
大远小的原则配　，从
而保持了不对称的均衡

● 植物造景分析

作　　者：阙志红
指导教师：孙锦　朱小平

● 四角亭构造图

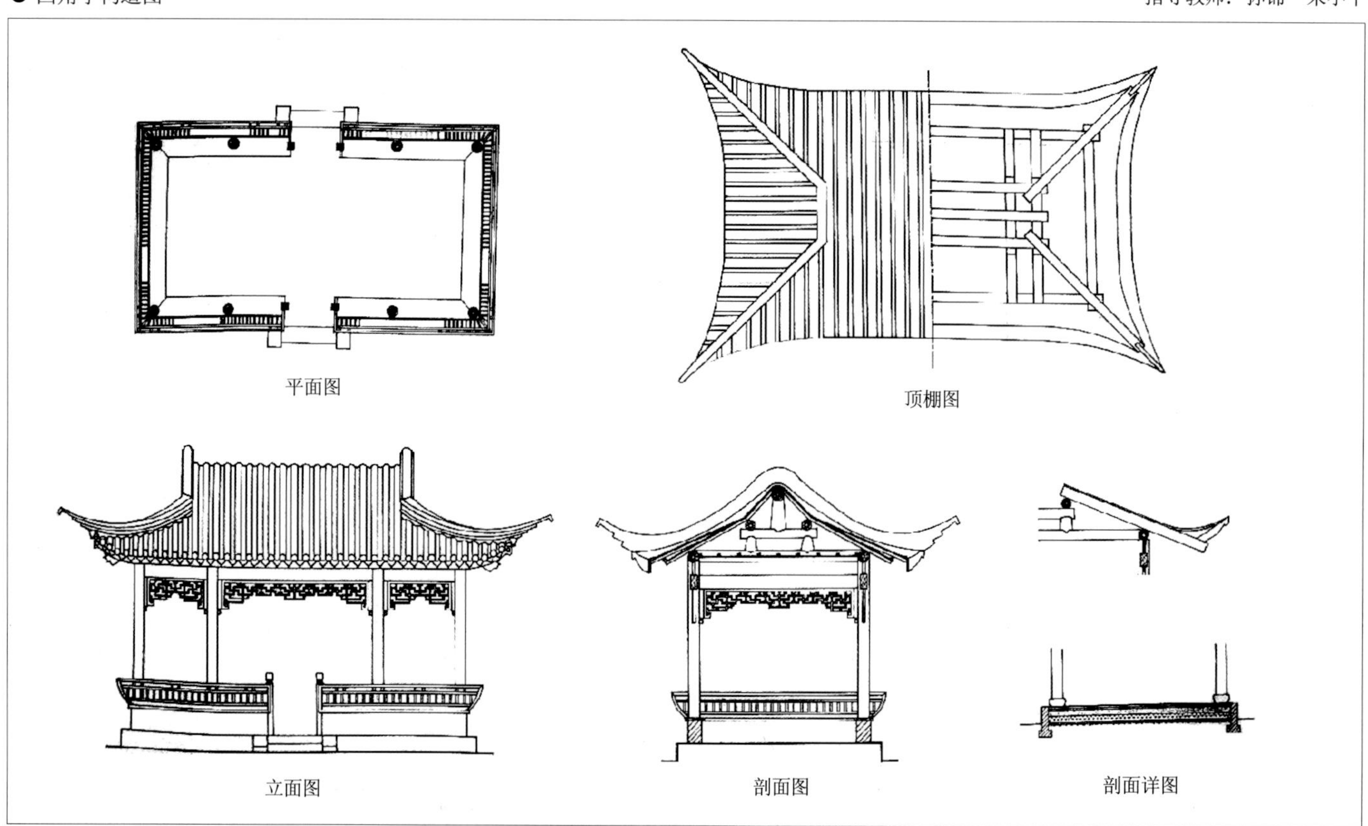

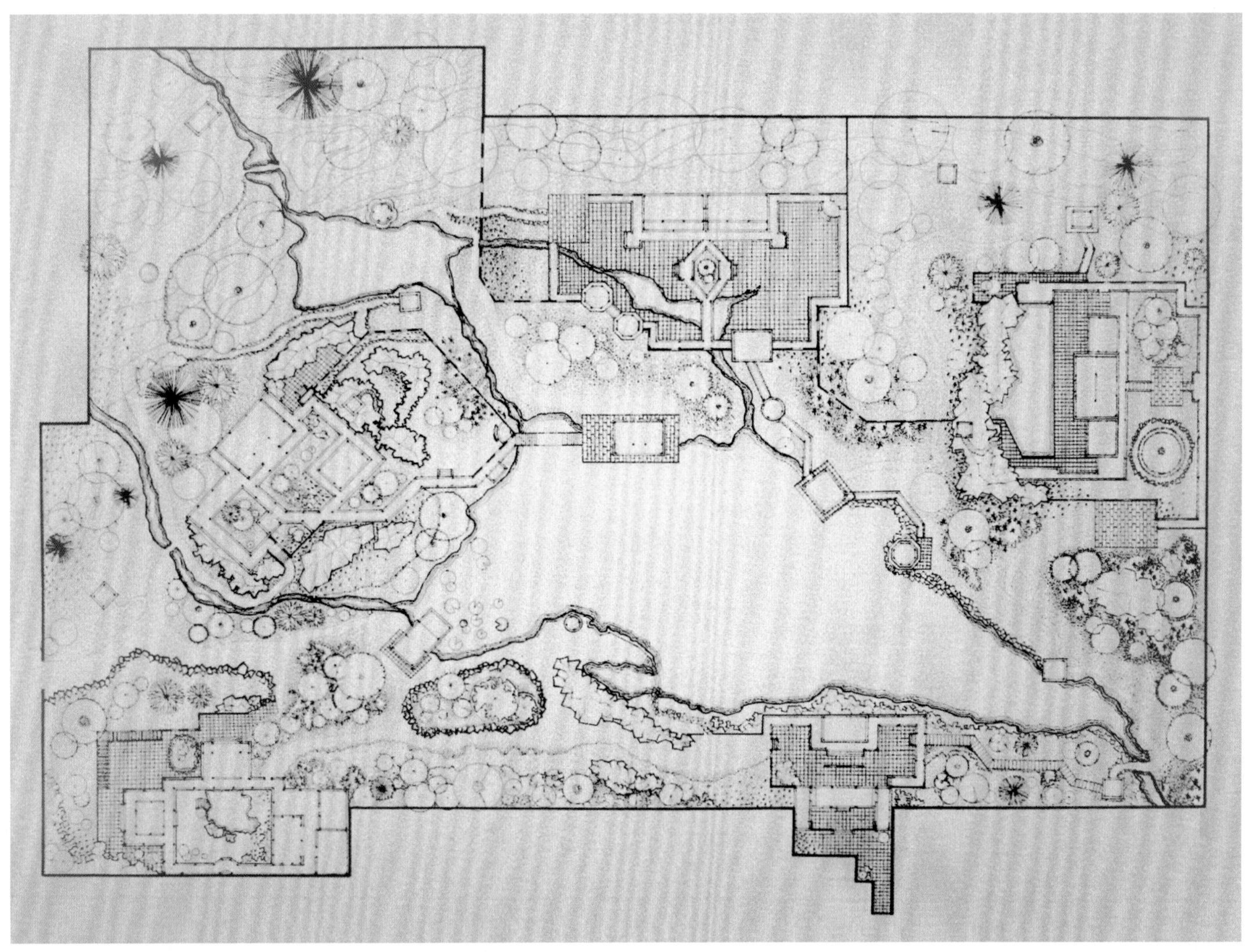

● 平面图

作　　者：王萍
指导教师：孙锦　朱小平

● 鸟瞰图

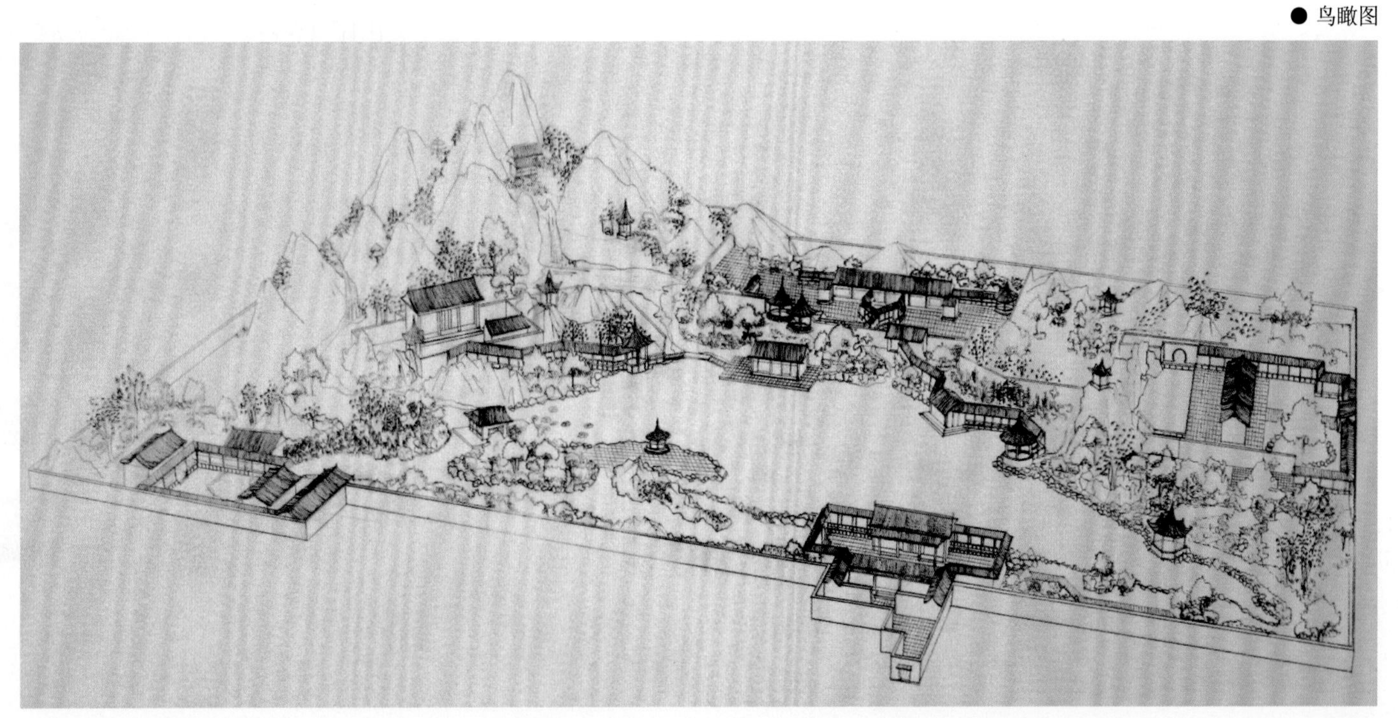

穹窿苑 王子鹏

设计说明

该园林被命名为“穹窿苑”，因其形貌如穹窿华盖一样其熠其煌、无始无终，万物只为增其峥嵘，为其所用，包容一切。

该园的特色是将中国古代的文人性格融入山水之中，通过文人不同时期的境遇来塑造中国园林的美，寓情于景。根据景区特征将园林分为以下几大部分。

（1）楔子篇。模仿詹园的重重回廊来延长与园外的距离，使空间变化丰富。模仿徽州民居的层叠屋檐，将游人引入园中。中心词：青鸟（开篇的信使），代表场景是烟雨徽州。

（2）际遇篇。选择不同的道路，看到不一样的风景。中心词：邂逅、开题，代表场景是画境之游，景点名称为青君邸。

（3）秋风篇。文人感慨古今，抒发情怀。中心词：精致、唯美、浓情，代表场景是花好月圆夜，景点名称为有风塘、馥郁亭、五彩（阁）、并吹红雨、同枕斜阳（草庐）、一苇抗之（芦苇景）、秋风邸。

（4）.壮志凌云篇。文人的志向，表达自身抱负。中心词：热爱、殷实、雄烈，代表场景是满江红，景点名称为雨收云断（敞轩）、满江红（楼）、穹窿邸、望江台。

（5）星辰篇。文人的浪漫情怀。中心词：浪漫、洒脱、迷幻，代表场景是李白醉酒，景点名称为明月暗月（塘）、坠星湖、竹海（景）、双子（亭）。

（6）得失无意篇。得失无意，粹然临之而不惊，无故加之而不怒，体现文人在经历过世事变迁之后的豁达胸襟。中心词：圆润、回归、充盈，代表场景是隆中对，景点名称为橹声琅然（榭）、笔耕斋、解剑池。

（7）穆如寒江篇。禅意、冥思、于静默中体味人生，体现绚烂多彩之后的回归。中心词：禅意、静默、结束。

这浓浓的文人气质园将园林与哲学有机融合为一种庄严、温柔、敦厚之美。造园手法为背山临水，彼此因借，借助山势体现其境悠远，借助流水使不同景区相互联系又灵动八方。以曲径通幽、柳暗花明来体现障景手法，以翩若惊鸿、矫若游龙雕琢廊榭；以荣耀秋菊、华茂春松来妆点植物变化；以奇石、竹林或瀑布等美丽的水景构造古塔等悠远的环境；以江阔云低、碧海潮升来描摹大体建筑和山水风貌，使整个园林画面充盈，自然山水充分融合。

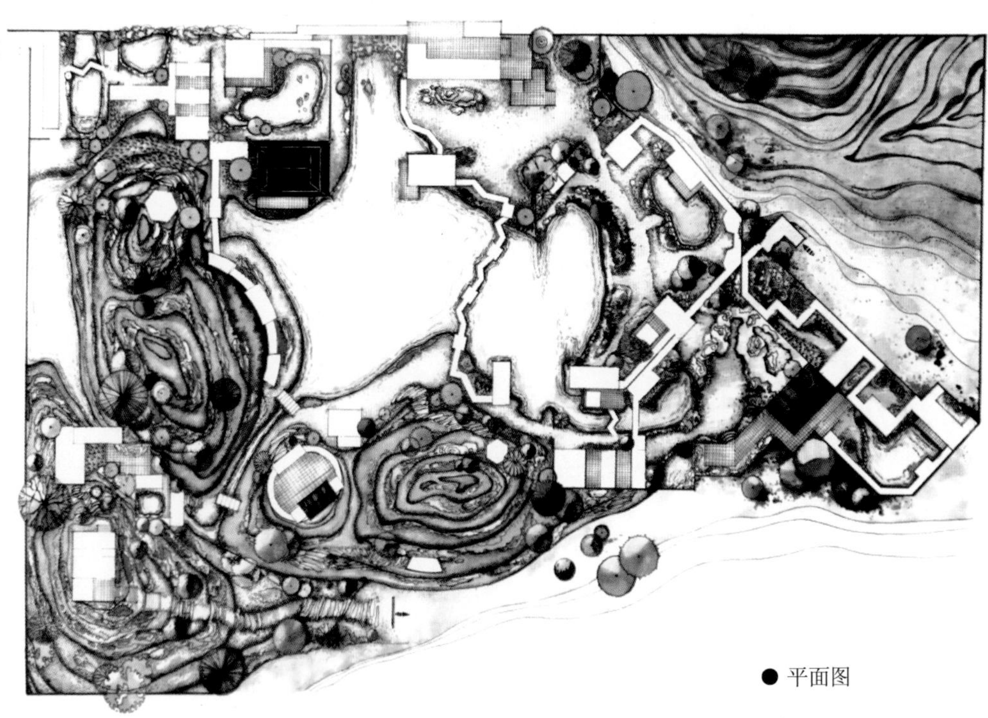

● 平面图

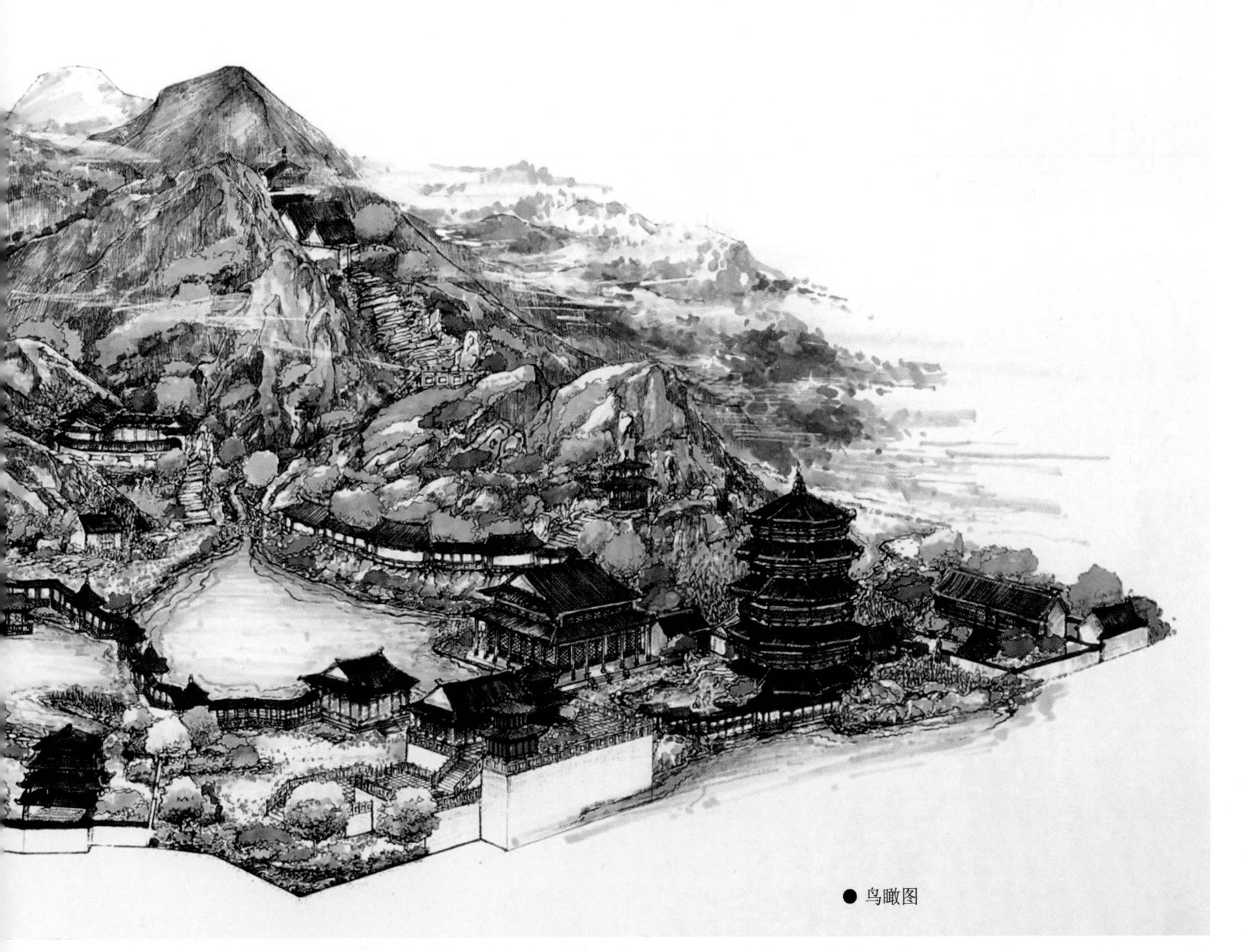

● 鸟瞰图

● 平面图

作　　者：王超

指导教师：孙锦　朱小平

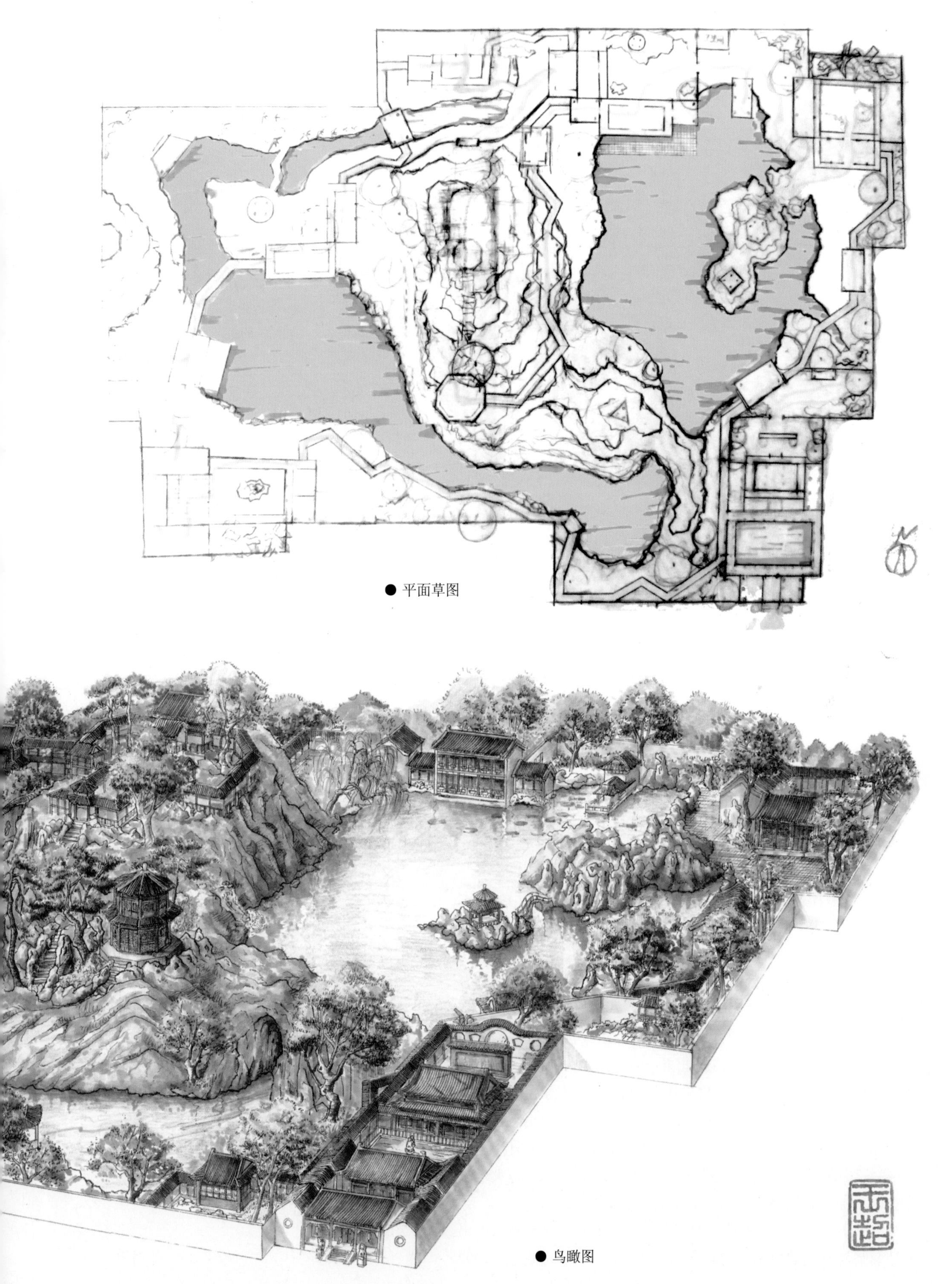

● 平面草图

● 鸟瞰图

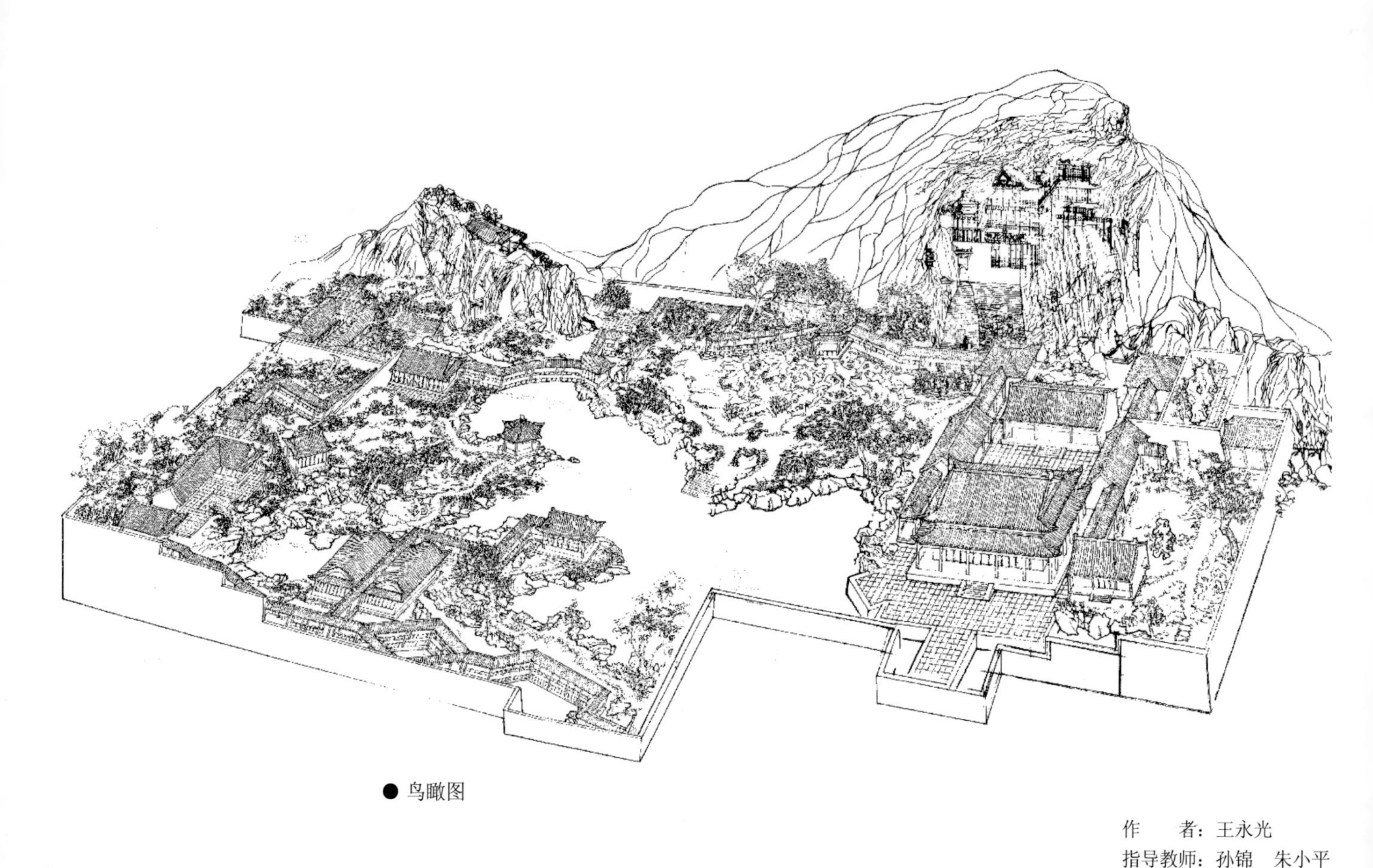

● 鸟瞰图

作　　者：王永光
指导教师：孙锦　朱小平

参考书目

[1]童寯.江南园林志[M].2版. 北京：中国建筑工业出版社，1984.
[2]刘敦桢.苏州古典园林[M].北京：中国建筑工业出版社，2005.
[3]王劲韬.中国古代园林的公共性特征及其对城市生活的影响——以宋代园林为例[J]. 中国园林，2011,(5).
[4]姚亦锋.探询六朝时期的南京风景园林[J].中国园林，2010, 26(7).
[5]（日）冈大路.中国宫苑园林史考[M].常瀛生，译.北京：中国农业出版社，1988.
[6]陈植.造园学概论[M].北京：中国建筑工业出版社，2009.
[7、19]冯钟平.中国园林建筑[M].北京：清华大学出版社，2000.
[8、9]周维权.中国古典园林史[M]. 3版.北京：清华大学出版社，2008.
[10、14]计成，陈植.园冶注释[M].北京：中国建筑工业出版社，1988.
[11]谭虎，张凤梧，张志国.山桃万株，落英缤纷——圆明园武陵春色创作意象探析[J].中国园林，2012, (11).
[12、13、16]陈从周.中国园林鉴赏辞典[M].上海：华东师范大学出版社，2001.
[15]贾珺.北京颐和园[M].北京：清华大学出版社，2009.
[17、18]朱小平，朱彤，朱丹.园林设计[M].北京：中国水利水电出版社，2012.
[20]马炳坚.中国古建筑木作营造技术[M].北京：科学出版社，1992.